厳選 日本ワイン&ワイナリーガイド

玉村豊男
Toyoo Tamamura
監修

鹿取みゆき
Miyuki Katori
文

A Guide to Japan Wine & Wineries

CONTENTS
目 次

Chapter 1

Chapter 2

CONTENTS
目 次

※掲載ワインの価格は税込表記のあるワイン以外はすべて税別価格です。

ワイナリーコラム

日本ワインの未来

　ワイナリーを訪ねて、ブドウの樹が整然と並ぶよく手入れされたヴィンヤード（ワイン畑）を眺めながら、そこでつくられたワインを飲む。

　グラスの中のワインには、ブドウたちを育てた光と風と時間が閉じ込められており、それを飲むことで私たちは、その土地の風土をまるごと理解することになる。そんなワインの本当の楽しみかたを教えてくれる、素敵なワイナリーが日本にも増えてきた。

　いまや世界中でワインをつくる時代である。フランスでなくてはよいワインはできないと考えられていた（信じ込まされていた）時代は過去のものとなり、インドでも、中国でも、タイでも上質なワインがつくられるようになった。

　新興国の発展に刺激を受けて、チリやイタリアなど伝統国のワインも旧来と見違えるほどの変化を遂げた。持続可能な農業への関心の高まりとともに、インターネットによる情報の共有と技術の革新が、あきらかに世界のワインを進化させている。

　日本ワインが注目を浴びているのもこうした世界の潮流に棹差すもので、決して一過性のブームではない。本書のページを繰って、美しいワイン畑

の風景とワインづくりに情熱を傾ける人びとの姿を見れば、日本が新しいワイン生産国として世界に名乗りを上げている現状が理解できるだろう。

　いま、日本には260あまりのワイナリーがあるといわれているが、相変わらず海外から輸入した原料を利用しているメーカーもたくさんあり、自社では栽培をせず買ったブドウを醸造しているところも多い。

　その中から本書では、ごく少数の例外を除いて、自社の農園で原料ブドウを栽培しているところ、それもヴィニフェラ種の栽培を中心としているところ、そして、できれば「畑を見ながらワインが飲める」、圃場や工場の見学が可能で試飲や購入ができるワイナリーを選んで掲載の対象とした。把握できる限りのワイナリーに対して、それらの条件が満たされているかどうかのアンケートを取り、たとえ上質なワインを生産していても訪問者に門戸を開くことを望まないワイナリーは対象から除外した。

　ワインを知るには、そのワインができる土地を訪ねるのがいちばんである。そこで畑を見て、栽培や醸造を手がける人たちの話を聞き、それぞれの作品が生まれる背景を理解してから味わえば、日本ワインは一段と身近になるはずだ。そうした考えから、一度の旅行で複数のワイナリーを訪ね

ることができるように、すでにある程度ワイナリーが集積している地域を優先して選んだ。取材エリアがいくつかに限られているのはそのせいで、かならずしも全国のワイナリーを網羅するものではないが、それは、数日をかけてゆっくりワイナリーを巡るという、洗練された大人の楽しみが日本でも広がるようにと願ってのことである。取材対象の選択は私と編集部でおこない、各ワイナリーには取材班が実際に足を運んで話を聞き、写真を撮り、その上で、日本ワインについてもっとも精通している鹿取みゆきさんに解説を依頼した。

「日本ワイン」というのは、国内で栽培したブドウだけを使って国内で醸造され瓶詰めされたワインをいう。これまでは海外から輸入したバルクワインを詰め直したり濃縮果汁を使ったものでも「国産ワイン」などと呼ぶことが一般におこなわれてきたが、一昨年末の国税庁告示により、海外原料を使用したものはその旨をラベルに記さなければならないという表示規則が近いうちに発効する。それに伴ない、日本ワインという名称も正確に定義され、また、地名を冠したブランド名については、正しくその名前の土地がブドウ栽培とワイン醸造に関与しているかが厳しく問われることになった。

　ワインはブドウを育てた畑の傍らで仕込むのが本来の姿である。日本で

は、1970年代の中頃に本格ワインの需要が急増して甘味葡萄酒のそれを上回った。が、このときに原料を海外から輸入して国内で加工するという工業的な方法を選んだために、同じ時期に改革を遂げて飛躍したカリフォルニアやニュージーランドなどから大きく後れを取ってしまった。今回の改革によって、日本のワイン産業はようやく構造的な変化を遂げ、日本ワインをつくるワイナリーが全国に増えて、その土地の個性を表現するもっとも芸術的な手段であるワインの魅力と、ワインづくりという農業をベースとしたライフスタイルが多くの人の共感を呼ぶことになるだろう。

　日本ワインの品質がおおかたの想像を超えるレベルに達していることは、実際に味わってもらえれば誰もが納得すると思う。雨が多く湿度の高い、西欧系ブドウ品種が嫌うとされる気候の下で、いかに日本人の努力を厭わぬ丹精とたゆまぬ研究心が、日本ワインの特質として世界から評価される繊細で精妙な味わいをつくり出しているか、ぜひその場に身を置いてたしかめていただきたい。

　本書は、急速に変貌する日本ワインの未来へ向けて、2017年春の時点における、訪ねて味わえる日本ワインの最前線をレポートしたものである。これがワイナリー巡りという新たな楽しみに読者を誘う1冊となることを祈っている。

日本ワインの歴史は甲州から始まる

今でこそ日本ワインは世界からの注目を集めるまでに進化したが、そこに至るまでは紆余曲折の連続だった。甲州から始まった歴史を駆け足で解説しよう。

1874 【明治7年】〜

明治に甲州で始まったブドウ栽培とワイン醸造

明治政府は殖産興業政策の一環として、西洋から野菜や果物を導入した。そこでとりわけ着目されたのがブドウである。内務卿・大久保利通が渡仏した際、夕食時に当たり前のようにワインを楽しむ、先進国の"豊かな食文化"を目の当たりにしたこともあって、ブドウの新品種を輸入して日本に広く普及させ、ワイン醸造をこれからの産業として育成しようとしたのだ。

1873年には北海道に「札幌官園」が、1880年には兵庫に「国営播州葡萄園」が開園されるなど各地でブドウ栽培への取り組みが行われた。

ワインづくりについては、1874年、山田宥教、詫間憲久の両名が山梨県甲府にて本格的なワインづくりを始めた。

以降、山梨県はもとより、北海道、山形県、茨城県、神奈川県などでブドウ栽培とワインの試験醸造が始まった。さらに3年後の1877年、今の勝沼で初めての

川上善兵衛

民間ワイナリー、「大日本山梨葡萄酒会社」が設立され、高野正誠と土屋龍憲が本場のワインづくりを学ぶために渡仏した。しかし結果的には軌道に乗らず、会社は解散した。

それから、ブドウの品種改良に情熱を傾けた、新潟の川上善兵衛にも触れておかねばならない。大地主だった彼は「岩の原葡萄園」をつくり、さまざまな品種を輸入して交配させた結果、日本のワイン用ブドウとして重要な位置を占めるマスカット・ベーリーAを生んだ。

大正末期の岩の原葡萄園

1880 【明治13年】頃〜

日本人の嗜好にあったワインへの工夫

明治政府はワインの生産を推進するが、実際は、世の消費者には受け入れられなかった。ワインの酸味と渋みが日本人の味覚に馴染みのないものだった

土屋龍憲と高野正誠

高野正誠が醸造したワイン

のが理由だ。それに気づいたいくつかのワイン会社は、ワインに甘味料などを添加した甘味葡萄酒を製造。滋養強壮を謳い文句にして売り出し、活路を見出した。日本では長い間、ブドウからつくったお酒を「葡萄酒」と呼んでいたが、この葡萄酒とは甘味葡萄酒のことで、現在のワインとはまったくの別物だったのだ。

赤玉ポートワイン

1970【昭和45年】頃〜
ワインの認知度が高まると同時に新たな危機が到来

戦後もしばらくの間、飲料としてのワインの消費はサントリーの「赤玉ポートワイン」に代表されるような甘味葡萄酒が中心だったが、日本が高度経済成長期に突入し、1970年に開催された日本万国博覧会以降、日本の食生活は急速に欧米化が進み、それに伴ってワインが一般に受け入れられるようになっていく。1980年代のバブル期にはボジョレーヌーボーが大流行。ワインの消費が甘味葡萄酒を超え、産地やブドウ品種などをラベルに書いたものが出回るようになった。ようやくワインが日本に根付いたのだ。

しかし、このことがワイン産業にひとつの暗い影を落とすことになる。

ワインの普及によって、ブドウの一大生産地である山梨県ではブドウの需要が供給を上回り、ブドウが不足する事態になった。それに追い打ちをかけるように安価なワインが海外からなだれ込み、自社のワインが売れなくなることを恐れた山梨県の果実酒酒造組合は大蔵省に陳情。原料としてバルクワイン（150ℓ以上の容器で輸入されたワイン）が無税で輸入されるようになった。こうしてバルクワインや海外産濃縮果汁の使用が広まり、国産ワインと表示されていても、日本で育てたブドウでつくられたもの、いわば、本当の日本ワインは僅か20％に過ぎないという事態になってしまったのだ。

2000【平成12年】頃〜
日本におけるワイナリーの増加と日本ワインの誕生

日本のワイン市場が成熟するのと同時に、2000年頃から小規模なワイナリーが各地に設立され始めた。彼らは「自分で育てたブドウでワインをつくろう」とする気概に溢れたつくり手であり、こうした動きがマスコミに取り上げられると、日本ワインに対する注目度が高まった。

また、世界的にも目の目を浴び始めた。2010年、ワインの国際機関「国際ブドウ・ワイン機構」に日本固有のブドウ品種「甲州」が、2013年には「マスカット・ベーリーＡ」がワイン醸造用ブドウ品種として登録され、ワインラベルに品種名を記載し、輸出できるようになったのだ。

さらに、国税庁はワイン表示の厳格化へと舵を切り、2018年から「国産ブドウのみを原料とし、日本国内で製造された果実酒」だけが「日本ワイン」と名乗れるようになる。海外での認知、消費者へのわかりやすさを向上させるのが目的だ。

現在、日本のワイナリー数は266軒にも及ぶ。サミットなどの国際舞台で日本ワインが供されて、話題に上る機会も増えた。我が国のワイン産業はようやく世界に肩を並べようとしている。

日本ワインと呼ばれるのは

これまで、「国産ワイン」と呼ばれてきたものには、輸入されたブドウ、濃縮果汁を原料としたもの、輸入ワインが混ぜられたものも含まれていた。そのことが一部の消費者の誤解を招いていた。

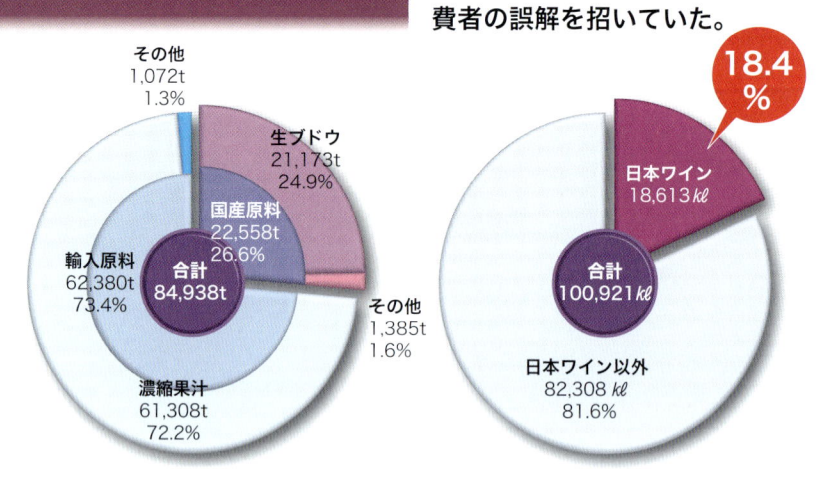

国内製造ワインの使用原料構成比

国内製造ワインの製造数量構成比（日本ワイン）

2016年11月、国税庁は初めて瓶詰めされた「日本ワイン」の生産量の数を明らかにした。その数は18,613kℓで、国内製造ワインの18.4%を占めていた。残りの日本ワイン以外には、輸入濃縮果汁など海外原料を使ってつくられた果実酒や、輸入ワインと日本ワインなどがブレンドされた果実酒が含まれる。これまでは、こうした果実酒も一般的には「国産ワイン」と呼ばれており、ラベル表示だけで日本ワインと区別するのが、消費者には難しかった。

これらの問題の解決のため、国税庁は2015年10月30日に、「ワインのラベルの表示ルール」を定めた。そして消費者がワインを選ぶ際に表示をわかりやすくすることを目的として、表示基準を定めた。

基準では、「日本ワイン」は、国産ブドウのみを原料とした日本国内で製造さ

れた果実酒と定められた。一方、「国内製造ワイン」は、日本ワインを含む、日本国内で製造された果実酒および甘味果実酒をいう。つまり、輸入原料も使った果実酒も含まれているのだ。表示基準の適用開始は2018年10月30日とされた。

今回の制度では、「日本ワイン」という表示に加えて、原料ブドウの産地、品種、そしてその収穫年の表示についても規定が定められた。

例えば表ラベルには、日本ワインは①「日本ワイン」という表記、②地名、③品種名、④ブドウの収穫年を記すことが可能になった。一方、海外原料を使った場合には上記を記すことはできないだけでなく、「輸入濃縮果汁使用」、「輸入ワイン使用」など、その旨を記すことが義務となった。さらに、裏ラベルには一括表示欄が設けられ、その欄に表示すべき

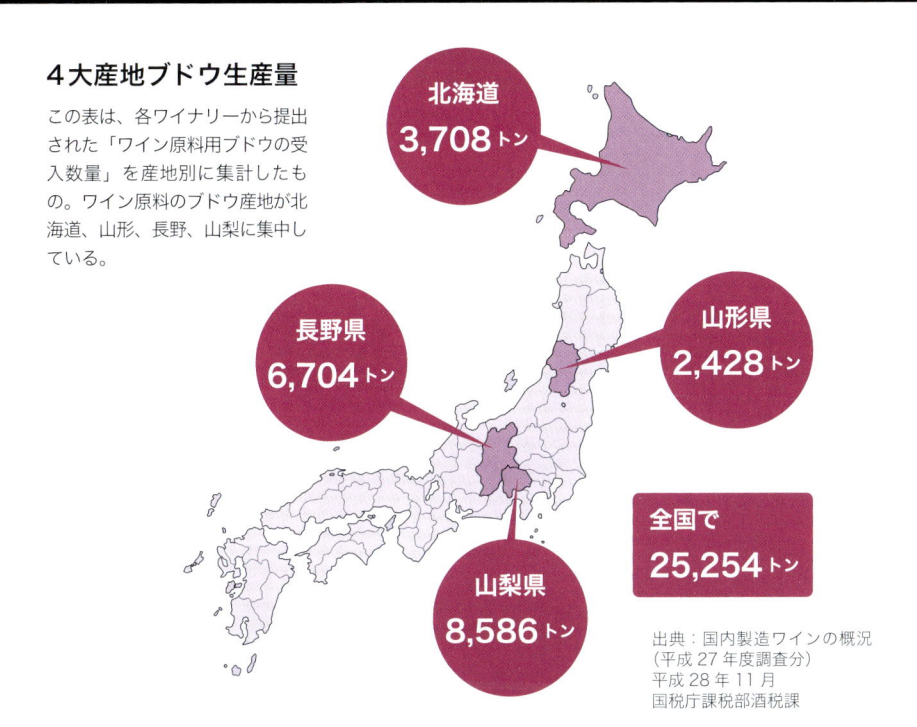

４大産地ブドウ生産量

この表は、各ワイナリーから提出された「ワイン原料用ブドウの受入数量」を産地別に集計したもの。ワイン原料のブドウ産地が北海道、山形、長野、山梨に集中している。

北海道
3,708トン

長野県
6,704トン

山形県
2,428トン

全国で
25,254トン

山梨県
8,586トン

出典：国内製造ワインの概況
（平成 27 年度調査分）
平成 28 年 11 月
国税庁課税部酒税課

ことも定められた。例えば、日本ワインの場合には日本ワインと表示することが義務化された。

　加えて、国税庁は2015年10月30日に、「地理的表示制度」の抜本的な見直しも実施した。ワインにおける地理的表示制度とは、ワインの確立した品質や社会的評価がその産地と本質的な繋がりがある場合に産地名を独占的に名乗ることができる制度である。すでに2013年、地理的表示「山梨」が指定されているが、2015年以降、要件などの見直しの最中である。地理的表示制度は、排他的な制度であり、今後も各生産者間で産地についての議論を十分深めて、コンセンサスをとっていくことが重要だ。

　こうした制度の変革は、見方を変えれば、日本ワイン産業の活性化の現れでもある。実際、ワイナリー数も増え続けて

いるが、とりわけ北海道と長野県の増加は著しい。2016年末時点のワイナリー（少なくともブドウからワインをつくっている醸造場）数は、筆者の調べによると北海道が32軒、長野県が33軒を数えた。2000年以降、前者が24軒、後者が17軒も増えている。

　またこれに伴い、日本ワインの生産量も増加している。上の図は、４道県別のブドウの受入数量（各ワイナリーで原料として使用されたブドウの量）を表したものだが、現状では４道県だけで21,426t、全国の85％を占める。また北海道と長野県を合算すると、すでに山梨県のワイン原料を上回っているのがわかる。この2道県の活発な動きは、まだまだ、続いていきそうだ。10年後には、いったいどんな光景が日本中で見られるのだろうか？

日本には
こんなに
ワイナリーがある

本ページで記した数には、輸入濃縮果汁のみを原料としている醸造場も含まれており、本書で意味しているワイナリー数（ブドウからワインをつくっている醸造場の数）とは一致しない。

ワインをつくるには、最低5年間の年月が必要だ。実がなるのに3年、ワインができ上がるまでに2年はかかるからだ。当然その間の収入はない。それでも近年は、ブドウを育てることからワインづくりを始める人が後を絶たない。どんな品種を、どのように育てるのかが、ワインの味わいの決め手になってしまうからだ。そうして立ち上げられたワイナリーとワインには、つくり手の思いが込められており、その背後にはそれぞれの物語がある。一方、規模の大小にかかわらず、既存のワイナリーにも、よりブドウづくりに関わろうとするつくり手たちが増えている。彼らのワインづくりの向こうにもそれぞれ物語がある。そんなつくり手たちとワインに出会う旅に、あなたも出かけてみてはどうだろうか？

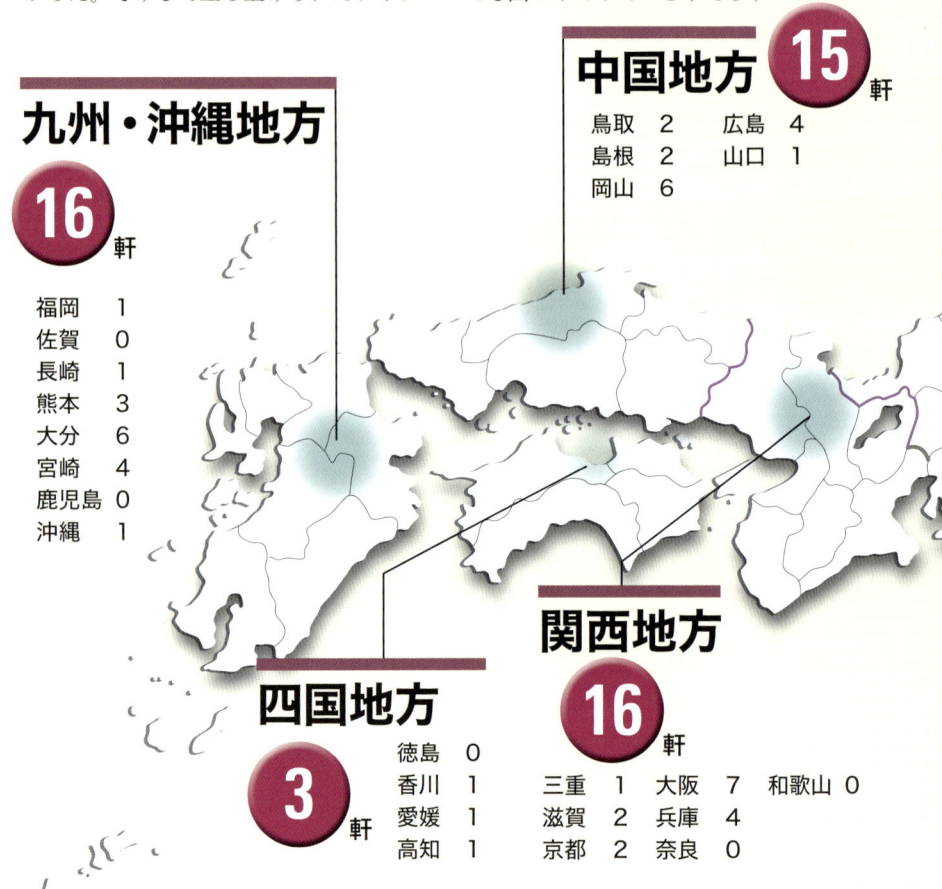

中国地方　15 軒

鳥取	2	広島	4
島根	2	山口	1
岡山	6		

九州・沖縄地方　16 軒

福岡	1
佐賀	0
長崎	1
熊本	3
大分	6
宮崎	4
鹿児島	0
沖縄	1

四国地方　3 軒

徳島	0
香川	1
愛媛	1
高知	1

関西地方　16 軒

三重	1	大阪	7	和歌山	0
滋賀	2	兵庫	4		
京都	2	奈良	0		

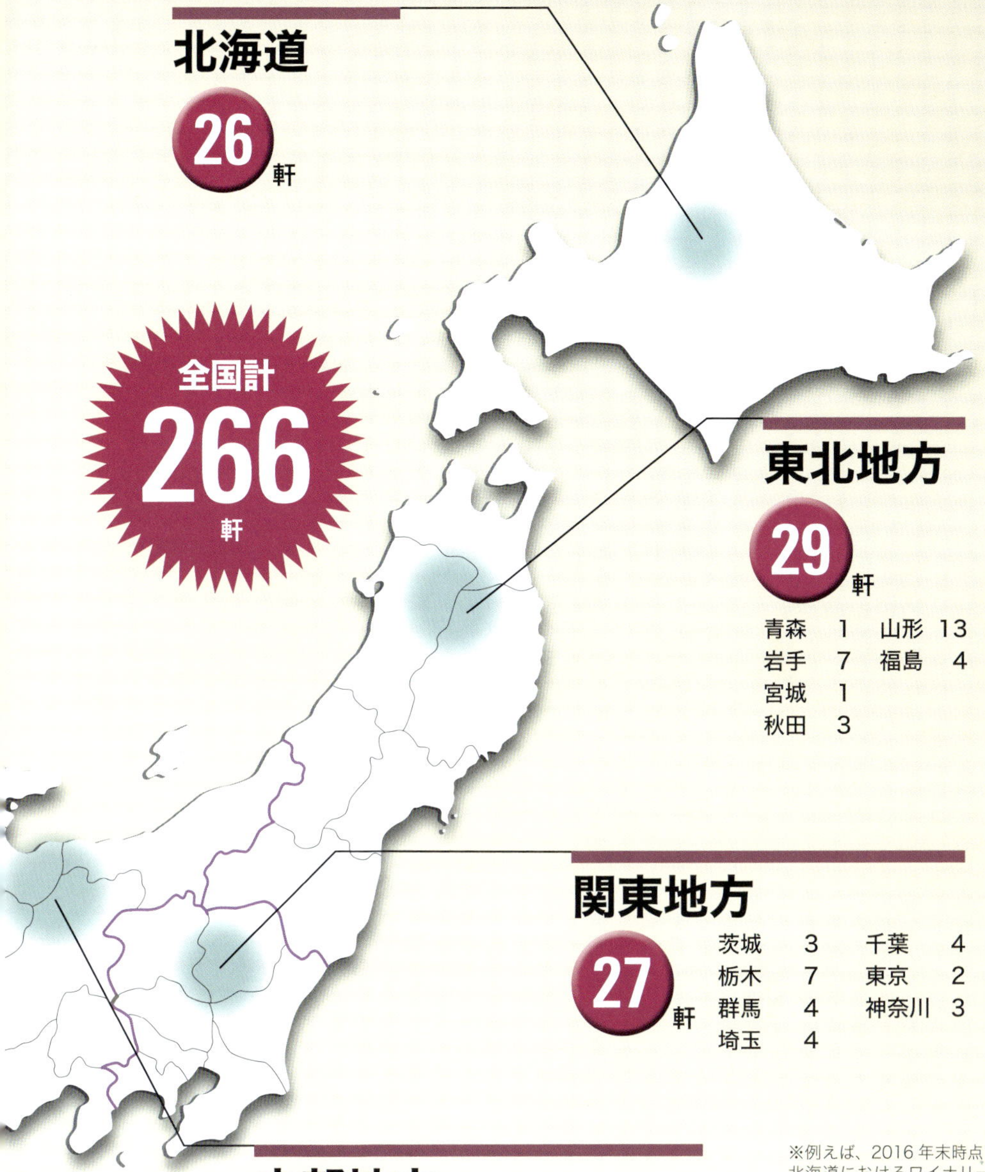

北海道

26 軒

全国計 266 軒

東北地方

29 軒

青森	1	山形	13
岩手	7	福島	4
宮城	1		
秋田	3		

関東地方

27 軒

茨城	3	千葉	4
栃木	7	東京	2
群馬	4	神奈川	3
埼玉	4		

中部地方

134 軒

新潟	10	長野	32
富山	2	岐阜	2
石川	2	静岡	3
福井	1	愛知	7
山梨	75		

※例えば、2016 年末時点で、北海道におけるワイナリー数は 32 軒（ブドウからワインをつくっていないところは除く）で、上記の 26 軒とずれがある。

出典：国内製造ワインの概況（平成 27 年度調査分）
平成 28 年 12 月
国税庁課税部酒税課

15

ブドウ品種には どんなものが ある？

日本ワインを語るために知っておきたい16品種について解説する。

日本では、じつにさまざまな品種からワインがつくられている。ヨーロッパでは基本的には欧州系品種のみからしかワインをつくれないのだが、明治初期、ワインづくりが始まったのと時を

■ 主に白ワインに使われるブドウ

シャルドネ

欧州系品種の中では、日本での醸造量は第2位。特に長野県で激増中。レモンのような香りからトロピカルフルーツのような香りになる。樽の風味のするワインも多い。海外からの評価も急上昇。

ケルナー

冷涼な気候の北海道を代表する品種。欧州系品種の中では日本での醸造量が3番目に多い。華やかな香りが特徴的で、主に手頃な価格の白ワインがつくられてきた。極甘口やスパークリングもある。

ソーヴィニヨン・ブラン

最近、北海道や長野県などで栽培面積が増加。国際的にも人気あり。グレープフルーツ様の香りのフレッシュなワインから、白トリュフ様の香りの芳醇なワインまでスタイルは大きく2分される。

ピノ・グリ

グレイがかったピンク色のブドウ。世界的に人気が上昇中。北海道、山形県、長野県など冷涼な気候の地域で取り組む生産者が増加中。ほのかな苦みが特徴。イタリアではピノグリージョと呼ばれる。

甲州

長い歴史を持つ日本固有の品種。醸造量は最大で、その9割を山梨県が占める。フレッシュなタイプ、樽の風味のあるタイプ、香りの豊かなタイプに加えて、オレンジワインやスパークリングワインも。

ナイアガラ

アメリカのナイアガラで1866年に交配育種された。北海道や長野県塩尻市で栽培が盛ん。香りがとても華やかで、ほのかに甘いワインやスパークリングワインに仕上げられることが多い。

デラウェア

アメリカ原産。栽培面積は山形県が第1位。北海道、大阪府と全国に広がる。微発泡性スパークリングワインが激増。1000円台と価格も手頃で親しみやすい。パイナップルのような香りが特徴。

ロゼの原料

キャンベルアーリー

アメリカで交配育種され、1897年に川上善兵衛が日本にもたらした。北海道から宮崎県まで広く栽培。軽快な赤ワインに加えて、ロゼやスパークリングが増加中。アセロラのような香りが特徴的。

同じくして日本人はヨーロッパやアメリカからブドウの苗木を持ち込んだ。これら2つの「種」に加え、東洋系品種や日本で自生する山ブドウからも先人たちはワインをつくってきた。さらに、日本の気候風土に適した品種を求めてこれらの品種をかけ合わせた交配種がつくられ、それらの品種からもワインがつくられている。欧州品種はシャルドネやメルロが代表的。アメリカ系品種は通常は生食用だが生食用のナイアガラ、デラウェアなどからもワインがつくられてきた。東洋系品種には日本の伝統品種、甲州、竜眼が挙げられる。

■ 主に赤ワインに使われるブドウ

メルロ

欧州系品種の中で、日本での醸造量は最多。全国各地で広く栽培されているが、長野県が最大。品質向上が目覚ましく、かつての青臭いタイプではなく、熟した果実香のワインも生まれている。

カベルネ・ソーヴィニヨン

ボルドー原産で世界的な銘醸ワインの原料。日本での栽培は早くから取り組まれているが、メルロほどは普及していない。しかし最近は増加傾向にある。フルボディの赤ワインがつくられることが多い。

ツヴァイゲルト

1970年代にオーストリアから苗木が取り寄せられて北海道で普及。岩手県などでも栽培されている。メルロー辺倒の日本の欧州系品種の赤ワインに新たな可能性を添えた。飲みごたえは中程度。

ピノ・ノワール

世界中の最高級の赤ワインがこの品種でつくられている。かつて日本では栽培が難しいと思われていたが、北海道、青森県、長野県など、冷涼な地域で栽培面積が増加。芳醇な香りで人気を集める。

マスカット・ベーリー A

1927年、川上善兵衛が交配した品種で、赤ワイン用では醸造量が最大。樽熟系、樽の風味のないフレッシュなタイプに加えて、ロゼ、スパークリングも増加。イチゴとカラメルのような風味が特徴。

コンコード

明治初期にアメリカから伝来した生食用兼用品種（ジュース用も多い）。かつての甘味果実酒の原料で、大半が長野県で栽培されている。アメリカ系品種特有の香りが強い。極甘口ワインもある。

ヤマソービニオン

ヤマブドウとカベルネ・ソーヴィニヨンをかけ合わせ。主に山梨県以北の土地で栽培。カベルネ・ソーヴィニヨンほど渋みはないが酸が豊かなワインに仕上がる。比較的手頃な価格のワインがつくられる。

ブラッククイーン

川上善兵衛が交配育種。栽培面積は少なく、岩手県、山形県、長野県など山梨県以北の冷涼な地域で栽培されている。ワインは色濃く、濃密かつ野趣溢れるインクのような香りで、豊かな酸を特徴とする。

Chapter 1

北海道のワイナリー
余市・札幌・岩見沢・三笠

北海道のワインづくりの歴史は古い。1876年（明治9年）、開拓使によって葡萄酒醸造所が建設されている。北海道の広大な大地は、ブドウ栽培に有利であり、山梨県、長野県に次いで3番目のワイン生産量を誇る。気候は冷涼、降雪量も多い中、北海道に適したブドウ品種を選択し、この土地らしい素晴らしいワインを生み出している。

小樽

余市

岩見沢
三笠

札幌

函館

澄み切った青空の下の見渡す限りの広大なブドウ園。これが典型的な北海道のワイン産地らしい光景だ。ひとつの畑の面積の広さに加えて、ブドウの樹の仕立て方が世界の銘醸地と同じ垣根仕立てであることがその背景にある。

そんな北海道は、今、長野県と並び、ワインづくりがもっとも活発な土地だ。生産量は山梨県、長野県に次いで3番目に位置するが、ワイナリー数は2016年末の時点で32軒と長野県と並ぶ。近年はワイナリーの設立ラッシュで、毎年多くのワイナリーが産声を上げる。そして、新しいワイナリーで生み出されるワインの多くが、日本中のワインファンを虜にしている。ただ残念ながら、こうしたワイナリーの多くは家族経営かつ小規模で、基本的に一般には公開されていない。

また、あまり知られていないことだが、北海道のワインづくりの歴史は、山梨県で日本初の本格的なワイン生産が始まってから2年後の1876年に遡る。この年、開拓使によって、現在の札幌ファクトリーがある場所に、葡萄酒醸造所が建設されワインがつくられたのだ。

注目すべきは、日本海側の後志地方の北端に位置する余市平野と、石狩平野の東側に南北に広がる空知地方。いずれもワイン畑の開園とワイナリーの設立が盛んだ。余市町には、札幌からJRや車を使うと約1時間で到着する。この町はウィスキーづくりでも知られているが、約30年前にワイン用ブドウの栽培が始まった。その後瞬く間にワイン畑が広がり、合計面積は約120haと日本最大となり（後志地方全体だと130ha以上）、さらに近年はワ

イン畑開園の動きが隣町の仁木町まで及んでいる。08年、ドメーヌタカヒコが設立されて以降、毎年ワイナリーが設立され、その数は8軒だ（常時見学ができるのは3軒）。

空知地方もワインづくりが活発な土地だ。同地方全体の面積になるが、ワイン畑の面積は120haを超える。浦臼町には、後述する北海道ワインの日本一広いワイン畑があるが、近年、ワイン畑やワイナリーが増えているのは、そこから少し南下した三笠市と岩見沢市になる。2016末年時点でこの2市合計では、6軒のワイナリーがある。日本でも初めてのアメリカ人が設立した委託醸造を主な目的とした10Rワイナリーもこの地にある。

他の地方にあるワイナリーも見逃せない。十勝地方の池田町にある池田町ブドウ・ブドウ酒研究所は、道内最古のワイナリーで、半世紀にわたりワインづくりに励んでいる。また上川地方富良野市には富良野市ぶどう果樹研究所がある。いずれも見学、試飲が可能。ほかには今や大人気の函館市の農楽蔵（見学は不可）ほか、奥尻島、千歳市、洞爺湖町などにもワイナリーがある。

北海道の気候は極めて冷涼で、降雪量も多い。当然ながら、つくられるワインのスタイルも本州以南とは異なっている。香り豊かで、爽やかな酸が魅力のケルナーの白ワイン、飲み心地が軽快なツヴァイゲルトの赤ワインは、北海道ならではのもので、価格も手頃。最近では、ソーヴィニヨン・ブランやピノ・ノワールにすばらしい逸品も登場している。ワイナリーを訪ねてみれば、この土地らしい伸びやかな味わいの赤ワインや白ワインが堪能できる。是非、足を運んでみてほしい。

北の大地にワインづくりを根付かせたパイオニア

Hokkaido Wine, a pioneering winery that paved the way for wine production on Hokkaido

北海道ワイン

創業以来一貫して、純国産ブドウにこだわる北海道ワインの歴史は、まさのこの地のワインの歴史であるともいえよう。自社農場の鶴沼ワイナリーでは、日本とは思えないほどの、スケールの大きいブドウ園の光景が望める。

　この5年間ほどで、日本ワインという言葉が急激に注目されるようになった。日本中の多くのワイナリーが日本のブドウでつくるワインづくりに本腰を入れだして、自社農園の拡大に乗り出している。しかし北海道ワインは、1974年の創業以来、海外原料には見向きもせずに、農家と歩み、自ら畑を拓き、日本の

ブドウだけでワインをつくり続けてきた。それでいて年間生産量は約260万本。2位の150万本を大きく引き離している。まさに日本ワイン需要を支えてきたワイナリーだ。

　生産量に加えて、北海道ワインが他の追随を許さないのが、樺戸郡浦臼町にある自社管理ブドウ園、「鶴沼ワイナリー」

「これまで以上にコストパフォーマンスの高い日本ワインを提供するとともに、ワイン産地、『北海道』のブランド化に寄与する高品質ワインを増やしていきます。現在では、さらに世界に通用するワインづくりも視野にいれて、新しい醸造設備も整えています」。北海道ワインは2012年に、嶌村公宏さんが代表取締役に就任した。今後は、高品質な限定醸造ワインを増やしていく方針だという。

嶌村公宏さん

小樽にある本社醸造所。

（醸造場はないがワイナリーと呼ぶ）の広さだ。開墾を始めたのは1974年。ワイナリー設立前のことだ。初めてドイツから持ち込んで植えた苗がことごとく枯れてしまうなど、苦労は絶えなかった。しかし試行錯誤の末、日本で初めて垣根式栽培に挑戦し、成功を収めたのである。11haで始めたブドウ園の敷地面積

葡萄作りの匠
田崎正伸ツヴァイゲルト

価格：2000円（720㎖）
品種：ツヴァイゲルト100%（契約農家産）
ブドウ産地：北海道余市町田崎農園産100%
醸造：培養酵母、タンクを分けて発酵、樽熟成なし
生産本数：1万356本（2015年）

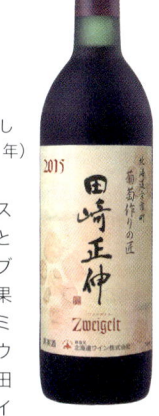

軽い甘みのある独特のスパイス香と複雑なアロマが渾然一体となっている。ブルーベリーやブラックベリーのような酸味と果実味のある、口当たりのよいミディアムボディ。熟練のブドウ栽培技術と管理で定評のある田崎氏が手掛けた良質なツヴァイゲルトのみを使用。

鶴沼ピノ・ブラン

価格：2000円（720㎖）
品種：ピノ・ブラン100%（自社畑産）
ブドウ産地：北海道浦臼町鶴沼ワイナリー産100%
醸造：培養酵母、ステンレスタンクで15日間低温発酵、樽熟成なし
生産本数：1万799本（2013年）

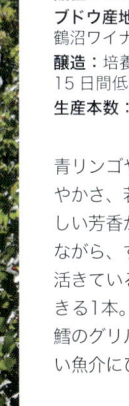
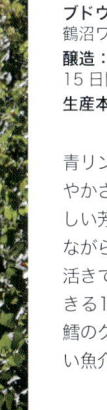

青リンゴや柑橘系を思わせる爽やかさ、若草やハーブ系の清々しい芳香が持ち味。コクもありながら、すっきりとした酸味が活きている。瓶内熟成も期待できる1本。帆立のバター焼き、鱈のグリルなど、火を通した白い魚介にぴったり。

左上：鶴沼ワイナリーの農場長・齋藤浩司さん。北海道ワインの原点の1つである農場最古の古木・ゲヴュルツトラミネールとともに。

右上：自社農場・鶴沼ワイナリーは447haと日本最大級の規模。100区画、約50種、25万本ものブドウが育てられている。

左下：9月中旬から始まるブドウの収穫は、11月の雪が降り積もるまで行われる。ベテランの職員も手摘みで収穫に参加。

右下：一面の雪に覆われる鶴沼。雪の中には、枝ごと倒されたブドウの樹が眠る。冬の寒さからブドウを守る、寒冷地・北海道ならではの知恵だ。

は今や447ha！東京ドーム95個分の広さである。ブドウの管理面積でも約100ha。広がる青空の下、どこまでも延々と続くブドウ園はまさに圧巻だ。

開園以来43年が過ぎたが、農園では今も、農場長の齋藤浩司さんらが、この土地に適した品種の検討を続けている。現在力を入れているのは、白用品種がゲヴュルツトラミネール、ピノ・ブラン、ミュスカ、ミュラー・トゥルガウ、ピノ・グリ、赤用品種がツヴァイゲルトとピノ・ノワール。ピノ・ノワール以外はすべて「鶴沼シリーズ」というブドウ園の名前を冠したワインがつくられている。これら鶴沼シリーズはブドウ園にある直売所で購入および商品によっては、試飲も可能だ。そして近い将来はここにもワイナリー設立が計画されているという。楽しみだ。

醸造所自体は、小樽市街からキロロリゾートに向かって登る山の中腹にある。ここで260万本ものワインづくりを担っているのが、醸造責任者である醸造歴16年の河西由喜さんと田島大敬さんを中心とした18人の醸造チームだ。

「これだけの生産量を手頃な価格のワインとして安定して提供できるのは、日本では私たちにしかできないことだと思っています」と河西さんは自負を語っている。

左：広大な鶴沼農場では、収穫のタイミングを見極め、人手の手配をするのも一仕事。収穫されたブドウは小樽の本社醸造所へ運ばれる。

中：小樽の本社醸造所では自社農場だけでなく、契約栽培をする近隣の農家からも次々とブドウが運ばれてくる。

右：およそ100種類、年間260万本が生産されるという本社醸造所。タンク350基もフル稼働。

当然、これだけの生産量は自社畑だけではまかなえない。北海道ワインのワインづくりの土台になっているのは、じつは300軒の栽培農家なのだ。北海道の農家が北海道ワインを支え、そして北海道の農家も北海道ワインに支えられてきたのだ。

左上：札幌市内から北北東におよそ60キロ。石狩川を望む鶴沼農場にも鶴沼シリーズを購入できるショップがある。

右上：鶴沼農場で収穫、厳選したブドウからつくった限定醸造ワイン「鶴沼シリーズ」。

左下：小樽の本社醸造所のショップでは、発酵途中の「ベビーワイン」も。

DATA

住所：〒047-8677　北海道小樽市朝里川温泉1-130
TEL：0134-34-2181 ／ **FAX**：0134-34-2183
アクセス：JR函館本線南小樽駅よりタクシーで約15分　札樽自動車道小樽ICより8キロ約15分
定休日：土・日曜・祝日、併設のワインギャラリー（売店）は年末年始
公式サイト：http://www.hokkaidowine.com/
E-mail：otoiawase@hokkaidowine.com
ワイナリー見学：可（9時〜17時　但し工場内立ち入りは有料・事前に要予約）**畑の見学**：直轄農場鶴沼ワイナリーの畑　事前に要予約 （TEL：0125-68-2646／FAX：0125-68-2086）
ワイナリーでの試飲：可（無料で12種類前後、有料で12種類前後 200〜500円）　**ワイナリーでの直接販売**：有　**ブドウの種類**：ナイアガラ／ケルナー／バッカス／ピノ・ブラン／ゲビュルツトラミネール／ミュスカ／キャンベル／MH／ツヴァイゲルト／ロンド／ピノ・ノワール／レゲント

白樺林の中に建つワイナリーは、第二の人生の夢の城
Takizawa Winery, standing in a silver birch forest, is the castle of dreams for your "second life"

TAKIZAWAワイナリー

自ら畑を開墾し、土壌づくり、環境整備を行って10余年。かつて広告代理店勤務や喫茶店経営をしていたとは思えないほど、田園暮らし、ワイナリー暮らしが似合う滝沢信夫さん。この地の恵みに満ちた、生命力あふれる力強いワインづくりを目指す。

　ワイナリーを立ち上げる人の中には第二の人生としてワインづくりを選んだ人が意外に多い。しかもそれが人生半ばを過ぎた遅めの再スタートという人もいる。

　滝沢信夫さんがワインづくりを第二の人生の生業にしようと考えだしたとき、彼はすでに50代になっていた。当時滝沢さんは自ら立ち上げた可否茶館というコーヒー・チェーン店の経営で成功を収めており、札幌市内で16店舗も営んでいた。すでにひとつの目標を達成し、そろそろ都会的な暮らしをやめて、自然に囲まれて暮らしたいと思いだしていたのも転職を考えたきっかけだった。もともとワイン好きだった彼は、原料づくりから関われる、つまりブドウを育てることに関われるワインづくりに挑戦しようと決断、事業の売却と資金づくりの準備を始めた。

　その後、ニュージーランドへの訪問を重ねて、どうせワインをつくるのなら、自分の好きなピノ・ノワールとソーヴィニヨン・ブランで本格的なワインをつくってみたいと思うようになった。そのとき出会ったのがYAMZAKI WINERYの「ピノ・ノワール2002」だ。迷うことなく、同ワイナリーでの研修を決めた。

ソーヴィニヨン・ブラン
価格：3500円（750㎖）
品種：ソーヴィニヨン・ブラン100%（自社畑産）
ブドウ産地：北海道三笠市
醸造：自生酵母で発酵させている、樽熟成（ステンレスタンク60%・古樽40%）10か月
生産本数：900本（2015年）

秋の気候が安定せず、酸がなかなか落ちなかったため、白の仕込みでは通常行わないマセラシオン・カルボニック製法を使用。結果、丸く穏やかな酸、凝縮感と複雑さのある、エネルギーに満ちた白ワインに仕上がった。15〜16℃で時間をかけて楽しみたい。

旅路
価格：2500円（750㎖）
品種：旅路100%（契約農家産）
ブドウ産地：北海道余市町
醸造：自生酵母発酵させている、亜硫酸無添加　樽熟成なし
生産本数：1000本（2015年）

香りは洋ナシ、ヨーグルト、白い花を感じさせる華やか系。爽やかな果実味、ミネラルと酸のバランスもよく、芯の強さを感じるワイン。どんな料理とも相性の良い優等生。北海道固有のブドウ品種「旅路」100%の生産量少量の稀少ワイン。

上：白樺林の間から見える赤い
屋根のワイナリー。北海道らし
い風景の中にある一軒。

下：三笠市達布地区の南斜面を
2004年に開墾し、ブドウ畑に。
適度な風も入る。

山形・朝日／上山／南陽／高畠／

新潟・角田浜／越前浜／上越

長野・千曲川ワインバレー／日本アルプスワインバレー／桔梗ケ原ワインバレー

山梨・勝沼／塩山／山梨／笛吹／甲斐／北杜

上：ワイナリーの上はナチュラルな雰囲気のショップ。白樺林の木陰のテラスで試飲もできる。

左下：上質なテーブルワインをつくろうとの思いから、食卓でも映えるよう、ワインのエチケットは花の版画に統一。

右下：スタート当初はドイツ系品種が多かったが、最近はフランス系にも力を入れる。

　縁にも恵まれ、幸いにもYAMZAKI WINERYの自社畑の東側で競売に出ていた土地を入手。まずは2年間かけてその土地を開墾、2006年にはピノ・ノワールの苗を500本、ソーヴィニヨン・ブランの苗を700本植えた。初収穫後の08年からは近隣の宝水ワイナリーや10Rワイナリーへの委託醸造でワインをつくり、13年、とうとう念願のワイナリーをオープンさせた。醸造は研修生から独立して地続きでブドウ園を営んでいる宮本亮平さんに依頼した。

　1.2haの畑は17年時点で倍以上の3haになった。そして2品種にシャルドネが加わった。畑では、除草剤は使わず、できる限り化学合成農薬の使用量を減らす努力をしている。醸造では野生酵母によるワインづくりを続けている。

「ソーヴィニヨン・ブランもピノ・ノワールもようやくこの空知らしい味わいが表現されるようになってきたと思っています」と語る滝沢さん。次の目標は、寒冷地に適した赤用品種を探すことだ。

彼は次の世代に、ワインづくりを伝えていくことも考えている。そのため北海道ハイテクノロジー専門学校の醸造科の2年生と3年生の生徒さんを受け入れ、体験学習を実践。5年目を迎えている。

ワイナリーは南向きの緩やかな斜面の畑を登りきったところに建てられている。ワインショップから、ワインをテイスティングしながら畑をゆっくりと眺めることもできる。

上：ワイナリーは2013年に完成、稼働を開始した。醸造はフランスで経験を積んだ宮本亮平さんが担当。
下：北海道の冷涼な環境でもワインが順調に育つよう、醸造中は床暖房も使用している。

ワイナリーからのひと言 Winery's Comments

ワインづくりに携わるようになって、自然のパワーに圧倒されました。人間の都合ばかり考えていては、決していいワインはつくれない。ブドウの力、土の力、雪の力などを借りて、初めてテロワールのあるワインが生まれるのです」と謙虚に語る滝沢さん。「ふくよかな酸、余韻のある酸、ふくらみのある酸。心地よい酸のバランスが感じられるのは、北海道のワインならでは。本州では難しい味わいです。このエリアには自然志向のつくり手の方が多いので、これからどんどん上質なワインが生まれることでしょう。

今まで出会った人々が僕の財産です、と滝沢さん。

DATA

住所：〒068-2162　北海道三笠市川内841-24
TEL：01267-2-6755／FAX：01267-2-6760
アクセス：JR函館本線峰延駅より車で8分
道央自動車道三笠ICより3キロ6分
定休日：火曜
公式サイト：http://www.takizawawinery.jp
E-mail：infotakizawa@takizawawinery.jp

ワイナリー見学：可、ワイナリーツアーも有（いずれも10時〜16時　事前に要予約）
畑の見学：可（10時〜16時　事前に要予約）
ワイナリーでの試飲：可（有料）
ワイナリーでの直接販売：有
ブドウの種類：ソーヴィニヨン・ブラン／シャルドネ／ピノ・ノワール

農家のプライドが息づく家族経営の珠玉ワイナリー

Yamazaki Winery is a gem of a winery run with the pride of farmers as a family business

YAMAZAKI WINERY

代々続く農家というスタンスを崩すことなく、丁寧なワインづくりを行うドメーヌ。メインの畑は、一億年単位の地球の歩みを地層で体感できる「ジオパーク」指定のエリアで、貝化石も産出する特異な圃場だ。

PINOT NOIR　青

価格：3000 円（750㎖）
品種：ピノ・ノワール100%（自社畑産）
ブドウ産地：北海道三笠市
醸造：培養酵母及び野生酵母にてステンレスタンクで1か月間発酵、樽熟成
生産本数：4132 本（2014 年）

針葉樹林の森を思わせるような香りと赤い果実の香りと伸びやかなミネラルが特徴。土地の個性が感じられる繊細な風味と、ミネラル豊かな余韻を味わい。ドイツ系クローンを中心としたピノ・ノワールづくりの最後のヴィンテージ。

CHARDONNAY　樽発酵

価格：3000 円（750㎖）
品種：シャルドネ100%（自社畑産）
ブドウ産地：北海道三笠市
醸造：樽発酵、樽熟成
生産本数：3818 本（2015 年）

伸びやかな酸がとけこんだ果実味には冷涼感がある。底が広めのブルゴーニュグラスで時間をかけて飲みたい1本。冷涼な土地で豊かな果実味を得るために、樽ごとに時期や区画を分けて収穫し、樽ごとの特徴に向き合いながら醸した。

　100%自社農園で育てたブドウだけでワインをつくっているワイナリーを、フランスではドメーヌと呼んでいる。フランスでは、当たり前のように見られるこのドメーヌタイプのワイナリーは、じつは日本では珍しい。今でこそ、その数は20数軒に達したが、YAMZAKI WINERYが2002年にワイナリーを設立したときには、おそらく日本には1、2軒しか存在していなかったはずだ。

　すべて自分で育てたブドウで賄うということはそれだけのリスクを背負うことになる。天候が悪くて、ブドウの品質に

三笠ジオパーク認定のジオサイトにも登録された畑からは、貝の化石も多く産出。ブドウ畑には野ウサギも訪れる。

上：家族経営のワイナリー。現在は、栽培は次男の太地さん（左）が、醸造は長男の亮一さんが担当。映画「ぶどうのなみだ」のモデルでもある。

下：自社畑からワイナリーを望む。石狩平野を通り抜けた乾いた風がブドウ畑を駆け上り、駆け下りていく。

納得がいかなくとも、それどころか、予想していたほどブドウがとれなくてもそれを受け入れるしかない。

　もともとワイナリーを立ち上げた山﨑和幸さんは北海道三笠市の小麦や稲の農家だった。農家の思いとは関係なく、農産物の価格がいとも簡単に乱高下するのを見て消費者と直接つながる必要性を強く感じていた。そうして辿りついたのがワイナリー経営だったのだ。農家だった山﨑さんにとって、ブドウを買ってくるなど思いもよらず、自分が育てたブドウだけでワインづくりをするのは当然の成り行きだった。

　とはいえ、リスクを軽減するために、品種選びには慎重だった。山﨑家では、1998年、本格的な栽培を開始する前に冷涼な三笠市でも完熟するブドウを探して、10品種の試験栽培をした。その結

上：週末のみ開かれる直営ショップは丘の上に。はるかかなたに札幌ドームのシルエットも見える。

右上：ショップの壁には、ワイナリーを訪れたゲストのサインが。

右下：冬は2メートルの積雪もある豪雪地帯で、特徴的なミネラルと冷涼感のあるワインを目指す。

果、バッカス、ピノ・グリ、リースリング、シャルドネ、メルロ、ピノ・ノワール、シュペートブルグンターの7つの品種が選ばれた。現在はこれにソーヴィニヨン・ブランが加わっている。

　今では畑の面積は12haに達している。ワイナリーの運営も和幸さんの2人の息子、長男の亮一さんと次男の太地さんが任されるようになった。現場では亮一さんが醸造を、太地さんが栽培を主に担当。2人がポテンシャルありと実感しているのがシャルドネのブドウ。毎年糖度は十分に上がるし、豊かな酸もうまくコントロールすれば、メリットになり得る。加えてソーヴィニヨン・ブランやピノ・グリも豊かな香りを保ちながら、熟した味わいが楽しめる。

　じつは亮一さんは寡黙で、太地さんは外向的と、2人の性格は対照的。しかし2人からは、ワインづくりへの思いがふつふつと湧いているのが違った形で伝わってくる。亮一さんはつくりにおいてチャレンジを続け、太地さんは畑のある三笠の土壌や地質についても調査を続ける。これからこそ目が離せない。

左：兄弟の力が結集したメルロ、ただいま樽熟成中。

右上：バックビンテージは2002年から保存。どう変化していくのか、データ作成の意味合いも。

「自分たちでつくったブドウだけを使用。それは農家としては当たり前の姿勢です」と太地さん。

ワイナリーからの ひと言 Winery's Comments

良いワイン、それはつまり、良い農産物であるということです。僕たちは、三笠のこの土地で農家を営んできた家の4代目。代々、自分たちが畑で育てたもの以外を売ることはしなかった。だからドメーヌというのは自然な形なんです。僕がブドウをつくり、兄がそのブドウに対してのベストチョイスを行う。自分たちのワインから、農家らしさ、人間らしさを感じてもらえると嬉しいですね。ヴィンテージを完売することがブランドのひとつ、というような風潮になっているけれど、本来は、飲みたいときに買えるワインがベスト。そのあたりも課題として考えています。（山崎太地さん）

DATA

住所：〒068-2163　北海道三笠市達布791-22
TEL：01267-4-4410 ／ FAX：01267-4-4411
アクセス：JR函館本線峰延駅より車で5分　道央自動車道三笠ICより3キロ6分
定休日：不定休
公式サイト：http://www.yamazaki-winery.co.jp
E-mail：mail@yamazaki-winery.co.jp

ワイナリー見学：不可
畑の見学：不可
ワイナリーでの試飲：可（季節により異なる）
ワイナリーでの直接販売：有（直営ショップは土・日曜日・祝日のみ営業）
ブドウの種類：シャルドネ／ソーヴィニヨン・ブラン／ピノ・グリ／メルロ／ピノ・ノワール

Housui Winery

屈指の豪雪地帯で育まれる、伸びやかなワイン

Housui Winery, producing free and easy wines in a region with some of the heaviest snowfalls in Japan

宝水ワイナリー

地元産のワインで岩見沢の振興を、と始めたワイナリーも早 11 年。
冬には積雪 2 メートルという気候にも負けず、少数精鋭で岩見沢らしいワインづくり
に挑み続けている。東向きに広がる大きな一枚畑も、雄大で美しい。

RICCA　雪の系譜
レンベルガー

価格：2600 円（750㎖）
品種：レンベルガー 100%（自社畑産）
ブドウ産地：北海道岩見沢市宝水町
醸造：発酵後、樽熟成 5 か月
生産本数：2340 本（2015 年）

赤系の果実とスパイスの香りが立
ち上がっている。フルーティな果
実味と穏やかな渋みと酸が調和し
た飲みやすい仕上がり。ライトボ
ディの程よいボリューム。レン
ベルガーはブラウフレンキッシュと
いう別名で、オーストリア原産の
赤ワイン用品種。

RICCA　雪の系譜
ケルナー

価格：2600 円（750㎖）
品種：ケルナー 100%（自社畑産）
ブドウ産地：北海道岩見沢市宝水町
醸造：ステンレスタンクで還元的熟成
生産本数：1830 本（2015 年）

白い花や柑橘のフレーバーを持
つ、香りの高いやや辛口のワイン
スタイル。口に含むと最初に酸味
が、その後甘みとボリューム感が
続き、余韻には若干の苦みが残
る。北海道産ケルナーの品種特徴
と土地の持つミネラル感を生かす
べくつくられた 1 本。

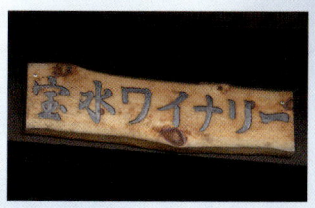

8.4haにも及ぶ東向き斜面の一枚畑がワイナリー前に広がる。冬には2メートルの雪が積もる寒冷なエリアだ。

ワイナリーからの ひと言 Winery's Comments

冬の積雪は2メートルを超える岩見沢。そんな土地でのワインづくりは世界でもあまり類を見ないようです。ブドウは5月頃から10月までと、短期間ながら手間をじっくりとかけて育て、その後は寒さの中で丹念に醸造。我が社のワインは、岩見沢のテロワールがしっかりと溶け込んだ「手工芸のワイン」と自負しています。シャルドネを飲んでいただくと、あと味にほのかに塩を感じます。これは昔はこの辺りも海だった、という証。そんなロマンも溶け込んだワインです。

自らも畑に立つ、代表取締役の倉内武美さん。

　2000年代の初めから、ブドウ栽培農家を中心として、日本各地に農家が設立したワイナリーが増えている。宝水ワイナリーもそのひとつだ。

　2002年、北海道空知地方にある岩見沢市において、「岩見沢市特産ブドウ振興組合」が設立された。この地域振興を目的とした補助事業が、ワイナリーのはじまり。2年後にはこの組合がベースになって農業生産法人の「宝水ワイナリー」が設立される。この法人組織はさらに2年後の06年に会社組織に移行、同時に果実酒製造免許も取得してワインづくりが始まった。ワイナリーの役員に

左上：小樽の古い倉庫を移築したワイナリー。映画のロケ地としても知られる。

右上：厳しい自然に耐え抜いた果実の収穫が始まるのは、9月末頃から。選果をしながら手摘みで作業を進めていく。

左下：畑ではケルナー、シャルドネ、バッカス、ゲヴュルツトラミネール、レゲントなど7～8種類を栽培。

は、生産法人のメンバーだった、倉内武美さん、鈴木純一さん、的場一弘さんら3人の農家が就任している。

　農家が中心になって立ち上げたワイナリーだからこそ、ワインづくりではブドウ栽培に軸足をおいている。ワイナリーの設立に先駆けて、02年にはレンベルガーなど赤ワイン用品種の試験栽培に着手、04年には4 haの畑も拓かれた。その後も少しずつ、適した品種を模索しながら畑を拡大、現在自社農園の植栽面積は2倍以上の8.4haに達している（最終的には9.6haまで拡大予定）。そして、役員3人が自ら中心になって、自社農園でブドウを育てている。

　この自社畑産ブドウを使ってつくられているのが、RICCAシリーズと雪の系譜シリーズ。前者はワイナリー設立の06年、後者はその4年後からリリースされている（RICCAシリーズが自社畑産になったのは09年以降）。系譜シリーズは自社畑産でも、さらに収穫量を制限したり、特別な醸造方法にチャレンジし

ワイナリー2階の大きな窓から、作業工程を見ることができる。「人間もテロワール」がワイナリーの信条のひとつ。

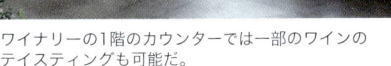
ワイナリーの1階のカウンターでは一部のワインの
テイスティングも可能だ。

ワイナリー横で販売されている
ソフトクリームも密かな人気。
プレーンのほか、赤ブドウや白
ブドウのソースがかかったもの
も。春から秋までの販売。

ワイナリーを代表する「RICCA」シリーズ。岩見
沢市宝水町のテロワールの象徴ともいえる「雪」
がモチーフだ。雪の結晶をイメージしたマークの
中央部分はレースで描かれたもの。手工芸という
言葉を大切にするワイナリーらしいデザイン。

た限定ワインになる。とはいえ、価格帯は2000円台後半と極めて良心的だ。特に、シャルドネはフレッシュな果実味を生き生きとした伸びやかな酸が支えており、北海道ならではのスタイルに仕上がっている。

今後、期待したいのが、14年物から始まったスパークリングワインづくり。比較的手頃なナイアガラでつくったものに加えて、シャルドネとピノ・ノワールをブレンドしたプレミアムなタイプをリリースしていくという。当面はワイナリーでのみの販売になるので、ワイナリーを訪れた際に購入してみるといいだろう。

ワイナリーへは、岩見沢駅から車で20分。しばらく走ると左手の緩やかな斜面に広がるブドウ畑の傍に赤い屋根のワイナリーが佇んでいるのが見えてくる。牧歌的な美しい光景だ。さらにワイナリーの2階のバルコニーからは、ブドウ園が一望できる。

DATA

住所：〒068-0837　北海道岩見沢市宝水町364-3
TEL：0126-20-1810／**FAX**：0126-35-7200
アクセス：JR函館本線岩見沢駅より車で20分、道央自動車道三笠ICより6キロ15分
定休日：水曜（1〜3月）、無休（4〜12月）
公式サイト：http://housui-winery.co.jp
E-mail：housui@future.ocn.ne.jp

ワイナリー見学：可（10時〜17時）、ワイナリーツアーもあり（事前に要予約）
畑の見学：可（10時〜17時　但し収穫時期は不可）
ワイナリーでの試飲：有（時期による　無料）
ワイナリーでの直接販売：有
ブドウの種類：ケルナー／シャルドネ／バッカス／トラミーナ／レンベルガー／ピノ・ノワール／レゲント

自然に寄り添い育まれたワインには、姉弟の想いも詰まる

Sapporo Fujino Winery, makes wines matured in tandem with nature and imbued with the passion of the sisters who produce it

さっぽろ藤野ワイナリー

体に優しいワインを、という体の弱い弟の願いからスタートしたワイナリー。山の裾野に広がる「エルクの森」には、ワイナリーやブドウ畑、そしてガーデンやパークゴルフ場も併設されている。札幌市中心部から車で約30分という立地も魅力だ。

ヴィンヤード ツヴァイゲルトレーベ　三氣の辺

価格：2500円（750㎖）
品種：ツヴァイゲルトレーベ100％
ブドウ産地：北海道余市町登
「三氣の辺」100％
醸造：自生酵母で1～2か月間かけて発酵。11か月間樽で熟成させている。
生産本数：972本（2015年）

野バラやすみれのような華やかな香りの中に、ほのかに黒こしょうを感じさせるスパイシーさも。赤いベリー系の果実味としなやかな酸が全体に広がるバランスのよい1本。炭火焼きなど素材を生かした料理や、揚げ物系、クリーム系と幅広いマリアージュが楽しめる。

ヴィンヤード NAKAI　ケルナー

価格：2400円（750㎖）
品種：ケルナー100％（契約農家産）
ブドウ産地：北海道余市町登
中井農園産ケルナー
醸造：自生酵母で約2か月間かけて発酵。一部は大樽で熟成させている。
生産本数：1310本（2015年）

ミントやライムのような清涼感のある香りに加えて、しだいにはちみつやカラメルの香りが立ち上がってくる。きれいで伸びやかな酸とやさしい口当たりが印象的。10～15℃で飲みたいが、温度変化とともに変わる香りや味わいも楽しんでみるのもいい。

　じつは北海道で初めてのワイナリーは、札幌市内に設立されている。その後市内のワインづくりは長い間途絶えていたが、2000年以降、3軒のワイナリーが設立された。さっぽろ藤野ワイナリーは、09年、市内2軒目のワイナリーとしてスタートした。15年には広々とした醸造棟が完成し、新たに浦本忠幸さんという醸造担当者も決まり、ワインづくりの体制も整った。今、北海道で注目すべきワイナリーのひとつである。

　ワイナリーを立ち上げたのはワイン業界と縁もゆかりもなかった伊與部淑恵さん。自然に寄り添った仕事をしたいとい

Histoire

オーナーの伊與部淑恵さんと佐藤トモ子さんの姉妹がワイナリーをスタートする決意をしたのは、ワイン好きだった亡き弟さんの「できるだけ農薬を使わずにブドウを栽培し、体に優しいワインをつくってみたい」という言葉から。3人で栽培に挑み、4年越しでワインづくりやソムリエの勉強にも励み、多くの試練を乗り越えてきました。夢半ばで逝った弟さんの想いは2009年に結実。栽培から醸造まで丁寧に手をかけたワインは、姉弟3人の愛と夢の結晶です。

伊與部淑恵さん（左）と佐藤トモ子さん。

札幌市内の南・藤野の地に広がる「エルクの森」の一角にあるワイナリー。約25haの敷地には、ガーデンやパークゴルフ場なども。

自社ブドウ畑は、ガーデン「ルーラルリトリート」を通り抜けたその先に。1000種類以上の草木が見られる庭を散歩するだけでも気持ちがいい。

う夢を、ワイナリーの設立で実現させた
のだ。彼女は、1990年頃、親から譲り受
けた札幌市内の25haの山に菜園を開く。
2000年には頂上の0.8haほどの畑でピ
ノ・ノワールなどのブドウを育て始めた。

その頃から伊與部さんは海外のワイナ
リーを巡るようになり、05年には、自
然に寄り添う生き方としてのワイナリー
経営が具体像を描き出す。ブドウもしだ
いに実をつけるようになっていた。08
年には、三笠市でKondoヴィンヤード
を営み、委託醸造でワインをつくる近藤
良介さんと出会い、彼をアドバイザーに
ワイナリーを立ち上げた。

ちなみに現在の醸造場はブドウ園や
パークゴルフ場と一緒に複合レジャー施
設「エルクの森」の中にある。敷地内に
は、ほかにもレストラン、ガーデン、菜
園がある。すべて見学が可能だ。レスト
ランでは、ワイナリーのワインも飲める。

主な原料は、余市町を中心とした道内
の契約農家のブドウだが、今後は自社畑
を増やしていくことも考えているそう
だ。じつはすでに市内の畑に加えて、空
知地方の岩見沢市にも自社畑がある。

上：醸造責任者の浦本忠幸さん。10Rワイナリーで研
修後、現在の職に。自社畑では山ブドウも栽培、可能
性を探っている。
下：デラウェアを房ごとプレス機に入れて搾る

ワインの構成では、スパークリングワ
インが赤ワイン、白ワインとほぼ同じく
らいを占めているのも特徴的だ。価格
帯は1000円から2000円台が圧倒的に多
く、3000円以上のワインはほとんどない。

レジャー施設の中のワイナリーだから
といって侮ってはいけない。つくられる
ワインはじつに魅力的だ。冒頭に記した
ように現在醸造を担当しているのは浦本

上：ワイナリー2階には、小規模なショップと試飲スペースが。窓からは醸造風景を見学することもできる。

下：畑やガーデン散策の後は、併設のカフェ＆レストランへ。「ヴィーニュ」のメインはイタリア料理。

忠幸さん。自然と向き合って実直に生きたいと願っていた彼は伊與部さんの思いに共感して、ここで働くようになった。15年の仕込みの前には、岩見沢市のブルース・ガットラヴさんの元でワインづくりを学んでいる。そんな彼が目指しているのは、自生酵母で発酵させて亜硫酸をできる限り減らすこと。自然に任せたつくりをするからこそ、つくりには細心の注意を払う。

DATA

住所：〒061-2271　北海道札幌市南区藤野670-1
TEL：011-593-8700／FAX：011-596-9377
アクセス：地下鉄南北線真駒内駅からバスで約15分後　徒歩で7分　JR札幌駅より車で16.5キロ約35分
定休日：火曜日、年末年始ほか
公式サイト：http://www.vm-net.ne.jp/elk/fujino
E-mail：sf.winery@diary.ocn.ne.jp
ワイナリー見学：可（9時〜18時、ワイナリーツアー・テイスティングセミナーは有料　事前に要予約）
畑の見学：可（9時〜17時　基本は自由見学。ツアーは要問合せ）ワイナリーでの試飲：可
ワイナリーでの直接販売：有　併設レストラン「ヴィーニュ」（11時〜18時・季節により営業時間・定休日は異なる）ブドウの種類：シャルドネ／ソーヴィニヨン・ブラン／ゲヴュルツトラミネール／ピノ・ノワール／レンベルガー／山ブドウ

RITA FARM & WINERY

リタファーム＆ワイナリー

余市登地区の最南部、緩やかな南斜面に広がる畑からの眺望は抜群。
「自分たちが居心地良くなければおいしいワインもできない」と
夫婦二人三脚で、のびやかでナチュラルなワインづくりを目指す。

野薔薇デラウェアローズ

価格：2000 円（750㎖）
品種：デラウェア 100%　契約農園産
ブドウ産地：北海道余市町
醸造：野生酵母約 0.7 か月、
ステンレスタンク、樽熟成なし
生産本数：1000 本（2016 年）

淡いサーモンピンクのスティルタ
イプのロゼワインは、バラやはち
みつ系のフェミニンな香りを持
つ。最初は優しいうまみが広が
り、あとから苦みを伴った繊細な
タンニンが追いかける。9 月末か
ら 10 月初めの遅摘みにした完熟
デラウェアを使用。

十六夜デラウェア

価格：1880 円（750㎖）
品種：デラウェア 100%　契約農園産
ブドウ産地：北海道余市町
醸造：野生酵母約半月、
ステンレスタンク、樽熟成なし
生産本数：2000 本（2016 年）

柔らかなオレンジ色が印象的。は
ちみつやオレンジピール、カリン
を感じさせる香り、そしてピュア
で透明感のある、なめらかなブド
ウのうまみがふんわりと広がる。
ほのかな苦みが余韻を残す。柑橘
系ソースの料理と相性よし。ワイ
ナリーの定番である 1 本。

　県道35号線と平行に南北に走るモン
ガク線の坂を下っていくと、左前方にブ
ドウ畑が見えてくる。左手の小道を進め
ば、視界が開けて、なだらかな斜面に
広々としたブドウ畑が一望できる。そ
して畑の麓に佇むのは白い壁のワイナ
リー。菅原誠人さん、由利子さん夫妻が
営むリタファーム＆ワイナリーだ。
　リタファーム＆ワイナリーは、北海
道余市町の 3 軒目のワイナリーとして
2013年に産声を上げた。母方がこの町
で 3 代続く農家で、農業には興味があっ
た由利子さん。20代の頃は将来の仕事
としてナチュラルワインのワインショッ
プ経営か、インポーター勤務か迷ってい

ワイナリーからの ひと言 Winery's Comments

ブドウに対して、ワインに対し
て真摯に向き合い、自分たちの
できる範囲内で、自分たちが理
想とするワインをつくろうと思っています。醸
造ではできるだけ手を加えず、畑のテロワール
をワインに忠実に反映させたい。余市産ブドウ
の酸を活かすため、瓶内二次発酵の泡ものに力
を入れています。2015年よりアメリカへのワ
イン輸出もスタート、2017年よりワイナリー
の大規模な改修工事が始まります。近年は「自
然派ワインを自分で醸したい」と言うヴィニュ
ロン志望の女性研修生も当園を訪れることが多
くなりました。毎年8月には「ワイン女子会」
と題した100名程度のワインイベントを開催
しています。今後、道産ワイン業界への女性進
出も期待されますが、少しでもその力になれた
らと考えています。

上：北欧風の白いウッディな外観が目印。ワイナリーの設計や内装も夫婦2人で手がけた。

下：2010年に植栽を開始。栽培は2人で行い、醸造は妻の由利子さん、営業は誠人さんが担当。

山形・朝日／上山／南陽／高畠

新潟・角田浜／越前浜／上越

長野・千曲川ワインバレー／日本アルプスワインバレー／桔梗ヶ原ワインバレー

山梨・勝沼／塩山／山梨／笛吹／甲斐／北杜

上：ブドウ畑の下にあるショップ名は「バラッド・オブ・ヨイチ」。ワイナリーとショップの間にゲストハウスを建設中。

下左：早くからソーヴィニヨン・ブランの栽培に着手。土地に合うブドウ品種を探るためには10年が必要だとか。

下右：ワインの液送は極力重力のみ、瓶詰めも重力式の充填機を使い、ワインにストレスを与えないよう心掛ける。

たという。ところがシャンパーニュ地方で出会ったつくり手たちとそのワインに魅せられて、ブドウを育ててワインをつくりたいと願うようになった。

「ナチュラルワインのつくり手たちの自分のワインへの愛情やプライド、ワインや生き方についての考え、そして働き方に直に触れて、圧倒されました」と由利子さんは振り返る。3年間、シャンパーニュ地方にあるギードシャセという小規模なメゾンに通い、ワインづくりを学んだ。

帰国後、縁あって入手できたのが、現在の畑とワイナリーがある場所。じつは日本で初めてケルナーという品種が栽培された場所だ。夫妻が引き継いだときには、荒れかかったリンゴ畑だったが、それらをブドウ畑に改植した。畑は、余市川に面した斜面にあり、余市湾に風が吹き抜けるブドウ栽培にとって好条件を備える。白用品種はソーヴィニヨン・ブラン、シャルドネ、赤はメルロとピノ・ノワールを栽培。畑の頂上まで登ると、南

自社畑ブランド「風のヴィンヤード」シリーズのソーヴィニヨンブランとメルロー。

Histoire

宿泊施設も建設予定

余市出身の由利子さん。最初にブドウ栽培を始めた地が、ニッカウヰスキー創設者夫人のリタさんゆかりの土地であったことから、ワイナリーにその名を冠した。女性が活躍できる場であるように、との願いも込められている。基本は夫婦2人だが、畑の手伝いには近隣の人々から当園ワインを愛飲するファンなどが多く訪れる。市内に宿泊できる場所が少ないことから、現在、ワイナリーの隣に、キッチン付きの宿泊施設を建設中。余市のワイナリーを巡る拠点にもなりそうだ。

宿泊施設からは、ブドウ畑も一望。余市湾も見渡せる絶好のロケーション。

栽培責任者であるご主人の菅原誠人さんはかつて醸造機器のメーカーに勤務。

側から北側まで、Kiroro（余市岳）などの山々、ニセコ〜小樽間を走る函館本線、シリパ岬と余市湾など大パノラマが開けている。

　ナチュラルワインがワインづくりを志したきっかけだったこと、由利子さん自身が農薬を受け付けないこともあり、栽培は化学合成農薬を使わず、発酵も野生の酵母に委ねている。ワインづくりでとりわけ2人が力をいれているのが、北海道ならではの酸を生かしたスパークリングワイン。ピノ・ノワールを栽培しているのもそのためだ。また同じ発泡酒でも瓶内二次発酵のワインに注力している。

　ワイナリーには直営ショップが併設しているが、基本的に試飲はない。ただし、余市町を巡るツアーや団体客が来る際には試飲を用意している。夫婦2人で営んでいるため、あらかじめ電話での連絡をお勧めする。時間的に余裕がある時期なら、夫妻から直接話もうかがえる。

DATA

住所：〒046-0002　北海道余市郡余市町登町1824
TEL：0135-23-8805／FAX：0135-48-5117
アクセス：JR函館本線余市駅下車タクシーで10分
札樽自動車道小樽ICより20キロ30分
定休日：不定休
公式サイト：http://www.rita-farm.jp
E-mail：info@rita-farm.jp

ワイナリー見学：可（9時〜18時　事前に要予約）
畑見学：可（9時〜18時　事前に要予約）
ワイナリーでの試飲：可（有料）
ワイナリーでの直接販売：有
ブドウの種類：ソーヴィニヨン・ブラン／シャルドネ／デラウェア／旅路／メルロ／ピノ・ノワール

Occi Gabi

オチガビ

1970年代にドイツでワインを学んだベテラン・落 希一郎さんが、
故郷・北海道に創設したモダンなワイナリー。
ワインツーリズムによる地方創生をも視野に入れる。

丘陵地帯が多く、水はけもよい余市一帯は果樹栽培に適した地。ワイナリーを取り囲むように広がる自社ブドウ畑は、およそ6ha。余市の西側、余市川とヌッチ川に挟まれたエリアだ。

キュベ カベルネ

価格：3800円・税込（750㎖）
品種：カベルネ・クービン 40%、カベルネ・ドルサ 30%、カベルネ・ミトス 15%、バラス 15%（自社畑産）
ブドウ産地：北海道余市町
醸造：2〜3週間発酵させた後、新樽 100%で1年間熟成させている。
生産本数：約 3000 本

フレッシュなベリー系の魅力的な果実味が感じられる。北海道のワインとしては異例の豊かな渋みが特徴的な赤ワイン。大きめの丸いグラスで、程よく温度を温めてから楽しみたい。珍しいカベルネ系の品種群を、丁寧に栽培してワインに仕上げている。

ケルナー

価格：2160円・税込（750㎖）
品種：ケルナー 100%（自社畑産）
ブドウ産地：北海道余市町
醸造：2週間発酵させている。樽熟成はなし。
生産本数：約 7000 本

輝きのあるわずかに緑がかった色合いが美しい。この品種らしい柑橘のフレッシュな香りが立ち上がる。取り除いておいた果汁を加えることで少し甘口に仕上げている。8〜10℃に冷やしてからグラスに注ぎ、12〜15℃で飲むとケルナーらしさが楽しめる。アペリティフやデザートワインにもお薦めできる。

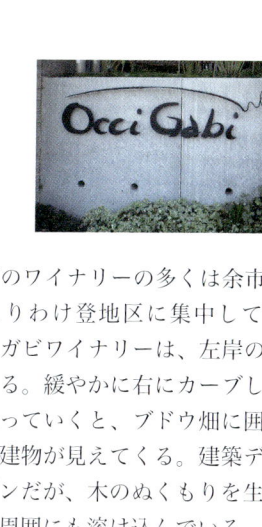

　余市町のワイナリーの多くは余市川の右岸、とりわけ登地区に集中しているが、オチガビワイナリーは、左岸の小高い丘にある。緩やかに右にカーブした上り坂を登っていくと、ブドウ畑に囲まれた茶色の建物が見えてくる。建築デザインはモダンだが、木のぬくもりを生かした建物は周囲にも溶け込んでいる。春から秋にかけてはワイナリーの前のガーデンに花々が咲き乱れる。

　ワイナリーでは、ランドスケープデザインの考え方に沿って、敷地内の造作を少しずつ整えてきた。そのため敷地全体が美しい景観を醸し出している。東側には余市平野の広がりが望める。

　2013年、ワイン産地としての北海道余市町の可能性に惚れこんで、本州から移り住んできた落 希一郎さん、雅美さん夫妻がワイナリーを立ち上げた。醸造開始年および畑の開園も同じ年になる。「私たちはワインづくりにまつわるすべてのことを、ワイナリーを訪ねてきた方々に開示するようにしています。秘密も偽りも一切ないワイナリーです」と落夫妻は口を揃える。原料ブドウは、国産100％はもちろん、余市町産100％になる。

　開園後さらに畑を拡大して、今では自社畑が6haに達している。栽培品種はとてもユニークだ。カベルネ・クービン、カベルネ・ドルサなど、ドイツの赤ワイン用のカベルネ系の交配種を栽培しているのだ。こうした品種を栽培しているワイナリーは、日本ではほかに例を見ない。もっとも注力しているのがカベルネ系の4つの品種で、これらをブレンド

丘に抱かれるような流線型の木造建築がひときわ目を引く。一階はレストランやショップ、地下には最新鋭のブドウ搾汁機、樽熟成庫などを備えた醸造施設。道内外から多くの観光客も訪れる。

して「キュベ・カベルネ」という長期熟成タイプの赤ワインをつくっており、「ドルンフェルダー」「ピノ・ノワール」とともにこの赤3種がワイナリーの代表品種になる。

　現在、全ワインに占める赤ワインの割合は5割だが、すべての畑が成園になったときには、その比率は7割から8割に増える見込み（自社畑率は6割を超える）。白ワイン用の品種は、シャルドネがもっとも栽培面積が広く、ほかにゲヴュルツトラミネール、ムスカテラー、ピノ・グリにも取り組む。

　ワイナリーの中に足を踏み入れてみると、右手には天井の高い開放感のある空間が広がっており、ここでは頻繁にコン

左上：レストランのメニューはフランス料理がベース。「えぞ鹿肉のロースト」など、可能な限り地元産の食材を使用。

右上：エントランスには試飲のできるカウンターも設置。ケルナー、バッカスなど通常7～8種類が並ぶ（有料）。

左下：大きく開かれたレストランの窓からは、ブドウ畑とガーデンが一望できる。

右下：コンサートなど各種イベントも開催されるワイナリーのエントランス。土産物も充実している。

ワイナリーのもうひとつの魅力は、北国らしい広々としたガーデン。落さん自らデザインした庭は、季節に応じてさまざまな表情を見せてくれる。雪の時季もまた美しい。

ワイナリーツアーは所要時間40分ほど。密閉型のステンレスタンクや新樽が整然と並ぶ地下を丁寧に案内する。セラーに設けられた特別室での試飲・食事付きプランもあり。

自社畑産のブドウのほか、地元・余市町の農家からもブドウを購入。9月末から10月末にかけて収穫したブドウは、まず手仕事で虫や汚れをはらい、選果に備える。

サートが開かれる。左手にはレストランがあり、ガーデンやブドウ畑を眺めながら食事ができる。

ショップでは有料で試飲ができる。ほかに、地下の醸造施設をつくり手の案内のもと見学後は、特別試飲室でワインを試飲、さらには、1階のレストランで食事をするというコースも用意されている。

ワイナリーからのひと言 Winery's Comments

「ワインは毎年味が変わって当たり前。1970年代半ばにドイツでワインづくりを学んでいたときに、よくそう言われました。そうですよね、年によって、ブドウの味わいも違うんですから。だから人間の手で、無理に同じ味にすることはありません」。ドイツの後はオーストリアのハプスブルク家の醸造所でも研修をしたという落さん。日本のワイン、とりわけ故郷である北海道のワインに対する想いは、人一倍深い。「無理なく普通に。針小棒大的なプロモーションは行わずにできることをやる。そして嘘偽りのないワインをつくる。その気持ちはずっと変わりません」。

落 希一郎さんと奥さまの雅美さんの二人三脚。

DATA

住所：〒046-0012　北海道余市郡余市町山田町635
TEL：0135-48-6163 ／ FAX：0135-48-6164
アクセス：JR函館本線余市駅下車タクシーで6分　札幌自動車道小樽ICより30キロ40分
定休日：不定休
公式サイト：http://www.occigabi.net
E-mail：occigabi@ae.auone-net.jp
ワイナリー見学：ワイナリーツアーのみ可（11時〜16時）
畑の見学：一部遠くの畑以外はすべて可

ワイナリーでの試飲：カウンター、ガーデンで可。グラスワイン500円〜。
ワイナリーでの直接販売：有　併設レストラン「レストランOcciGabi」11時30分〜 20時30分（ディナーは前日までに要予約）
ブドウの種類：ピノ・ノワール／ドルンフェンダー／カベルネ・クービン／カベルネ・ドルサ／シャルドネ／ゲヴュルツトラミネール／ムスカテラー／ピノ・グリほか

Hirakawa Winery

「ワインは畑でデザインする」。異色の醸造家デビュー
Hirakawa Winery, the debut of an unconventional winemaker who believes "wine is designed in the vineyard"

平川ワイナリー

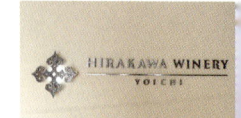

ソムリエとして活躍する一方、余市のブドウに惚れ込み、ワインづくりも始めた平川敦雄さん。65 年以上、果樹栽培を続けてきた藤城議さんから畑を譲り受け、唯一無二なワインを目指す。豊富な経験が今こそ生かされる。

平川ワイナリーは2015年に設立された。まさに新進気鋭で内外からの注目度が急上昇しつつあるワイナリーだ。

ワイナリーを立ち上げた平川敦雄さんはワイン業界ではかなり異色の存在だ。実はワインのつくり手とソムリエとふたつの顔を持っているのだ。それだけではない。ワイン業界のなかで、これほどまでに輝かしいワイン関連の資格を持った日本人はほかに誰もいない。

1995年、当時22才の平川さんは、何としてもワインを本場で学びたいと、シ

左ページ：余市の南部にある畑は、朝から日没までほぼ一日中太陽が当たる絶好のロケーション。
左：農機具小屋を改築して2015年に誕生した醸造所。
右：余市には珍しい真っ黒の土。「森の土と同じような腐植度の高い土壌です」と平川さんもお気に入り。
下：自社畑に囲まれたワイナリー。

ベリア鉄道で1人フランスに向かった。学費を稼ぎながら勉強を続けて、フランス人にさえ超難関とされる農業技術士と醸造士、そしてプロフェッショナルソムリエの国家資格を取得。さらにはシャトー・マルゴーなど、名だたるワイナリーで修業を重ねた。

2008年に帰国後、一旦は北海道のザ・ウィンザーホテル洞爺のミシェル・ブラストーヤジャパンのシェフソムリエの職に就くも、余市町産のケルナーのワインに出会い考えが変わった。そしてとうとうこの地で自分自身のワインづくりを始めることを決心したのだ。

「余市町のブドウならば、世界に通用す

オマージュ グランド・キュヴェ

価格：オープン価格（750㎖）
品種：ツヴァイゲルト
ブドウ産地：北海道余市町
醸造：ステンレスタンクにて発酵と醸しを合計1.5か月間行い、樽の中でマロラクティック発酵を実施して、熟成させている。
生産本数：1600本（2015年）

風味、質感ともに豊かで、体感性も満足度も高いフルボディ。余市でもっとも日照条件のよい場所のひとつである平川ファームにて、古木のツヴァイゲルトを丹念に栽培して誕生。品種のみの香りに甘んじることなく、果実香と熟成香の調和を追求した。

ノートル・シエクル グランド・キュヴェ

価格：オープン価格（750㎖）
品種：ケルナー
ブドウ産地：北海道余市町
醸造：ステンレスタンクにて約1か月発酵させる。マロラクティック発酵を経ずに瓶詰め。
生産本数：3500本予定（2016年）

少し小さめのグラスに注ぎ、柑橘系と熟成香が一体となった香り、そして酸とミネラル感がともにしっかりと表現されている。15℃ぐらいの高めの温度設定にて、香りの芳醇さ、ふくよかな厚み、長い余韻を味わいたい。

左：「自分の気持ちをぶつけられる」ケルナーを始め、ソーヴィニヨン・ブランなど約7種類を栽培。

左下：コンパクトながら、動線を重視してつくられたワイナリー。将来的にはスパークリングワインもリリース予定。

右：井戸水や地下水を使って、ステンレスタンクを冷却。できる限り、自然のものを利用したワインづくりを心がける。

るワインができると思ったからです」と平川さんは決心の理由を語っている。

自社農園とワイナリーの場所を決める際には、気候条件や土壌を徹底的に調べた。選んだのは余市川の左岸の沢という地区。同町では数少ない南斜面で日照は抜群、加えて水はけも良いという願ってもない条件が揃っている。また海からの暖かい空気とニセコからの冷気の混じり合う立地だった。

自社農園は現在5ha。赤はピノ・ノワール、レゲント、白はケルナー、ソーヴィニヨン・ブラン、ゲヴュルツトラミネール、ピノ・ブランに注力。白ワインが全生産量の8割を占める。今後、スパークリングワイン用として平川さんが

評価する品種の作付面積が増える見込み。

「ワインは自然の表現」という平川さん。そして目指すは世界の美食の舞台で飲まれるワイン。実際すでに国内外のシェフたちからも注目を集めつつある。そして17年には、いよいよ彼が育てたブドウでつくられたワインが一般の酒販店にも並ぶ。

今も彼は日々のワインづくりのかたわら、週末は富良野でソムリエとしてワインをサービスする。ワインをつくるうえでも、飲み手との接点は彼にとっては欠かすことができないというのだ。彼と彼のワインが、世界の美食のシーンに登場するのもそう遠くないことなのかもしれない。

上：フランス各地など海外経験が豊富な平川さん。ワイナリーのインテリアや小物にもセンスが光る。

左下：「飲みやすさは偉大な品質のひとつだと考えています。軽やかさの中の味わいの深さを感じてほしい」。

右下：高品質のブドウ栽培のために、土壌微生物の多様性や生態系の維持を重視。除草剤も化学肥料も一切使用していない。

ワイナリーからの
ひと言
Winery's Comments

畑では除草剤、化学肥料を使用せず、草生栽培によって樹勢と土壌水分を抑制しながら、理想的な園地の生態系を維持できるよう取り組んでいます。ブドウ樹の健康維持と上質なブドウの収穫を可能とするために、年間を通じた植物栄養と、房ごとの酒質ポテンシャルを慮した栽培を目指しています。醸造学と味覚学の専門性を活かし、常に美食の舞台に寄り添えるワインであることと、食とともに楽しんで頂ける酒質スタイルを農業の現場で創造できるよう努めています。

フランスでの経験も豊富な平川敦雄さん。

DATA

住所：〒046-0022　北海道余市郡余市町沢町201
TEL：（非公開）／FAX：0135-22-3004
アクセス：JR函館本線余市駅下車タクシーで10分
札樽自動車道小樽ICより30キロ40分
定休日：非公開
公式サイト：http://hirakawawinery.jp
E-mail：info@hirakawawinery.jp

ワイナリー見学：不可
畑の見学：不可
ワイナリーでの試飲：不可
ワイナリーでの直接販売：無
ブドウの種類：ケルナー／ソーヴィニヨン・ブラン／ピノ・ノワール／レゲント

PROFILE

ブルース・ガットラヴ

1961年アメリカ・ニューヨーク生まれ。ニューヨーク州立大学在学中にワイン醸造に興味を持ち、カリフォルニア大学デイヴィス校に入学後、本格的にワインづくりを学ぶ。カリフォルニアのナパ・ヴァレーをはじめ、世界各地のワイナリーで研鑽を積む。1989年、ココ・ファームから熱心な招聘を受け、来日。コンサルタントとして腕を奮う。2009年、北海道岩見沢市に移住し、妻の亮子さんと二人三脚で自らのワイナリー「10R」を立ち上げる。

北の大地に舞い降りたワインづくりの伝道師
ブルース・チルドレン

栃木「ココ・ファーム・ワイナリー」（92ページ参照）で大活躍したブルース・ガットラヴさん。自らのワイナリーは「この地で育ったブドウの酸の残り方が好きだった」という岩見沢市に築いた。ブルースさんの下で真摯なワイン哲学を学び、ノウハウを吸収し、新たなスタートを切った醸造家は引きも切らない。北の大地から"ブルースチルドレン"の輪が広がり始める。

　現在日本各地で奮闘するつくり手たちに、非常に大きな影響を与えている人物がいる。アメリカからやってきたブルース・ガットラヴさんだ。

　ブルースさんはワインの本場であるカリフォルニアでコンサルタントとして実績を積み、栃木県のココ・ファーム・ワイナリーのワインづくりを指導するために日本にやってきた。請われるままに、1991年には取締役醸造責任者に就任。その後、このワイナリーのワインづくりの基盤を築いてきた。

　当時からワイナリーでは、ブルースさんによって、他の多くの日本のワイナリーに先駆けて、新しい醸造機器が導入され、新しいワインづくりが行われてきた。彼は、世界のワインづくりの考え方や技術、さらには世界で起きているムーヴメントについて、ともに働くココのスタッフたちに機会あるごとに伝えた。そのとき、ココでヴィンヤードマネージャーだったのが、ドメーヌ タカヒコの曽我貴彦さんだ。曽我さんは、ココで仕込む上質なブドウを探し求めて、ブルースさんとともに、全国各地のブドウ農家を訪ね歩いた。

　それだけではない。ブルースさんは、ココのスタッフや契約農家たちを連れ

上：ブドウ畑の一角に新居も完成。ますますブドウづくりに力が入る。

左：自社畑は南面の一枚畑。10Rのブランドワインも増やしていく方向だ。

委託醸造用に小さなタンクも多く並ぶ。

て、ヨーロッパへ視察旅行にも出かけた。例えば、2006年のフランスのシャンパーニュ地方やロワール地方のナチュラルワインの生産者を巡る視察には、ナカザワ ヴィンヤードの中澤一行さんやKONDOヴィンヤードの近藤良介さんが参加（曽我貴彦さんも参加）。この視察旅行が2人のブドウ栽培、ワインづくりのひとつの転機になっている。

北海道空知地方
岩見沢への移住

　ブルースさんは、ココ・ファーム・ワイナリーで、各地のブドウを仕込むうちに、それぞれの地域の可能性にも目を向けるようになる。

　「特に、北海道空知地方から持ち込まれるブドウを目の当たりにして、この地の大きな潜在力を感じるようになりました」とブルースさんは言う。それらのブドウを育てていたのが、近藤良介さんと中澤一行さんだったのだ。

　しだいに、この地で、自分自身でブドウを育ててワインをつくりたいと願うようになり、09年、空知地方岩見沢市の

上幌に移住。上幌ワインを拓いた。ココの取締役は変わらず続けた。

　「なんといっても自分がおいしいと考えるワインができるから。香りが豊かで、軽やかでいながら味わい深い、他にはないワインをつくりたいのです」

　ブドウはソーヴィニヨン・ブラン、ピノ・ノワールを中心に10種類以上の品種が植えられた。

　さらにこの土地を世界中から注目されるワイン産地にするために、初の試みに挑戦した。北海道の各地の農家から委託

10Rワイナリー
トアール

上幌ワイン　森
価格：3000円（750㎖）
品種：ソーヴィニヨン・ブラン　自社畑産
ブドウ産地：北海道岩見沢市
醸造：ステンレスタンクにて自生酵母で発酵させている。樽熟成なし。
生産本数：190本（2015年）

トリュフ、アンズ、柑橘、はちみつと溢れる香りが印象的。まるで熟れた果物を食べているようなとろとろした凝縮感。圧倒的な存在感で飲む人を魅了する。

DATA

住所：〒068-0112　北海道岩見沢市栗沢町上幌1123-10
TEL：0126-33-2770／**FAX**：0126-33-2771
アクセス：JR室蘭本線栗沢駅より車で20分　道央自動車道岩見沢ICより8キロ10分
ワイナリーの見学は時期により応相談。
公式サイト：http://www.10rwinery.jp
E-mail：info@10rwinery.jp

我を通したワインがつくりたい、と曽我さん。

上：平均6.5haという余市のブドウ畑の中では、小規模な2.5haの畑。

右下・左下：「次の世代に伝えるために」、いかにコンパクトにワイナリーをつくるかに心を砕いた。資金をあまりかけず、改良した倉庫で醸造ができるように設計。

ワイナリーは余市の登地区登川左岸エリアに。

ドメーヌ タカヒコ

ナナツモリ ピノ・ノワール

価格：3700円（750㎖）
品種：ピノ・ノワール　自社畑産
ブドウ産地：北海道余市登地区
醸造：自生酵母で全房発酵させ、古樽で1年間熟成させている。
生産本数：7000本

色合いこそ薄いがラズベリー、シナモン、松茸のような芳香。後口にうまみ。深みがあって繊細な出汁のような味わい深さ。日本のピノ・ノワールの可能性を感じさせる。

DATA

住所：〒046-0002　北海道余市郡余市町登町1395
TEL：0135-22-6752 ／ **FAX**：0135-22-6752
アクセス：JR函館本線余市駅より車で10分　札樽自動車道小樽ICより20キロ25分
ワイナリーの見学はメールで要相談、要予約。
公式サイト：http://www.takahiko.co.jp
E-mail：soga@takahiko.co.jp

を受けてワインをつくることをワイナリーの主な目的にしたのだ。

「つくり手を育てることが産地を育てることに繋がる。つくり手がワインづくりを学び、ワイナリーを設立するためのインキュベーター（孵化器）のような存在になりたい」とブルースさんは言う。10Rワイナリーは『とある場所のとあるワイナリー』という意味。ワインのブランド名には、ファミリーネームではなく、自園がある小さな区画名、「上幌」を選んだ。

　設立から5年目を迎えて、2016年の委託件数は12件だ。北海道の各地のブドウ農家がブルースさんのワイナリーでワインづくりに取り組んでいる。

　「上幌」ブランドのワインはすでに数アイテムが発売されたものの、彼が自社農園で育てたブドウでできたワインはいまだ未発売。しかし、17年、ようやくお目見えとなる。

ピノ・ノワールの約束の地を余市町に見つける

　曽我貴彦さんが、余市町にワイナリー、ドメーヌ タカヒコを開いたのは、10年とブルースさんより早い。

　じつは彼の畑にはピノ・ノワールしか植えられていない。

　「ピノ・ノワールはおそらく死ぬまで興味がつきないブドウです」と曽我さん。彼の場合、ピノ・ノワールの適地を探し

て、50か所の候補だった土地を訪ねて、余市町を選んだ。

　彼が自社農園のワインをつくる前に、余市町の木村農園のピノ・ノワールでつくったワインは、一躍脚光を浴びて、余市町のピノ・ノワールの実力を日本中に知らしめた。12年には、とうとう自社農園のブドウでできた「ナナツモリ ピノ・ノワール」がリリース。ブルゴーニュのつくり手さえも魅了するワインとなっている。

空知のテロワールを映し出す2つの生産者

　ナカザワ ヴィンヤードの中澤一行さんは学生時代、「北海道で暮らす」という夢を抱いていた。その後、夢は「太陽の下で農業がしたい」に変わる。さらに20年前、北海道のブドウを食べて、おいしいワインができるに違いないと確信、02年、岩見沢市栗沢で開園に至る。

　一枚続きの広々とした畑は、緩やかに南に傾斜した斜面に拓かれており、約20種類のブドウが育てられている。自然の一部を借りているという考えで基本

的に化学農薬は撒かずにブドウを栽培、そこには生態系が生まれている。そして今は、ワインの味わいをイメージしながら育てたブドウを、10Rワイナリーに持ち込み仕込む。基本的に収穫できたブドウを一緒に発酵してワインに仕上げている。07年初リリースのワインはすばらしい芳香で、北海道のワインのイメージを新たにした。

　一方、KONDO ヴィンヤードの近藤良介さんは岩見沢に隣接する三笠市で07年

ブドウ自身がのびのび育つような環境づくりを、と中澤さん。

ナカザワ ヴィンヤード

クリサワブラン

価格：3000円（750㎖）
品種：ピノ・グリ、ゲヴュルツトラミナー、ケルナー、シルヴァーナー、ピノ・ノワールなど。自社畑産100％
ブドウ産地：北海道岩見沢市栗沢町産
醸造：ステンレスタンクにて自生酵母で約5か月間発酵。樽熟成なし。
生産本数：4000本

ユズのような柑橘、ライチ、青草とさまざまな香りが次々と溢れ出し、余韻にかけて1点に集中していく。上品なまとまりを感じさせる。

上右：緩やかな南斜面に広がるブドウ畑。
上左・下：ブドウ畑は中澤さんの区画、奥様の由紀子さんの区画ときっちり分けられている。「そのほうが自分のペースで作業できますからね」と笑う2人。

DATA

住所：〒068-0133　北海道岩見沢市栗沢町加茂川140
TEL：0126-45-2102　／　**FAX**：0126-45-2102
アクセス：JR室蘭本線岩見沢駅より車で25分
道央自動車線岩見沢ICより10キロ15分
ワイナリーの見学は時期により応相談。
公式サイト：http://www.nvineyard.jp
E-mail：vineyard@vmail.plala.or.jp

自社畑は三笠市のタプコプ農場とワイン直売所のある岩見沢市のモセウシ農場の2か所に。タプコプ農場の半分は近藤さんの弟、拓身さんが管理。

中：北海道出身の近藤さん。「われわれ岩見沢の生産者は、ブルースさんという核を中心に同じ方向を目指して歩んでいます」。
下：ブドウ畑は、斜度が平均20度。

KONDO ヴィンヤード

タプコプ・ブラン

価格：3000円（750㎖）
品種：ソーヴィニヨン・ブラン
自社畑産100%
ブドウ産地：北海道三笠市川内
醸造：ステンレスタンクにて自生酵母で発酵。その後ステン樽で1年以上熟成。
生産本数：803本

陶然とさせられるようなトリュフの香り。長く続く余韻に感じるはちみつの香り。従来のソーヴィニヨン・ブランとは一線を画す抗しがたい魅力のワイン。

DATA

住所：〒068-0114　北海道岩見沢市栗沢町茂世丑774-2（モセウシ農場）
TEL：非公開／**FAX**：非公開
アクセス：JR函館本線峰延駅から車で10分（タプコプ農場）　道央自動車道岩見沢ICより10キロ15分（モセウシ農場）　ワイナリーの見学はメールで要相談、要予約。
公式サイト：http://www.10.plala.or.jp/kondo-vineyard/
E-mail：kondo-vineyard@mopera.net

にタプコプ農場を拓いた。そこは15年間放置された森と化した急斜面の耕作放棄地で、近藤さんはただ1人ブルドーザーを使って木々を倒して畑にした。

さまざまな微生物が生息している森の土をそのまま残そうと、除草剤も化学肥料も一切撒かずにいる。畑に生える草花も50種類以上に増えた。そして近藤さんもこの畑で収穫したソーヴィニヨン・ブランやピノ・ノワールなどを、10Rワイナリーで仕込んでいる。ソーヴィニヨン・ブランのワインは抗しがたい魅力を放ち、この品種の概念を覆す。

そして17年、中澤一行さん、由紀子さん夫妻、近藤良介さん、智子さん夫妻、そして近藤さんの弟の拓身さんの5人は、ワイナリー、「栗澤ワインズ農事組合法人」の設立に向けて動き出す。それぞれが農家として自立できるような、協同醸造場としてのワイナリーを目指すそうだ。

道南・函館で新たなる
テロワールづくりに挑む

佐々木賢さん、佳津子さん夫妻は、ブルースさんと同じ、12年に、函館にワイナリー農楽蔵を設立した。

賢さんはブルースさんが栽培醸造責任者を務めていたココ・ファーム・ワイナリーで研修を積んだが、今まで紹介した3生産者に比べると、やや接点は少ない。3生産者に比べてやや若い賢さんと佳津子さんらは、フランスでワインづくりのエスプリを肌で感じ取ってきた。さらに、栽培の基礎から最先端の醸造まで、ワインづくりの本場のブルゴーニュで学んでいる。ちなみに佳津子さんは、日本在住ではおそらく10人ほどしかいない、フランス国家認定の醸造士の資格を持

つ。2人は今でも数年に1回はフランスを訪ねて、新たな情報の入手に努めている。

　そんな2人がつくりたいのは、1本楽しめるワイン。栽培において化学合成農薬を使わないのは大前提だが、醸造で、酸化防止剤となる亜硫酸の使用量を極力少なくする、あるいは使わないことを目指す。白も赤も果実のみずみずしいエキスが身上で、一度飲んだら忘れられない。

　ブルースさんがつくりたいのは、土地のテロワールを表現したワイン。そのために、まず栽培では化学合成農薬を使わ

ない。さらに醸造では細心の注意を払いながら、自生酵母での発酵、亜硫酸の使用を最小限にすることが大切だと考える。前述の4軒の生産者も、ともに働き、今までブルースさんのワイン哲学に触れ、彼のワインを飲み、刺激を受けた。しかし時にはブルースさんが、彼らに触発されることもある。もちろん他にもブルースさんと接点を持ち、影響を受けているつくり手は数多い。彼らもそれぞれの土地で、ブドウ栽培をベースにナチュラルなワインづくりを志している。

上：ブドウの栽培は夫の佐々木賢さんが主担当。
下左：ワイナリー2階の直売所は年1回9月にオープン。

賢さんも佳津子さんも互いを尊重しながら、意見を交換し、農楽蔵の方針を決めていく。

クラシックな函館の町に溶け込むワイナリー。

農楽蔵 （のらくら）

ノラ・ブラン

価格：3500円（750㎖）
品種：シャルドネ
ブドウ産地：北海道函館市
醸造：自生酵母で樽発酵させたものと、ステンレス発酵させたものをブレンド。樽熟成させている。
生産本数：約2000本

第一印象のレモンの香りをハーブの香りが追いかける。フレッシュな果実味には輝きがある。伸びやかな酸の余韻が心地よい。冷涼な地域のシャルドネの個性がアピールしてくる。

DATA

住所：〒040-0054　北海道函館市元町31-20
TEL：非公開／**FAX**：非公開
アクセス：JR函館本線函館駅から徒歩30分
ワイナリーの見学は原則として不可
公式サイト：http://www.nora-kura.jp
E-mail：nora@nora-kura.jp

Chapter 2

山形ワインバレー

月山・朝日・上山・南陽・高畠

山形は果樹王国として知られ、ブドウ栽培が盛んな土地であった。山の斜面を切り拓いたブドウ園が盆地を取り囲み、その下に美しい田園風景が広がる。羽州街道に沿って、高畠町、赤湯、上山市と巡れば、ワイナリーと温泉を存分に楽しむことができる。

月山

朝日

山形 ●

上山
南陽
高畠

ワイン産地として、大きな可能性を秘めているのが山形県だ。つい最近までは新規のワイナリーの設立こそなかったが、ワイン用ブドウやこの地でつくられるワインはなかなかに上質で、県外からの人気はとても高い。ワインづくりが始まったのは明治時代、山梨県でワインづくりが始まってから10年後の1884年のことだ。じつはワインづくりの歴史は長いのだ。

山形県のワインの生産量とワイナリー数は、いずれも山梨県、長野県、北海道に次いで4番目に多い。

ワインづくりが盛んなのは県の東側の内陸部の山形盆地周辺と置賜盆地になる。盆地気候で水はけの良い土地が多く、果樹栽培に適しており、サクランボ、リンゴ、洋ナシと同様にブドウの栽培も盛んなことも背景にある。一帯を訪れてみると、盆地の平坦な土地から斜面にかけて、これらの作物がまるでパッチワークのように棲み分けられて栽培されている。

山形盆地では、盆地南端の上山市に加えて、盆地脇の山麓の朝日町と西川町にワイナリーがあり全部で4軒。上山市には長年にわたり、日本の中でも老舗ワイナリーといえるタケダワイナリーが1軒あるのみだったが、2013年に果樹農家がウッディファーム＆ワイナリーを設立した。またワイン用ブドウの栽培に力を入れてきた熱心な栽培農家たちのワイン畑もあり、彼らのブドウには日本各地のワイナリーが注目している。これらの畑は、斜面に拓かれていることが多いが、主に生食用との兼用種を育てるブドウ棚と、ワイン用ブドウを育てる垣根仕立ての両方が取り入れられている。

置賜盆地には、有機農業の里として知られる高畠町に高畠ワイナリーがあり、南陽市赤湯に4軒のワイナリーが集中している。ちなみに赤湯の酒井ワイナリーは東北最古だ。赤湯温泉街の北西から北東にかけては、急斜面のブドウ園が盆地を取り囲んでいる。斜面全体は烏上坂と呼ばれており、盆地の下から風が吹き上げていることが多く、ブドウの栽培の条件に恵まれている。急斜面の上に立つと、眼下には白竜湖、さらには南へと続く美しい田園地帯が望める。

この10数年間、北海道と長野県でワイナリーが増加していくのに対して、山形県ではわずか1軒のワイナリーが設立されたにすぎなかった。しかしこの1、2年、ここにも新たな波が押し寄せてきた。上山市、南陽市が相次いでワイン特区に認定されて、俄にワイン畑の開園が活発化してきた。近いうちには両市にも新たなワイナリーが誕生しそうだ。

日本海側の庄内地方にも1軒ワイナリーがあり、250年間も栽培が続く甲州ブドウなどでワインをつくっている。この地は、甲州ブドウの栽培の北限の地で、また山梨とは違った味わいのブドウが収穫できる。

山形県を代表するワインといえば、デラウェアのワインだろう。栽培の歴史は100年以上におよび、栽培面積は日本一。近年はこの品種を使った微発泡酒も人気が高いが、日本各地で見かけるこのスタイルのワインは山形県産のデラウェアを使っていることが多い。カベルネ・ソーヴィニヨン、メルロ、シャルドネといったワイン用品種のワインも見逃せない。これからますます注目したい産地だ。

北海道・余目／札幌／岩見沢／三笠／

山形・朝日／上山／南陽／高畠

新潟・角田浜／上越／越前浜／

長野・千曲川ワインバレー／日本アルプスワインバレー／桔梗ヶ原ワインバレー／

山梨・勝沼／塩山／山梨／笛吹／甲斐／北杜

ASAHIMACHI WINE

9割は1000円台！　コストパフォーマンス最高の
日本ワインコンクール金賞受賞常連ワイナリー

90% of our wines are priced at less than 2,000 yen, representing great value!
Our winery is a frequent Gold Medal winner at the Japan Wine Competition

朝日町ワイナリー

水、土壌、日照時間、寒暖差……ブドウ栽培に適した朝日町の気候風土で優れたブドウづくりに励む農家と連携、ブドウが持っているうまみをすべて引き出し、酸味・渋み・甘みが整った「美味しいワイン」づくりをめざす。

遅摘みマスカットベーリー A 赤

価格：1800円（720㎖）
品種：マスカット・ベーリーA 100%（契約農園武田産）
ブドウ産地：山形県朝日町
醸造：培養酵母・約10日間・ステンレスタンク、樽熟成10か月間有り
生産本数：3057本（2014年）

マスカット・ベーリーA特有の香りより黒い果実ブルーベリーやブラックチェリーなどの香りにスパイス香や樽由来のカカオ、ほのかな燻製香が混ざり合った香り。カシスやブラックベリーなどの黒い果実の果実味にビターチョコレートやこしょうなどの香辛料が調和しきめ細かで奥行きのある味わい。

自社管理農園からワイン城を望む。サミットでの供出やコンクールの受賞の垂れ幕が誇らしげにゲストを迎える。

スパークリング・デラウェア

価格：1387円（750㎖）
品種：デラウェア100%（ＪＡさがえ西村山をはじめ山形県内のＪＡ産）
ブドウ産地：山形県
醸造：培養酵母・約0.5か月・ステンレスタンク、樽熟成なし、低温発酵
生産本数：7000本（2015年）

ライムやグレープフルーツなどの柑橘系の香りとほのかに金木犀の花の香りが調和。柔らかくドライなアタックから爽やかな酸味と余韻の心地良いミネラル感。淡いイエロー。7～12℃に冷蔵庫でしっかり冷やして。焼き鳥・牡蠣・寿司・山菜の天ぷらに。

契約農家から購入するブドウが原料のメイン。併設する自社管理農園のブドウは製造係長の鈴木智晃さんたちスタッフが専用のハサミを使って収穫する。

自社管理農園に植えられているバラは、ブドウを病気から守るために植えられている。

日本一の急流、最上川は山形県の中央部、西村山郡では大朝日岳山麓を蛇行して北に流れていく。その流域の山間の町が朝日町。町では川の両岸に河岸段丘が形成されており、リンゴやブドウなど果樹栽培が盛んだ。一帯は、県内有数の豪雪地帯でもあるが、典型的な内陸性で気候の寒暖差もあり、これがまたブドウ栽培にメリットとなっている。

第二次世界大戦中、日本政府がソナーの原料となるロッシェル塩を入手するために、日本各地にワイナリーをつくらせた。1944年、朝日町にもワイナリーが設立され、それが今のワイナリーの始まりだ。さらに戦後、寿屋（現在のサントリー）など大手メーカーが甘味果実酒の原料を求めて各地に下請け工場を探すよ

上左：年間32万本も製造されるワインを樽熟成させる広大な樽貯蔵庫。

下左：契約農園や自社管理農園で採取されたブドウがタンクの中で静かに発酵していく。

上右：ワイナリーの中では、オートメーションでワインが出荷準備される様子が見学できる。

下右：最新のステンレスタンクでは低温発酵でゆっくり発酵させることにより香りと味わいに幅が出るようにしている。

うになり、52年、朝日町ワインも寿屋の下請けとして原酒づくりをしている。さらに75年、朝日町と山形朝日農協が出資して、第3セクターのワイナリーとして新たなスタートを切り、現在に至っている。名称もこのとき、朝日町ワインと改めた。

かつて第3セクターのワイナリーというと、観光を目当てとした土産物ワインがつくりの主軸をなし、品質は二の次のところが多かった。しかし、近年、目を見張るほどの品質のワインをつくるワイナリーが出てきている。その筆頭にあげられるのが朝日町ワインだ。このワイナ

リーでは、この地の恵まれた気候を活かしてとことん完熟したブドウを収穫しようとする26軒の契約農家たちと、そのブドウを最大限にワインに封じ込めようとするワイナリーのつくり手たちとの相互の連携がしっかりと結果を出している。

特筆すべきが、マスカット・ベーリーAの取り組みだ。通常、この品種の県内の収穫時期は10月中旬だが、この町では大半のブドウが11月初旬に収穫される。これらの完熟したブドウでつくられたワインは、ロゼ、赤とも凝縮感が秀でており、日本ワインコンクールの金賞受

契約畑で収穫を待つ、マスカット・ベーリーA。通常よりも半月遅れの完熟を待って収穫する。

自社畑収穫ワインから契約農園収穫ワインまで、30〜40種の展示しているワインのすべてが試飲できる。

賞ワインの常連となっている。またマイスターセレクションバレルセレクションルージュは伊勢志摩サミットのワーキングランチで供出されるという快挙も成し遂げている。

ちなみにマイスターシリーズは現場のつくり手たちからの提言により実現した企画。ラベルも従来のものとは一線を画しており、このシリーズがワイナリーのイメージを一新するきっかけとなった。

ワインの9割は1000円台だが、前述のマイスターシリーズなど、コストパフォーマンスの高さは日本国内でも抜きん出ている。見逃せないワイナリーだ。

ワイナリーからの **ひと言** Winery's Comments

自社農園のブドウの一部を使用して、ブドウの木「オーナーワイン」会員制度を行っています。シャルドネ種（白）1口1万4000円と、メルロ種（赤）1口1万6000円、白は1年後、赤は2年後、720㎖各6本のオリジナルラベルを貼ったワインをお届けします。2016年で23年目を迎え、会員は毎年300名ほど、10月第1土曜日開催の「収穫祭」に家族友人とともに参加できます。近くに山岳信仰の場である出羽三山（月山、湯殿山、羽黒山）、松尾芭蕉で有名な山寺・立石寺、蔵王温泉、銀山温泉、山形の母なる川「最上川船下り」など、名勝・観光地がたくさんあります。

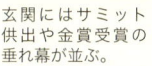

玄関にはサミット供出や金賞受賞の垂れ幕が並ぶ。

朝日町ワインの責任者、取締役の白田重明さん。

DATA

住所：〒990-1304 山形県西村山郡朝日町大字大谷字高野1080
TEL：0237-68-2611 ／ **FAX**：0237-68-2612
アクセス：JR左沢線左沢駅よりタクシーで15分 山形道寒河江ICより15キロ20分
定休日：年末年始（12/31 〜 1/4）
生産本数：32万本／年 720㎖換算
公式サイト：http://asahimachi-wine.jp
E-mail：info@asahimachi-wine.jp

ワイナリー見学：可 （9時〜17時但し11月〜3月は16時まで 年末年始のみ休業）
畑の見学：可 （9時〜17時但し11月〜3月の冬期間は積雪があり）
ワイナリーでの試飲：有（無料：30 〜 40種類。展示しているワインはすべて試飲可能）
ワイナリーでの直接販売：有 **併設レストラン**：無
ブドウの種類：リースリング・フォルテ／マスカット・ベーリーA

67

Gassan Toraya Winery

山形の中央、標高 1980 メートルの月山の麓でワインを醸す、酒蔵ワイナリー

Based in a sake brewery we brew wines in the foothills of 1,980-meter high Mount Gassan, located amid the pristine countryside of central Yamagata

月山トラヤワイナリー

山形県産原料を 100％使用、山形らしい味わいのワインをつくっている旧酒蔵のワイナリー。ブドウの特徴が出るようにと、工場長と醸造責任者を務める大泉夫婦は常に二人三脚で丁寧な醸しを心がけている。

月虎カベルネ・ソーヴィニヨン

価格：3000 円（720㎖）
品種：カベルネ・ソーヴィニヨン（自社畑産と契約農園産）
ブドウ産地：山形県西川町、天童市
醸造：ホーロータンクにて発酵
発酵期間は約 0.5 か月
樽で熟成させている
生産本数：1200 本（2013 年）

色合いは美しいガーネット色。黒系の果実の香りやスパイシーな香りが互いに溶け合っている。口中では樽香は穏やかに感じられる。柔らかな味わいで飲み心地もやさしいミディアムボディ。余韻は中程度の長さ。垣根仕立てと棚仕立てのブドウをブレンドしている。

月山山麓　ソーヴィニヨン・ブラン

価格：1531 円（720㎖）
品種：ソーヴィニヨン・ブラン（自社畑産）
ブドウ産地：山形県西川町
醸造：ホーロータンクにて発酵
発酵期間は約 0.5 か月
生産本数：1000 本（2015 年）

やや黄色がかった麦わら色。グレープフルーツのような柑橘の香りが立ち上り、爽やかな印象。口中では柑橘のような果実味にきりっとした酸がアクセントを与えており爽快でフレッシュな味わいに仕上がっている。自社農園で収量制限したブドウを使っている。

日本ワインが注目されるようになるとともに、変貌を遂げたワイナリー、あるいは変わろうとしているワイナリーがある。山形県の月山トラヤワイナリーにも、今、変化の兆しが生まれている。

山形から単線のフルーツライン左沢線に乗って内陸部に向かうと40分ほどで寒河江駅に到着。そこからさらに車で20分ほど走ると西川町に入る。ここは寒河江川沿いのリンゴ、ブドウ、サクランボなどの果樹栽培が盛んな中山間地だ。月山山麓にあたり、気候は冷涼だ。

月山トラヤワイナリーは、1972年にワ

左：ひんやりとした酒蔵の中で樽熟成されるワイン。
上：酒蔵をそのままワイナリーとして使用、古色蒼然とした蔵造と煙突の外観に目を奪われる。

北海道・余市／札幌／岩見沢／三笠／

山形・朝日／上山／南陽／高畠／

新潟・角田浜／越前浜／上越

長野・千曲川ワインバレー／日本アルプスワインバレー／桔梗ヶ原ワインバレー

山梨・勝沼／塩山／山梨／笛吹／甲斐／北杜

インづくりをスタートした。寒河江にある日本酒のつくり酒屋「千代寿（千代寿虎屋株式会社）」が、地元特産のサクランボに着目して、チェリーワインをつくりだしたのだ。西川町の酒蔵が醸造場として使われた。ワイナリーには今も日本酒づくりの名残の煙突が立っており、ボイラー用に使っている。ちなみに寒河江市にある千代寿の蔵では今も酒づくりが続いている。

　2005年、千代寿の社長である大沼寿洋さんの妹の大泉奈緒子さんと匡寛さんが結婚。それを機に匡寛さんもワインづくりの道に入った。彼は、前任者のもとで働き、死に物狂いで仕事を覚えたそうだ。そして13年、奈緒子さんは工場長と栽培責任者に、匡寛さんが醸造責任者に就任し、2人のワインづくりがスタートした。

「月虎カベルネ・ソーヴィニヨン2013」はそんな2人が初めて力を合わせて仕込んだワインだ。

「まずは自分自身が学んできたことを忠実に守るようにしています」と匡寛さん。とはいえ、樽や容器に移す際には果汁やワインに負担をかけないように、ポ

上：ブドウの糖度をチェックする大泉夫妻。収穫のタイミングの見極めどころだ。

下右：雨除けのビニールをかけた垣根仕立ての自社農園では小粒でバラ房の濃縮感があるブドウに、平地で棚式仕立ての契約栽培では酸が少なく完熟したブドウになる、と大泉夫妻。

ンプではなく、サイフォンを使うという徹底的なきめ細かさだ。また、山形ならではの酸を生かしたスパークリングワインもこの年より開始した。赤ワインにせよ、スパークリングにせよ、13年以降つくられたワインは明らかに品質が向上している。

3年が過ぎ、少しずつだがワイナリー

の方向性も見えつつある。

「製造技術の向上にも注力しますが、いかに良いブドウをつくるかが一番大切。そのためには農家さんには情報を提供して、ワインにとってブドウの品質が生命線だと伝えていかねばならないと思っています」と2人は言う。

「今はまだ目指すワイナリーがなんなのかわかりません。でも、文化や生活を豊かにしてきた、ワインやアルコール全般に関われるだけでも幸せだと思っています」。

あくまでも謙虚にワインに向き合う2人のワインのこれからが楽しみだ。

今春には、古民家風のワインショップやバーカウンターも完成するという。

目下リニューアル中の古民家風のワインショップ、試飲もできるバーカウンター。

ワイナリーからの ひと言 Winery's Comments

2013年は私たちに代替わりして初めて仕込んだ年でしたのですべてが緊張の連続でした。前年度にベト病が発生したので病害虫には気をつけましたが、結果として大きな病害虫の被害はなく、糖度の高い完熟したブドウが得られました。この地域は積雪があるので自社農園ではフルーツゾーンが1.3メートルと高めのI字型の垣根栽培をしています。また土壌微生物を増やすために堆肥を使用し草生栽培を行っています。垣根仕立ての自社農園原料と棚仕立ての契約栽培原料のブレンドを行っています。

工場長の大泉奈緒子さんと醸造責任者の大泉匡寛さん。

DATA

住所：〒990-0711　山形県西村山郡西川町大字吉川79
TEL：0237-74-4315 ／ FAX：0237-74-4316
アクセス：JR左沢線高松駅よりバス、タクシーで15分　山形自動車道西川ICより1キロ3分
定休日：土・日曜・祝日
生産本数：13万本／年　720ml換算
公式サイト：http://www.chiyokotobuki.com

E-mail：wine@chiyokotobuki.com
ワイナリー見学：可　（9時～17時要予約）
畑の見学：不可
ワイナリーでの試飲：有（無料）
ワイナリーでの直接販売：有　併設レストラン：無
ブドウの種類：デラウェア／セイベル／シャルドネ／ソーヴィニヨン・ブラン／マスカット・ベーリーA／ブラッククイーン／メルロ／カベルネ・ソーヴィニヨン

Takeda Winery

できるだけ自然の力をかりた栽培・醸造・発酵で醸す、古木ワインの味わい

We borrow nature's power as much as we can in cultivation, brewing and fermentation, to produce wines with a taste of aged grapevines.

タケダワイナリー

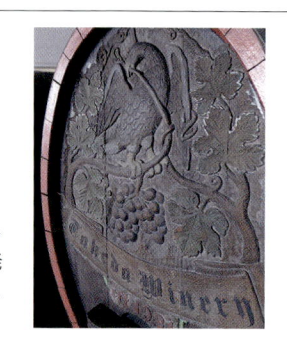

化学肥料や除草剤を使わず、できるだけ自然の力をかりて栽培したブドウを徹底した手作業で選果、野生酵母と健全果を原料に発酵・醸造を行い、平均樹齢20〜70年の古木の特徴をあますことなく生かす、ナチュラルなワインづくりを心がけている。

山形県の二大盆地のひとつ、山形盆地の南端に位置するかみのやま温泉郷。歌人、斎藤茂吉に縁ある温泉郷は、今も鄙びた佇まいで訪れる人を迎えてくれる。この温泉郷の西側のはずれの高台にタケダワイナリーはある。創業は1920年という長い歴史を誇っている。

年間生産量は25万本。タケダワイナリーが日本ワインの発展、さらには最近の日本のワインづくりの動向やその人気に果たしてきた役割は極めて大きい。現在ワイナリーを率いているのは、5代目の代表取締役社長兼栽培醸造責任者の岸平典子さんだ。

岸平さんは、女性のつくり手としては小柄な方だ。しかしワインづくりに打ち込む

豪雪地帯ならではの冬のブドウ畑。過剰な施肥を排除し、自然のサイクルを最大限いかした減農薬・無化学肥料による自然農法栽培を行っている。

古木の周りでは、果汁を狙う害虫たちから大きな蜘蛛がブドウの実を守っている。

情熱、高品質なものを求める飽くなき欲求、そして周囲へアピールするパワーは日本のつくり手の中でも図抜けている。現状を打開するための強い意志も他の追随を許さない。

　タケダワイナリーは、創業当時から、日本でも群を抜く広さのブドウ園を擁し、「ブドウを育ててワインをつくる」

ドメイヌ・タケダ　ベリー A 古木

価格：3500 円（750㎖）
品種：マスカット・ベーリーA
100％（自社畑産）
ブドウ産地：山形県上山市
醸造：ステンレスタンクで、自生酵母で約 3 週間発酵　樽熟成 12 か月
生産本数：4300 本（2014 年）

黒系の果実の香りと樽の香りがきれいに溶け合っている。たっぷりとした凝縮感と奥行きを持ち合わせた果実味に、のびやかな酸が調和した品格ある味わいが印象的。渋みはとても穏やかで余韻も長く続き、心に残る。少し大きめのグラスでゆったりと楽しみたい。

タケダワイナリー
サン・スフル白（発泡）山形県産
デラウェア種 100％

価格：1800 円（750㎖）
品種：デラウェア　100％
（契約農園産）
ブドウ産地：山形県
醸造：ステンレスタンクでの発酵の立ち上がりは自生酵母による。その後、培養酵母を加えることもある。
生産本数：2 万本（2016 年）

パイナップルのような甘い香りが、穏やかな泡立ちとともに広がる。フレッシュな果実味と酸、そしてじわじわと感じられる酵母由来のうまみが身上。親しみやすく、抜群に飲みやすい。発酵途中の糖度が残った状態で瓶詰めしてつくられた発泡酒。酵母由来の泡立ちも穏やかで心地よい。

ことを当たり前のように続けてきた。前例のなかった欧州産のブドウを、他に先駆けて自社農園で育て始めたのが先代の武田重信さんで、今やそれらの品種の樹齢はゆうに20年を超える。ちなみに年間生産量が25万本で15haという自社畑率の高さの中規模ワイナリーは、他に類を見ない。

そして父のスピリッツは今も岸平さんの中に脈々と生き続けている。「自らが畑に立ち、自分自身でブドウを観察して育てていく」ことが彼女のワインづくりの原点なのだ。岸平さんは、社長業を務めつつも、今も畑に出ることを何より大切にしており、結果としてそれが上質なワインを生んでいる。

栽培責任者、醸造責任者、社長業、1人で何役もの重責を担う代表取締役の岸平（きしだいら）典子さんの日常は激務そのもの。「できるだけ自然の力をかりて」という栽培・醸造では、通常のワインづくりの数倍もの努力と手間暇が不可欠になる。それでも時には大型バスで訪れる見学客を笑顔で迎える岸平さん。2016年のプーチン大統領来日の際の晩餐会にタケダワイナリーのブラッククイーン古木が採用されたことを「酒屋さんから聞きました。でも、ちょっとマニアック！」と笑っていた。

　また彼女の代になってからは、父である武田重信さんが実践していた土づくりをベースにおいたブドウ栽培を継承しつつ、醸造では、さらに自然な方法を取るようになった。基本的には培養酵母を添加せず、自生酵母に発酵を委ねている。

　ワインは、1000円台が75％と主流だが、コストパフォーマンスの高い一升瓶から、1万円を超える瓶内2次発酵によるスパークリングワインとラインナップは幅広い。そしてじつに魅力的なワインが多い。これらは自社農園のブドウでつくられた「ドメイヌ・タケダシリーズ」と山形県産ブドウを原料とした「タケダワイナリーシリーズ」に大きく二分。前者では平均樹齢70年という古木のブドウでつくられた「ドメイヌ・タケダ ベリーA古木」にも注目したい。70年という樹齢は紛れもなく、日本最高だ。

　ブドウ園は高台に拓かれており、かみのやま温泉郷や蔵王連峰も見渡せる。

15haの広大な敷地に自社畑とワイナリー、貯蔵庫が並ぶタケダワイナリー。訪れて目に飛び込んでくるのは蔵王スターワインのロゴを配した建物。ここはタケダワイナリーのワインの直売所。ワイナリーの背後に広がる蔵王連山を背景に、格別のワインの味を楽しめる。

ワイナリーからの
ひと言
Winery's Comments

　タケダワイナリーではいち早く、カベルネ・ソーヴィニヨン、メルロ、シャルドネなど欧州系品種の栽培をスタートし、その平均樹齢は20年を超えています。当時では画期的な垣根仕立てでの栽培でした。一方、樹齢70年を超すマスカット・ベーリーAやブラッククイーンなど、山形県を代表する品種の栽培にも力をいれています。山形県蔵王では明治時代からめん羊放牧が始まり、羊肉を食す文化があります。山形県のベーリーAでつくられたワインは香りが華やかで酸がしっかりとしている特徴をもち、羊肉とも相性がとても良いと思います。

古木の栽培、剪定法、収量制限、収穫時期を見極める岸平社長。

DATA

住所：〒999-3162　山形県上山市四ツ谷2-6-1
TEL：023-672-0040／FAX：023-673-5175
アクセス：山形新幹線かみのやま温泉駅よりタクシーで10分　山形自動車道山形ICより14キロ20分
定休日：4/1〜11/30は無休（但し8/13〜8/16は夏期休業）　12/1〜3/31土・日曜・祝日（但し12/28〜1/4の年末年始は休業）
生産本数：25万本／年　750㎖換算
公式サイト：http://www.takeda-wine.co.jp
E-mail：info@takeda-wine.co.jp

ワイナリー見学：可（10時〜11時30分 13時〜17時）
畑の見学：可（10時〜11時30分　13時〜17時但し見学コースに含まれる）
ワイナリーでの試飲：有
ワイナリーでの直接販売：有　併設レストラン：無
ブドウの種類：シャルドネ／リースリング／ヴィオニエ／デラウェア／カベルネ・ソーヴィニオン／メルロ／ピノ・ノワール／マスカット・ベーリーA／ブラッククイーン

WOODY FARM & WINARY

果樹栽培農家が夢見た、自社畑のブドウのみで醸す とびきりのワイン

*Exceptional wines brewed solely from grapes grown in our vineyard,
in line with the dreams of the fruit cultivator family that produces them*

ウッディファーム＆ワイナリー

自社果樹畑で減農薬栽培によって育てたブドウだけでワインをつくる、ドメーヌ型ワイナリー。テロワールに恵まれたワイン用ブドウ栽培の適地、蔵王山麓かみのやまで、地味豊かなワインづくりを目指している。

カベルネ・ソーヴィニヨン
価格：2200 円（750㎖）
品種：カベルネ・ソーヴィニヨン 92%
（自社畑産） メルロ 8%
（自社畑産） 9月4日、5日手収穫
ブドウ産地：山形県産上山市
醸造：ステンレスタンクで発酵させ、樽で6〜12か月間熟成させる。
生産本数：1669 本（2014 年）

果実香に加えて、例年同様に、焼けたような香りが立ち上がってくる。味わいには骨格があるものの渋みは強すぎず、やさしくまとまっており、料理を選ばない。飲む温度は赤ワインの通常の温度帯が望ましい。できれば、ゆっくりと時間をかけて楽しみたい。

蔵王を臨むヴィンヤード。四方を囲む山々が雨から畑を守っている。4.8haの自社畑にワイン専用の8品種を栽培。ブドウの収穫中の醸造責任者、國吉一平さん。

ソーヴィニヨン・ブラン
価格：2100 円（750㎖）
品種：ソーヴィニヨン・ブラン 100%
（自社畑産）
ブドウ産地：山形県産上山市
醸造：ステンレスタンクで発酵させている。樽熟成はなし。
生産本数：1841 本（2015 年）

この品種らしいグレープフルーツのような香りが、かなり特徴的に感じられる。とりわけ 2015 年は、豊かな酸が印象的。棚栽培のブドウに、なるべく日光が当たらないようにしている。柑橘の風味が添えられた野菜を使った料理ならば、いずれもこのワインと相性が良さそう。

ワイナリーからの ひと言
Winery's Comments

ウッディファーム＆ワイナリーは蔵王の南西山麓にあります。自社畑自体は市内に点々としていますが、ワイナリーから歩いてすぐの場所にも自社畑があります。そちらの横には簡易的な展望台があり、田んぼや西洋ナシ畑などが広がる景色が楽しめます。また、一番標高の高い水上（かみのやま）の畑からは、上山全体が一望できます。母体が果樹園のため、四季折々でブドウ以外の果実がなっている様子も見ていただけます。グロワーズクラブ会員募集中（入会金3万円 会員期間は5年間、3・4・5年目にそれぞれ1万円相当のワインをお送りします。また、園地内ショップでのワインご購入の際、会員証提示で10% OFF。弊社ワイン祭りに優先的にご案内等の特典があり）。

　山形県の山形盆地南端に位置する上山市。一帯は蔵王連峰の裾野にあたり、凹面状の盆地になっており、同県の豪雪地帯に比べて積雪は少なく、暴風雨に見舞われることもない。一方、気温は盆地気候特有で寒暖差があり、果樹栽培に適している。じつはこの地では、欧州系品種の栽培が1970年代に始まっている。

　この上山市では、長年にわたりタケダワイナリーが1軒あるのみだったが、近年にわかに新たなワイナリー設立の動きが生まれている。その先鞭を切ったのが「ウッディファーム＆ワイナリー」だ。ワイナリーを営む木村家は、1952年か

「酸味の強いワインが好みなのですが、シャルドネとソーヴィニヨン・ブランは例年酸落ちが大変早いので、やや早めに収穫しています」と國吉さん。

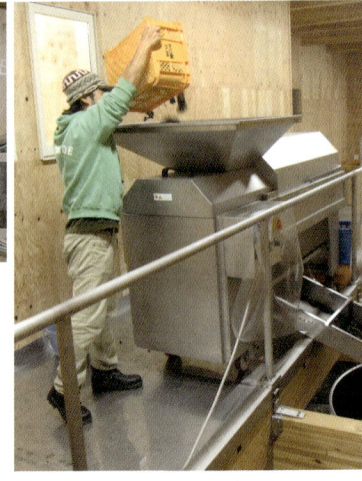

らこの地で果樹栽培を手がける農家だった。初めに植えたのが、生食用として出荷するためのデラウェアとマスカット・ベーリーAだったが、その後、サクランボや西洋ナシ、そしてブルーベリーなども手がけるようになった。それとともに、上山市で果樹を栽培する農家のプロ集団、南果連協同組合（通称南果連）に加入。1974年には、大手ワインメーカー、サントネージュがワイン原料として欧州系品種の栽培を南果連に依頼した際に、木村家もメルロとシャルドネの栽培を始めた。

　しかし二代目を継いだ木村義廣さん

上：ドメーヌワイナリーを目指した木村義廣社長が手塩にかけて育てたスマートマイヨルガー仕立てのメルロ。

下左：土地の高低差を利用した半地下のワイン貯蔵庫を採用した、國吉さん（中央）と木村社長（右）。

下右：原料を除梗・一部破砕した後、重力を利用して下のタンクへ。ポンプを使わない重力による移動なので、ブドウに負担がかからない。

は、大手ワインメーカーに原料ブドウを販売するのではなく、自分たちが一から育てたブドウでワインをつくりたいという思いが強くなる。

「ブドウ農家に生まれて、少年の頃に見た、農業を豊かにしたいという夢を実現したくなったのです」と木村さんは語る。

ワイン用ブドウの栽培に適した土地を新たに見つけるのには苦労したが、2008年耕作放棄地を引き受け、ソーヴィニョン・ブランなどを植え付けることもできた。そして2013年、念願のワイナリーを設立。すべて自社畑のブドウからワインをつくるという、フランスでいうドメーヌタイプのワイナリーだ。しかも原料ブドウは欧州系品種のみに絞り込ん

だ。栽培では山形県認証特別栽培（化学農薬50％削減、除草剤不使用）、醸造では無補糖、無濾過に加えて、あまり果汁をいじらないことを身上としている。

現在、生産量2万6000本のうち、赤ワインが44％と白よりはるかに多い。価格帯は2000円から3000円が全体の約8割を占めている。この上山市は全国でもトップを争うカベルネ・ソーヴィニョンの適地だが、この品種のワインは、ワイナリーのフラッグシップワイン。また洋ナシを使ったシードルポワレもつくっており、こちらも人気が高い。新たに、白ワインでは、プティ・マンサン、アルバリーニョなどの品種にも挑戦が始まっている。

自社畑からワイナリーを望む。ワイナリー併設のウッディファームショップではワインの試飲、直接販売のほか、山形の果樹園ならではのさくらんぼや西洋ナシの果実やドライフルーツなどの加工品販売も人気だ。

DATA

住所：〒999-3212　山形県上山市原口829
TEL：023-674-2343 ／ FAX：023-677-2020
アクセス：奥羽本線かみのやま温泉駅よりバス、タクシーで15分　東北中央自動車道山形上山ICより11キロ20分
定休日：11/4〜3月は平日のみ営業（年末年始は休みあり）。4月〜11/3の間はイベントや夏期休業があり。
生産本数：2万6000本／年　750ml換算
公式サイト：http://www.woodyfarm.com
E-mail：fruits@woodyfarm.com

ワイナリー見学：4月〜11月3日までの間の土曜日13時30分集合（HPかTELにて要予約）
畑の見学：ワイナリー見学に付随　散策はショップ営業時間内可
ワイナリーでの試飲：有（料金　1種432円　3種1080円　種類：おすすめの発泡・白・ロゼ・赤）
ワイナリーでの直接販売：有／併設レストラン：無
ブドウの種類：シャルドネ／ソーヴィニヨン・ブラン／プティ・マンサン／メルロ／カベルネ・ソーヴィニヨン／ピノ・ノワール／カベルネ・フラン

Gassan Wine

250 年間もの栽培の歴史をもつ地域の財産、甲州ブドウで高品質なワインづくり

We produce wines of the very finest quality using Koshu grapes, a local treasure with a history of over 250 years of cultivation

庄内たがわ農業協同組合
月山ワイン山ぶどう研究所

江戸時代からこの地で栽培されている甲州をはじめ、ワイナリー運営主のＪＡ庄内たがわが管轄内の庄内地方の組合員 120 名の栽培農家から原料を購入。自社農園のブドウを使わず高品質が保てているのは異例のこと。

**月山ワイン
ソレイユ・ルバンルージュ**

価格：3000 円（720㎖）
品種：ヤマソービニオン 80%、カベルネ・ソーヴィニヨン 20%（いずれも契約農家産）収穫は 10 月下旬。
ブドウ産地：山形県酒田市
醸造：ホーロータンクにて発酵させる。発酵期間は約 2 週間。樽で熟成させている。
生産本数：1483 本（2014 年）

色合いは深い赤紫色。カカオのような樽香、ブラックベリーの香りが調和している。シルキーで柔らかい舌触り。穏やかな渋みと豊かな酸が溶け込んでいる。常温、ボルドーグラスで。すき焼き、鳥すきなどの割り下を使った鍋に合う。

**月山ワイン　ソレイユ・
ルバン甲州シュール・リー**

価格：1700 円（720㎖）
品種：甲州 100%
収穫は 10 月中旬
ブドウ産地：山形県鶴岡市
醸造：ステンレスタンクにて発酵させる。発酵期間は約 2 週間。澱と接触させるシュール・リー製法。
生産本数：8680 本（2015 年）

パッションフルーツ、桃の香り。シュール・リー製法由来のうまみと寒冷地ならではの切れの良い酸味が溶け込んでいる。ブドウからいかに短時間で綺麗なジュースをつくるかに気をつけている。少し冷やしめの温度（12℃）で大きめのグラスで。庄内の地魚の刺身、和食全般に合う。

　山形県庄内地方の南端。一帯は月山を主峰とする出羽三山、朝日連峰に周囲を囲まれた山村地帯。ここ10数年でワインの品質が著しく向上したワイナリーがここにある。庄内たがわ農業協同組合月山ワイン山ぶどう研究所だ。

　ブドウはすべて庄内地方産。ワイナリーの運営がＪＡ庄内たがわであるため、このＪＡが管轄する櫛引、朝日などの市町村の組合員120名の農家からブドウを購入している。最近は、各ワイナリーが自社農園を拡大する傾向があるなか、自社農園のブドウは使わず、すべて

のブドウを栽培農家から購入しているにも関わらず、これほどまでに品質が向上しているのは極めて異例だ。

　背景には、醸造を担当する阿部豊和さんの存在がある。なかでも彼が上司にかけあって商品化に漕ぎつけた「月山ワインソレイユ・ルバン甲州シュール・リー」は、このワイナリーが日本中から注目されるきっかけとなった。

　庄内地方櫛引の西荒屋地区は約250年間の甲州ブドウ栽培の歴史を持つ。「西荒屋は甲州ブドウが栽培できる北限の地。甲州としては例外的に20度近く

ワイナリーからの ひと言
Winery's Comments

原料のブドウを契約栽培のみから調達しているため、指導員が随時各農家へ栽培指導を行っています。JAが運営するワイナリーであるため、原料となるブドウは120名の組合員が栽培し、その栽培指導から仕入、そして瓶詰めまで一貫した体制を構築しております。自生する山ブドウから始まったワイン醸造も、今では8品種の醸造用ブドウから高品質なワインづくりをめざしながら、つくり手の情熱と独創性でここだけにしかないワインを醸しております。毎年9月上旬、鶴岡市街赤川河川敷にて2000人規模の「月山ワインまつり」が開催されます。

上：西荒屋の契約農家、蛸井隆さん。西荒屋地区はレインカット有りの棚栽培、朝日地区では路地垣根栽培、袖浦地区では袋掛けの棚栽培と管轄内でも栽培法が異なる。
下：周囲は月山を主峰とする出羽三山、朝日連峰に囲まれた自然豊かな山村地帯に立地している。

81

まで糖度が上がり、これを豊かな酸が支えます。甲州ブドウは地域の財産です」と阿部さん。西荒屋の土壌は、地区内を流れる青龍寺川が氾濫を繰り返したため、礫を多く含む。そのため稲の栽培には適さず、ブドウの栽培が広まったとの話も伝わる。甲州ブドウは地元の農家を支えてきたブドウでもあったのだ。ワインはきれいな果実味を伸びやかな酸が支えて、味わいにメリハリがある。マンゴーのような香りも印象的だ。山梨県で見かける甲州ワインとは違った魅力を持っている。

　自生するヤマブドウから始まったワインづくりも現在は甲州ブドウやボルドー系品種にまで広がった。さらに最近では、地元の栽培農家たちと力を合わせて、ピノ・グリなど冷涼な気候に適する新しい品種の栽培にも挑戦している。「次世代にワインづくりを伝えていくためにこの地に適した新しい品種を探したい。そして、地域全体の力をつけるためにも、やる気のある農家を育てたいと思っています」と阿部さん。

ワイナリーに立ち並ぶ最新鋭のステンレスタンク。「ヤマソービニオンは鶴岡市朝日地区、カベルネ・ソーヴィニヨンは酒田市袖浦地区と、異なる地区のブドウを使うことで品種間以上の複雑さを出すことにポイントを置いています」と醸造責任者の阿部豊和さん。

　ワインの大半は手頃な入手しやすい価格帯なのもうれしい。ワイナリーとワイン、そしてつくり手の阿部さんのファンも着々と増えている。

　今年は、醸造施設を全面的に刷新。最新鋭のタンクがそろい、温度のコントロールをしながら少量で仕込める。品質向上は間違いなく、ますます目が離せない。

Histoire

ブドウが垂れ下がる＝武道が下がる？

今から250年も前の江戸時代のこの地に、遠く甲州から参勤交代の行き来によってもたらされたと言い伝えられるブドウ、甲州。古くからここ西荒屋地区はブドウの生産地であった。西荒屋地区にある河内神社には、その史実を記す石碑が境内に残されている。それによれば、「庄内藩士の水野氏が江戸から入手した甲州ブドウの苗を西荒屋の佐藤方珍氏に授けた」とある。栽培歴史の語り草には、酒井藩の家老が甲州よりブドウを取り寄せて自宅に植えていたところ、ブドウは房が下に垂れ下がる＝武道が下がる、ということで自宅での栽培をやめ、西荒屋地区の農家に伝授されたのが始まりという説も。さらに明治に入っては、佐久間久兵衛という栽培家が繁殖に努め、明治10年には鶴岡、酒田のみならず、北海道にも出荷されるようになった、とある。明治18年頃にはブドウの樹勢の衰えや病害虫の被害によって、畑は壊滅状態となったが、佐久間氏らが中心となって産地が復興した、と碑には記されている。

DATA

住所：〒997-0403　山形県鶴岡市越中山字名平3-1
TEL：0235-53-2789 ／ FAX：0235-53-2966
アクセス：羽越線鶴岡駅より「田麦俣行き」バスで40分　山形道月山ICより国道112号線を酒田・鶴岡方面に直進27キロ25分
定休日：売店は年末年始
生産本数：12万本／年　750㎖換算
公式サイト：http://www.gassan-wine.com
E-mail：wine@ja-shonai.or.jp
ワイナリー見学：可　9時〜17時（但し11月〜3月は16時まで　年末年始のみ休業）
畑の見学：不可（但し、組合員の畑を園芸特産課で対応）
ワイナリーでの試飲：無（但し　事務所1階で他社運営による試飲有）
ワイナリーでの直接販売：無（但し　事務所1階が他社運営による直売所有）
併設レストラン：無
ブドウの種類：山ブドウ／ヤマソービニオン／カベルネ・ソーヴィニヨン／甲州／セイベル9110

Sakai Winery

昔ながらの循環型農業でワインをつくる 1892 年創業、東北で最古のワイナリー

The oldest winery in Tohoku, we have since our establishment in 1892 been making wine using the ancient farming technique of circular agriculture

酒井ワイナリー

山形県随一の伝統的ブドウ産地、温泉地でもその名をはせる赤湯。放棄された急斜面のブドウ畑を積極的に引き受け、羊を放牧し、その糞を堆肥にすることで循環する自然を畑の中に再現。"変革"を進める老舗ワイナリー5代目がいま注目の的。

鳥上坂名子山

価格：3143 円（750㎖）
品種：カベルネ・ソーヴィニヨン 70％、メルロ 30％（いずれも自社畑産）収穫は 10 月 20 日
ブドウ産地：山形県南陽市
醸造：ステンレスタンクにて発酵させる。発酵期間は約 1 か月。樽熟成あり。
生産本数：3000 本（2015 年）
色合いは濃いガーネット色。ブラックチェリーのコンポート。ブラックベリー、ほのかに土の香り。豊潤な味わい。ふくよかな果実味、凝縮したタンニンとボリューム感があり、余韻も長く続く。16 〜18℃、大きめのボルドーグラスで少しずつゆっくりと。牛タンシチューに合う。

小姫 辛口

価格：1300 円（720㎖）
品種：デラウェア
（自社畑産と契約農園産）収穫は9月20日
ブドウ産地：山形県
醸造：ステンレスタンクにて発酵させる。発酵期間は約 1 か月。
生産本数：3000 本（2016 年）

華やかで芳醇。まろやかでキャンディのような甘みと、フレッシュな酸味のバランスが良く、甘やかな余韻が続く。黄リンゴ、レモン、キャンディ、麝香の複雑な香気を感じられるバランスを追求。無濾過、無殺菌、一升瓶内で澱を沈めて瓶詰め。5℃、コップで気軽に。食前酒、天ぷらに合う。

赤湯の烏上坂から、ひとつ、またひとつ畑が放棄されるのを何とか食い止めたい、という思いで耕作放棄地を引き継いでいます。赤湯近辺烏上坂の北側、南東向きの砂礫質の土壌で収穫量の一番多い名子山（わ の じゅうぶいちやま かねざわ）をメインに、上野、十分一山、金沢地区、山懐にある土が少なく岩の多い大洞山（おおほらやま）などの自社畑で現在ブドウの栽培を行っています。名子山の畑では羊を放牧して、雑草を食べてもらい、彼らの糞はブドウの搾りかすと一緒に堆肥にします。「技術は自然を模倣する」をモットーに栽培技術も自然から学び直すべき、と考えています。

醸造・栽培責任者の
酒井一平さん。

　山形県南陽市赤湯の鄙びた温泉街の細い路地を入ると赤茶色の小さな建物がある。それが酒井ワイナリーだ。

　創業は1892年で東北最古。一代目の酒井弥惣は進取の気質に富む人物で、当時山形県において、イギリス人のチャールズ・ヘンリー・ダラスが牛肉との相性

の良い酒を求めていると聞き、ブドウでワインをつくることを思いついた。

　この歴史あるワイナリーもこの10年間ほどで変貌を遂げた。東京農業大学で醸造を学んだ5代目の酒井一平さんが2004年以来、変革を進めてきたからだ。ひとつは自社畑の拡大。本来旧赤湯町は

85

山形県でも随一の伝統的なブドウの産地だった。しかし最近は放棄される畑が後を絶たず、それらを積極的に引き受けているのだ。2011年に2.2haだった畑は、5年で7.5haにまで拡大、全生産量における自社畑率も4割になった。急斜面での作業の過酷さは想像に難くない。しかし一方で畑の風通しが良く、ブドウ栽培の好条件を備える。

　眺望もすばらしい。斜面の畑のひとつ、鳥上坂からは、眼下には白竜湖。そして南には延々と田園風景が続いている。ちなみに現在の自社農園は、鳥上坂、緩傾斜地の狸沢、そして扇状地に広がる大洞山の大きく3か所に点在。新園は垣根仕立てで、以前からの畑は棚仕立て。棚のカベルネ・ソーヴィニヨンやメルロは樹齢25年、マスカット・ベーリーAやブラッククイーンは46年に達しており、これはワイナリーの財産だ。農法では化学合成農薬、肥料、除草剤もやめた。加えて栽培には羊の活用を始め、循環型農業を目指している。醸造では、代々続いてきた無濾過、火入れなしの瓶詰めを継承しつつ、醸造場の施設も少しずつ刷新している。収穫時期を見直し、収穫量を減らしたことで品質も格段に上

「羊の放牧をしてその糞を堆肥にすることで循環する自然を畑の中に再現することに苦心しています」と酒井社長。

昇した。

　ワインは1000円台が66％と以前より減ったが、それは自社農園産のブドウのワインが増えているから。黒地に復刻版のラベルをあしらったレトロモダンなデザインの高級レンジはそれらが中心になっており、現在7アイテムほど。

　酒井一平さんは、気概を持った日本ワインの若きリーダー的存在だ。彼の思いは赤湯の農地を守ること、そして赤湯という地域の活性化に向いている。ワイナリーでは彼を中心に家族で、栽培、醸造、販売で仕事を分担。店では基本的にそのときに発売中のワインが試飲可能で、酒井さん自身や姉の紀子さんが対応してくれることもある。ワイナリーにもワインにも、そしてショップにもつくり手自身の思いがにじみ出ている。

赤湯温泉街の真ん中にある酒井ワイナリー。表の外観は普通の酒屋さんの趣、各種自社ワインがずらりとならび、店内のテーブルでゆっくりと試飲が楽しめる。ワイン製造拠点は店舗奥にあり、創業時から使用している蔵が樽貯蔵庫として活用されている。

Histoire

100年信じ続けた、ワインの時代到来への信念

1864年、赤湯村に生まれた酒井弥惣（さかいや　そう）は、1887年に赤湯烏上坂にブドウ園を開墾。1892年、弥惣27歳のとき、独学でブドウ酒醸造業に着手、後に赤湯町長も務めた。戦争中は女手や年寄りの手を借り、戦後は日本酒ブームの中、「ワインは必ず売れる時代が来る」と信じてブドウ酒醸造業を続けた。先代に引き継がれた頃、ようやくワインブームが到来。2004年より現社長酒井一平さんに代替わりし、循環型農業によるワイナリー変革に着手。

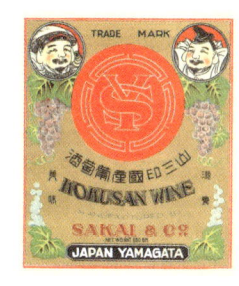

今も使用されているワイナリー創業当時からのエチケット。自社農園による滋養国産葡萄酒、まさに日本ワインの草分け的存在だ。

DATA

住所：〒999-2211　山形県南陽市赤湯980
TEL：0238-43-2043／FAX：0238-40-3184
アクセス：JR奥羽本線 赤湯駅よりタクシーで5分
山形自動車道蔵王ICより33キロ
定休日：第1・3水曜
生産本数：4万本／年　750㎖換算
公式サイト：http://www.sakai-winery.jp
E-mail：bird-up@sakai-winery.jp

ワイナリー見学：可（要予約）
畑の見学：不可
ワイナリーでの試飲：有
ワイナリーでの直接販売：有　併設レストラン：無
ブドウの種類：デラウェア／シャルドネ／リースリング／マスカット・ベーリーA／カベルネ・ソーヴィニヨン／ブラッククイーン／メルロ／カベルネ・フラン

TAKAHATA WINERY

契約農家とタッグを組んで、さらなる上のワインをめざす中規模ワイナリー

A medium-sized winery, we seek ever finer wines in tandem with our contract farmers

高畠ワイナリー

広大なブドウ畑に隣接し、ワイナリー見学施設も充実の年産260トンの生産量を誇る東北地域最大のワイナリーが今向かおうとしている方向とは、小さなタンクで仕込む、地元山形の契約ブドウ生産者の情熱と顔が見えてくるような、超プレミアムな日本ワインだという。

高畠バリックはたっき
メルロー樫樽熟成

価格：2778円（750㎖）
品種：メルロ67%（契約農園産）／カベルネ・ソーヴィニヨン28%（契約農園産）／プティ・ヴェルド5%（契約農園産）
ブドウ産地：山形県東置賜郡
醸造：低温浸漬後、ステンレスタンクにて発酵させ、醸し期間は40日。樫熟成は18か月間。
生産本数：6000本（2014年）

色合いは、濃いルビー色。熟した黒い果実と土っぽいスパイシーな香りが特徴的。当たりの2014年は果皮からの抽出を抑えて、フルーツ感を重視している。

高畠バリックシャルドネ
樫樽熟成

価格：2500円（750㎖）
品種：シャルドネ　100%（契約農園産）
ブドウ産地：山形県東置賜郡
醸造：主なロットは樽発酵。その他は、ステンレスにて発酵させ、シュール・リーおよび樫熟成11か月間。
生産本数：6000本（2015年）

トロピカルフルーツと樽香が特徴。抜栓直後はまだ若く、少し時間をおくと香りも味も開いてきて、バランスがとれ、力強さがありながらまろやかな香りのワインに。ワインのテイストや香りが強めなので、あっさり系の料理、またはチーズ系、クリームソース系の洋食に合う。17℃前後で。

ワイナリーからの ひと言 *Winery's Comments*

古くからのブドウの名産地山形県高畠町に1990年に創業しました。当初より、高品質なブドウに恵まれ、徐々に醸造専用品種の栽培を増やし、東北地方では出荷量No.1の規模になりました。理念は、高品質な高畠町産ブドウから世界基準の高品質なワインをつくることで、「高畠」と言う地名のブランド化を図るとともに、地域社会の発展と農業の振興に貢献するというもの。近くの観光名所は、日本三文殊で有名な亀岡文殊（町内）日本三熊野の熊野大社（お隣、南陽市）上杉神社（お隣、米沢市）など。5月のGWにはスプリングフェスタ、10月には年間最大のイベント秋の収穫祭があります。それ以外にも春～秋にかけてのシーズンは毎月のようにワイナリーイベントを開催しております。

広大なワイナリー敷地に広がる垣根式のブドウ畑。果実への病原菌侵入を防ぐボルドー液を散布する、独自の装置が設置されている。

収穫前のブドウを丹念にチェックする、栽培責任者の四釜紳一さん。

山形県置賜盆地の北東部に位置する東置賜郡高畠町。三方を飯豊連峰、蔵王、そして朝日連峰に囲まれたこの町は豊かな自然に恵まれる。一帯には、日本の原風景のようなのどかな田園地帯が広がっており、「まほろば（実り豊かな、住みやすい里）」と呼ばれてきた。

高畠ワイナリーはこの高畠町に1990年に設立された。盆地気候という気候条件にも恵まれて、設立以来、農家との連携のもと上質なワインづくりを実現してきた。

そして現在さらなる高みを目指して改革を進めている。それが「たとえ100年かかろうとも世界に胸を張れるワインをここ高畠でつくっていこう」という

上左：樽やステンレスタンクが工場内にぎっしりと並ぶ様子は、東北一の生産量を誇るワイナリーならでは。
上右：よりプレミアムな日本ワインをめざし、百年構想を推進する取締役製造部長の川邊久之さん。
下左：契約農家の優れたブドウごとに仕込むプレミアムワイン専用の小仕込みタンクと松田旬一チーフ。
下右：大量生産本数を効率よく製造していくために、エチケットやシールの貼りもオートメーション化で対応。

「100年構想」だ。構想で目指しているのは、世界的な銘醸地でつくられるものと比較しても遜色のない世界基準のワイン。スパークリングワインならフランスのシャンパーニュ地方、シャルドネやピノ・ノワールならブルゴーニュ地方、ボルドー系品種ならばボルドー地方のワインと同レベルの品質のワインがつくれるようなワイナリーとなることを目標としている。

「スタイルを真似するのではなく、本質的な品質を目指しているのです」。構想スタートの翌年、2009年から、中心となってこの構想を推進している取締役製造部長の川邊久之さんは語る。そして

「高畠町は、これら3大産地と同じレベルのワインを目指せるテロワールを持っています」と続ける。川邊さんは、カリフォルニアにおける15年間のワインメーカー兼ワイン長としての実績を持つ。

例えば醸造では着々と少量ロットで仕込む体制を整えつつある。現在は、まずは醸造施設内で一部小仕込みができるようにしているが、いずれは別棟でウルトラプレミアムクラスのワインをつくる計画だ。また白ワインの中でもシャルドネのワインは、樽の中で発酵させる樽内発酵を主体としたワインづくりに注力中だ。

ワイナリーのワインづくりを支えてきたのは現在260トンの生産量を誇る高畠

上左：製造するラインアップをずらりとりそろえるワイナリー直営のショップ。
上右：5〜8種類のワインの試飲ができるショップ隣接の試飲カウンター。
下左：ワイナリーの玄関。観光バスが数台横付けできるので、毎日幅広い年齢層の見学客でにぎわう。
下右：ワイナリー見学者にワインができるまでを解説するホワイエ。

ワインぶどう部会であるのは間違いないが、自社畑も拡大中。17年にはカベルネ・フランを植栽。今後はピノ・ノワール、カベルネ・ソーヴィニヨンの栽培面積も拡大していくという。

ちなみに欧州系品種のワインは価格帯別にクラシック、バリック、マジェスティック、ゾディアックフラッグシップというシリーズに棲み分けされている。「観光も楽しめるワイナリー」としての役割も忘れない。川邊さん自らがワインを語るプレミアムサロンも16年にスタート。自社畑での収穫体験も計画中だ。

DATA

住所：〒999-2176　山形県東置賜郡高畠町糠野目2700-1
TEL：0238-40-1840／FAX：0238-57-3888
アクセス：JR奥羽本線／山形新幹線高畠駅よりタクシーで3分　徒歩10分　東北自動車道福島飯坂ICより40キロ60分
定休日：無休（年末年始は休み）
生産本数：70万本／年　750㎖換算
公式サイト：https://www.takahata-winery.jp

E-mail：rsc@takahata-wine.co.jp
ワイナリー見学：可　畑の見学：不可
ワイナリーでの試飲：有　（無料　5〜8種類）
ワイナリーでの直接販売：有
併設レストラン：有　ゴッツォナーレ高畠　10時〜16時30分　ピザ、ホットドッグ、コーヒーなどの軽食
ブドウの種類：シャルドネ／ピノ・ブラン／ナイアガラ／カベルネ・ソーヴィニヨン／メルロ／MBA／ピノ・ノワール

COCO FARM & WINERY

足利の山奥の急斜面に知的障害をもつ生徒と先生が耕した心のブドウ園

*Our wines grow from the heart, cultivated by mentally retarded students
and their teachers on the steep slopes of Ashikaga's deep mountains*

ココ・ファーム・ワイナリー

1950年代、足利の急斜面に開墾されたブドウ園。ブドウがなりたい
ワインになれるよう、自然に寄り添ったワインづくりを心がけている。

農民ロッソ

価格：1759円（750㎖）
品種：メルロ 43.3％、カベルネ・
ソーヴィニヨン 23.3％、マスカット・
ベーリーA 33.4％（いずれも契約農園産）
ブドウ産地：山形県上山市
（メルロとカベルネ・ソーヴィニヨン）、
山梨県勝沼（マスカット・ベーリーA）
醸造：自生酵母で発酵オークタンク、
ステンレスタンクで約7か月半熟成
生産本数：5万6097本（2015年）

樽熟の甘い香り。口当たりはラ
イトで風味豊かな印象。熟した
カベルネやメルロの果実味とス
パイス感、程よい酸味とほのか
な樽の風味がしなやかさと複雑
味をあたえている。14℃前後
で。小羊の香草焼、鴨のグリル、
ローストポーク、焼鳥（たれ）、
ミートソースに。

Ashicoco

価格：1574円（750㎖）
品種：甲州 94.9％、デラウェア 4.1％、
その他 1.0％（いずれも契約農園産）
ブドウ産地：山梨県勝沼（甲州）、山梨
県穂坂（デラウェア）
醸造：ステンレスタンクにて
自生酵母で低温発酵させる。
発酵期間は約5か月。
生産本数：3万8564本（2014年）

リンゴ、グレープフルーツ、びわ、
洋ナシの爽やかに広がる香り。
穏やかな甘み、柔らかな酸味で
グレープフルーツやびわのよう
な風味。後味に甲州種らしいビ
ターな印象。5℃前後で。おで
ん、蛤のワイン蒸し、青梗菜
のクリーム煮、湯豆腐、鰯と
松の実のスパゲッティー、海
老しんじょに合う。

上・右：南西向きの平均斜度38
度の急斜面に広がるこころみ学
園のブドウ畑では1950年代の
開墾当初から除草剤を撒いたこ
とがない。仕立て方の大部分は
カーテンシステムで新梢を下に
垂らし、樹勢を抑えている。さ
らに良いブドウができるよう試
みることを続けている。

栃木県の足利市駅から車で約20分。林の中をカーブしていく細い道を辿ると、突然目の前に急斜面の畑が現れる。平均斜度は38度。まさに転げ落ちそうな急斜面だ。これほどまでの急斜面のブドウ園は、日本全国探してもそうそう見つからない。

ここは知的障害者支援施設である「こころみ学園」のワイナリー、ココ・ファーム・ワイナリーだ。斜面の畑は1958年に、特殊学級の中学生たちと、川田昇さんという教師によって拓かれた。川田さんは農作業によって園生たちが健やかに暮らすことを目指したのだ。

しかしブドウの販売だけでは立ちゆかず、ワインづくりに向けて動き出し、

80年に有限会社ココ・ファーム・ワイナリーを設立。84年に最初のワインが誕生した。その際にワインづくりの目標に掲げたのが以下の3点。「同情で買ってもらうワインではなく、中身で認めてもらう」、「手間を惜しまず、ココでしかできないものを」、「園生がつくったからといって言い訳をしない」というものだった。

そして川田さんはこれを徹底した。例えば畑では除草剤を撒かず、ブドウの実には一房ずつ傘をかけた（これが園生の仕事としてもよかった）。89年には、カリフォルニアでコンサルタントをしていたブルース・ガットラヴさんに栽培醸造の責任者を任せた。彼が来たことにより、

左上：自然の冷却力を利用したトンネルの中にあるNOVOカーヴ。
右上・右下：国内でも少ない、シャンパーニュ式の壜内2次発酵製法でつくられるスパークリングワイン。
手動式の栓入れ機も。
左下：栽培責任者の粂原一斗さん。下中央：醸造責任者の柴田豊一郎さん。

海外の最新の情報が入ってくるようになり、当時の日本としては異例の新しいワインづくりが実践されるようになった。

　例えば足利に適した品種を探すこと。これには海外の栽培コンサルタントを招聘。それが、現在ワインとなっているタナやプティ・マンサンといった珍しい品種を取り扱うきっかけとなった。また日本各地の農家のもとに足を運び関係を築いた。

　醸造では、すでに2000年代前半には海外のワイナリーのような温度コントロール付きのタンクやオークタンクなどが揃った。今でこそ自生酵母で発酵させる生産者が出てきたが、ココ・ファームでは1990年代には亜硫酸を減らして自生酵母による発酵でワインがつくられるようになった。こうした考えは、現在の栽培チームのリーダーの粂原一斗さんたちや、醸造チームのリーダーの柴田豊一郎さんたちにもしっかりと引き継がれている。

　ワインはそれまでの日本ワインの範疇に入らずじつに魅力的でココ・ファーム・ワイナリーのワインを飲んで日本ワインファンとなった人はじつに多い。

　ワイナリーにはいつもワインづくりを学びたいと願う人が集っている。そうした人を引きつける力を持っている。

2017年、ココ・ファーム・ワイナリーは、おかげさまでブドウ葡畑開墾から60年、ワイン醸造は34回目の仕込みの秋を迎えることができます。ココでのワインづくりには植物や微生物とともに眼には見えないたくさんのいのちが関わっています。いろいろな自生酵母がつぎつぎに力を発揮していくように、老若男女、障害の有無や国籍の違いをこえて、それぞれが力を出しあうワイナリーです。でもワインづくりの長い伝統や文化の奥深さを思うと私たちのワインづくりは、ほんの駆け出し。太陽や土や空や森の味わい、つつましい喜び、バランスよく洗練されていて、歳月に耐え、美しい音楽や絵画のようなワイン。そんなワインへの道のりは、お楽しみくださる方がご一緒に歩いてくださって初めて可能になることです。末永くどうぞよろしくお願いいたします。

上左：2003年にオープンしたココ・ファーム・カフェ。2階のベランダ席から見上げる急勾配のブドウ畑は感動モノ。

上右：ここでつくられたワインに合うオードブルがまた絶品。時間を忘れてしまうひと時だ。ノンアルコールのブドウジュースもおいしいので、ハンドルキーパーにもうれしい。

中央：ワインショップの一角にある試飲コーナー。さまざまな品種のワインの試飲が楽しめる。

DATA

住所：〒326-0061　栃木県足利市田島町611
TEL：0284-42-1194 ／ FAX：0284-42-2166
アクセス：東武伊勢崎線 足利市駅よりタクシーで20分　北関東自動車道足利ICより3.7キロ10分
定休日：収穫祭前日、年末年始、1月第3月曜日から5日間
生産本数：20万本（2015年）／年　750㎖換算
公式サイト：http://cocowine.com
E-mail：office-m@cocowine.com

ワイナリー見学：可（10時30分、13時、15時料金500円）
畑の見学：不可
ワイナリーでの試飲：有（料金500円　ワイン5種類）
ワイナリーでの直接販売：有（10時〜18時）
併設レストラン：有　ココ・ファーム・カフェ 11時〜18時（LO17時30分）ワインに合わせた料理
ブドウの種類：リースリング・リオン／プティ・マンサン／マスカット・ベーリーA／ノートン／小公子／タナ

Chapter 3

新潟ワインコースト

角田浜・越前浜・上越

新潟ワインコーストと呼ばれるエリア、日本海に面した角田浜、越前浜には300メートル圏内にワイナリーが5軒集まる。最初の1軒が設立されたのが1992年と新しい。一方、上越市にある「岩の原葡萄園」は明治から続く老舗ワイナリー。ワインづくりの伝統と新風が混在し、多様性を生み出している。

越前浜
角田浜

新潟

上越

日本ワインの歴史を語るうえで、欠くことのできないのが新潟県。かつて「岩の原」と呼ばれた上越地方の片隅で、明治から昭和の初めにかけて、さまざまなブドウ品種が交配によってつくられて、日本各地に広がっていった。これらの品種は、現在もワイン専用にあるいはワインと生食との両方に使われており、日本のワインづくりにおいて重要な役割を果たしている。私財を投げ打ってこの偉業を成し遂げたのが川上善兵衛だ。彼が創業したワイナリー、岩の原葡萄園は、高田平野（頸城平野）の東南端に位置しており、日本でも有数の歴史の長さを誇り、今も上越地方で営みを続ける。

その一方、下越地方の新潟市角田浜と越前浜周辺ではまったく違った動きが見られる。一帯には平らな砂地が広がっており風景もがらりと変わる。この地では、1992年にカーブドッチワイナリーが設立されるまでは、ワイナリーは皆無。しかし、近年、フェルミエのように、カーブドッチワイナリーが開催するワイナリー経営塾の卒業生たちのワイナリーがその周辺で立ち上がり、直線距離300メートル圏内に5軒のワイナリーが集まる。ワイナリーはいずれも、垣根仕立てのワイン畑が広がる中に点在している。趣向を凝らしたデザインの建物、美しいガーデンに加えて、レストラン、マルシェそしてスパの施設も揃っており、歩いて廻れる観光地的存在でもある。

もちろんワインづくりにも本格的に取り組んでいる。痩せた砂質土壌、ある程度湿潤な気候におけるワインづくりを追求、例えば、この地と比較的似た気候のスペインのリアスバイシャス

地方原産のアルバリーニョの可能性に着目して栽培面積を拡大中。さらに、角田浜と隣接する越前浜を「新潟ワインコースト」と称して、砂質土壌の特徴を生かした産地として発展させようと奮闘し、その名を積極的に新潟県内外にアピールしている。

ちなみに新潟県では上越地方、中越地方、下越地方、そして佐渡地方の4つの地方、すべてでワイン用ブドウが栽培されている。同県は南北に長く、北端の胎内市から南端の上越市まで、ワイン畑は南北144キロメートルにわたっている。ワイナリー数は全県で9軒を数えている。

また胎内市には市が設立した胎内高原ワイナリーがある。市営のワイナリーとしては、異例なことに、急斜面にある自社農園のブドウのみからワインをつくっており、これはフランスで

いうドメーヌにあたる。また、魚沼というと上質な米が思い浮かぶが、中越地方の南魚沼は昼夜の寒暖差を利用して、ワイン用ブドウも育てており、アグリコア越後ワイナリーがある。また佐渡地方でもワイナリー設立の動きが生まれている。

南北に長い土地だけあって、つくられるワインにも違いが見られる。上越地方高田平野では、なんといっても善兵衛の開発した品種が主力で、マスカット・ベーリー Aのワインが代表的だ。角田浜では、現在生産量が増加中のアルバリーニョからつくられた白ワインに注目したい。また胎内市のツヴァイゲルトのワインにも将来性がある。

ワインづくりの伝統と新風が混在し、多様性を持ち合わせた新潟県のワインづくりの発展が楽しみだ。

北海道・余市／札幌／岩見沢／三笠／

山形・朝日／上山／南陽／高畠／

新潟・角田浜／越前浜／上越

長野・千曲川ワインバレー／日本アルプスワインバレー／桔梗ヶ原ワインバレー

山梨・勝沼／塩山／山梨／笛吹／甲斐／北杜

CAVE D'OCCI

日本海に面した砂地でブドウを育てて 25 年、レストラン、宿泊施設も充実の滞在型ワイナリー

Having grown grapes on the sandy soil facing the Sea of Japan for 25 years, we provide a resort-type winery complete with restaurant and accommodation

カーブドッチワイナリー

スイカ畑が広がる、水はけは良いが栄養分に乏しい砂地で土づくりから始めたブドウ栽培。設立当初から欧州系の品種にこだわり続けて 25 年、エリア一帯は 5 軒のワイナリーが集まる「新潟ワインコースト」に発展した。

ビジュ　カベルネ・ソーヴィニヨン

価格：4200 円（750㎖）
品種：カベルネ・ソーヴィニヨン 100%（自社畑産）
収穫は 10 月後半
ブドウ産地：新潟県
醸造：初期自生酵母、中期〜培養酵母添加　ステンレスタンクにて 0.5 か月　樽熟成有り
生産本数：2800 本（2015 年）

セミドライ、いちぢく・フェンネルの香りにわずかにグリーンノートが感じられるよう、畑からコントロール。軽やかかつふくよかな味。色合いは透明感のあるルビー。18℃程度、中ぶりのグラスで。ベリーや香草を使用した肉、特に牛か仔羊に合う。

アルバリーニョ

価格：4200 円（750㎖）
品種：アルバリーニョ　100%（自社畑産）
収穫は 9 月上旬
ブドウ生産地：新潟県
醸造：ステンレスタンクにて発酵させる。
発酵期間は 0.5 か月
生産本数：1300 本（2016 年）

熟した果実を得るため複数回に分けた収穫を行っている。白桃・洋ナシ・ジャスミンの香り。緑がかった黄色でノーブルな味。低めの温度帯から飲んで、温度の上昇とともに現れる様々な香りを楽しんでほしい。魚介、エスニック、パクチーに合う。

洋館のような佇まいのワイナリー。道路ひとつ隔てて8haの自社畑が広がる。

徹底した病果除去、開花前から収穫直前まで適時除葉を行い、収穫の時期を待つ。

北海道・余市／札幌／岩見沢／三笠

山形・朝日／上山／南陽／高畠

新潟・角田浜／越前浜／上越

長野・千曲川ワインバレー／日本アルプスワインバレー／桔梗ヶ原ワインバレー

山梨・勝沼／塩山／笛吹／甲斐／北杜

カーブドッチワイナリーのあるワイン村を初めて訪れた人は、一帯の美しい景観に目を奪われるに違いない。新潟駅から車で30分ほど走ると、国道402号線は海岸沿いに出る。ワイナリーの看板を左折して、松林を抜けると、そこは別世界だ。点在する洋館のようなワイナリーやレストラン、さまざまな草花が咲き乱れる庭、手入れの行き届いた芝生、そしてそれらを取り囲むように山の麓まで広がる垣根仕立てのブドウ畑。すでにここには5軒のワイナリーが集積し、つくり手たちは、ここを「新潟ワインコースト」と呼び、ワイン産地の形成を目指している。

ワイナリーからのひと言 Winery's Comments

角田山の麓の砂地で少しずつ増えた畑は8haになりました。新潟には珍しく冬の角田浜は積雪もほとんどなく、高い湿度はぶどうの樹や芽を守ります。梅雨が明けた夏場は熱集積が高く、降雨が非常に少ない年が多いのも特徴です。創業からこれまで植えてきた品種はゆうに40種類以上、現在でも21種類のブドウが植わっています。現在最も期待しているのはスペイン原産の「アルバリーニョ」という白ワインの品種。でき上がったワインの味はもちろんのこと、栽培が容易で耐病性にも優れ、正にこの土地の適性品種だと期待しています。ワイナリーツアーも実施しています（参加費1080円）。

取締役ワイン製造担当の掛川史人さん。

上左：採取したブドウを圧搾する前に、スタッフ総出で手作業による選果を行う。
上右：発酵タンクの中に入って昔ながらの足踏みによるクラッシュを丹念に行う製造責任者の掛川さん。
下：ひんやりとした貯蔵庫に整然と並ぶワイン樽。じっくりと樽熟成を待つ。

　しかし1990年代初頭、ここは砂地を利用したスイカやメロンの畑が広がるばかりだった。そんな土地に初めてブドウを植えたのが1992年。カーブドッチワイナリーができなかったならば、今のような光景は望むべくもなかったのだ。

　このワイナリーが特徴的なのは、設立当初から、基本的には北米系品種とその交雑種は使わず、欧州系品種を使ったワインづくりに注力してきたことだ。多くの日本のワイナリーは、病気に強く、栽培管理が楽で農家に頼みやすく、さらには単価が安い、北米系品種や北米系品種との交雑種を使ったワインもつくるケースが多い。しかし、同ワイナリーは、本格的なワインづくりを目指すには、みず

レストラン、ベーカリーを併設、試飲カウンターバーのあるカーブドッチ専門のワインショップのほかに、新潟ワインコーストの他の4軒のワイナリーのワインを取り揃えるマルシェや自家製ハムとクラフトビールの工房も敷地内にあり、グルメ納得の充実したワインツーリズムを目いっぱい堪能できる。

から育てたワイン用ブドウと、契約農家が育てたワイン用ブドウからつくったワインを主体にすべきと考えてきた。

ブドウ園開園から4半世紀。水はけは良いものの栄養分に乏しい砂地に毎年堆肥を投入、草生栽培を実施して、土づくりに努めてきた。一方でこの土地に適した品種を探すことは創業以来の大きなテーマでもあり、植えた品種は40種を超える。

そしてようやく大きな可能性を感じる品種・アルバリーニョが見つかった。「2012年、初めてこの品種を仕込んだとき、立ち上るジャスミンや洋ナシを思わせる高貴な香りに心が踊りました。しかも耐病性があり、栽培にも手がかからない」と醸造責任者兼取締役を務める掛川史人さんは語る。そして彼は、この地がアルバリーニョの産地に発展することを願っている。8年後にはこの品種だけで1万本のワインが揃う計画だ。

やさしく上品な仕上がりのボルドー系の赤ワインも捨てがたいが、掛川さん自らが飲みたいと思うスタイルを追求してつくった「どうぶつシリーズ」は個性的かつ魅力的だ。

敷地内には温泉付きAVEDAのスパ、フレンチ、イタリア料理などのレストランも揃う。まずは足を運んでみてほしい。

天然温泉とスパを兼ね備えた宿泊施設も隣接。滞在型のワイナリーの醍醐味を味わいたい。

DATA

住所：〒953-0011　新潟県新潟市西蒲区角田浜1661
TEL：0256-77-2288／**FAX**：0256-77-2290
アクセス：JR越後線 内野駅よりバスで25分
北陸自動車道巻潟東ICより15キロ
定休日：無休
生産本数：8万本／年　750mℓ換算
公式サイト：http://www.docci.com
ワイナリー見学：可（10時～17時）
畑の見学：可（10時～17時）

ワイナリーでの試飲：有（料金100円　15時～20種類）
ワイナリーでの直接販売：有
併設レストラン：有　カーブドッチ　ガーデンレストラン　11時30分～19時30分LO
ブドウの種類：アルバリーニョ／シャルドネ／セミヨン／ソーヴィニョン・ブラン／カベルネ・ソーヴィニヨン／ピノ・ノワール／ツヴァイゲルトレーベ

Fermier

新潟の魚介料理に世界に誇れる新潟のアルバリーニョの白ワインを！

Try our Albariño white wine, which is loved around the world, with Niigata's seafood dishes!

フェルミエ

日本海に近く、砂質土壌、海洋性気候の影響を受ける新潟の自然が素直に現れるワインづくりを目指すヴィニュロンは元証券マン。異業種からワインづくりの世界に飛び込んで、出会った運命の品種がアルバリーニョだった。

本格的なフレンチやピッツァが堪能できる南欧風レストラン。

カベルネ・フラン

価格：8000 円（750㎖）
品種：カベルネ・フラン　100%（自社畑産）手摘み　収穫は 10 月中旬
ブドウ産地：新潟県新潟市越前浜
醸造：低温浸漬後、ステンレスタンクにて、自生酵母で発酵。発酵期間は約 2 週間。樽で熟成させている。長く続く余韻。ブドウ由来の香りやうまみの要素を最大限に引き出している。
生産本数：840 本（2015 年）

サクランボのような色合い。ラズベリー、シダ、ハーブ、腐葉土の香りが溶け合っている。ベリー系の果実味とだし汁系のうまみとフレッシュな酸とのバランスが抜群。スマートなボディで、縦に長く続くきれいな余韻。ジビエ（新潟なら野鴨）、肉料理全般、きのこ、しいたけ、根菜類、マグロ、刺し身に合わせたい。

アルバリーニョ

価格：5000 円（750㎖）
品種：アルバリーニョ 100%（自社畑産）。
ブドウ産地：新潟県新潟市越前浜
醸造：ステンレスタンクにて発酵。発酵期間は約 1 か月。
生産本数：1500 本（2015 年）

白桃、グレープフルーツ、青リンゴ、かりんの香り。爽やかな酸、ドライだがトロッとした厚みがあるアプリコット系の果実味が感じられる。熟成するにつれてふっくらとしたボディに。10 ～ 12℃で。牡蠣や貝類、タコ、イカ、鮎など魚介類全般、山菜の天ぷらは特に◎。

今でこそ、異業種からワインづくりの道に飛び込む人が増えてきた。しかし本多孝さんがワイナリーを設立した2006年頃は、それなりの資産がある人は別として、極めて異例のことだった。当時は、日本ワイン自体の注目度も高くはなかった。加えて彼の前職はみずほ証券のM＆A。畑で汗水たらして働く農夫とは程遠いホワイトカラーの仕事だったのだ。

けれどワイナリー設立から10年以上が過ぎ、そんな本多さんも畑に出ることを大切にするヴィニュロン（自分が育てたブドウでワインをつくる人のことをフランス語でこう呼ぶ）の顔になった。

ワイナリーからの **ひと言** Winery's Comments

日本海に近く砂質土壌、海洋性気候の影響を受ける新潟の自然が素直に現れるワインづくりを目指しています。ワイナリー＆畑見学と本格フレンチのランチにワイン試飲がセットになったお得で楽しいツアー、「デギュスタシオンツアー」を金、土、日、月曜日に料金5000円で開催しています。新潟産の魚介類と世界に誇れる新潟のアルバリーニョのワインをお楽しみください。フェルミエのレストランで地元新潟素材を中心とするフレンチのフルコースディナーとフェルミエのワインを合わせる「マリアージュの会」も年2回開催しています。

栽培＆醸造責任者の本多 孝さん。

左：フレンチシェフが常駐、地元新潟産の魚介をふんだんに使った料理とワインで新潟のテロワールが堪能できる。食事、見学、試飲、ツアーとさまざまなメニューが揃う。

上：ワイナリー＆レストランに隣接する垣根仕立ての自社畑ではアルバリーニョが約4割、その他ピノ・ノワールなど、料理とのマリアージュを楽しめるブドウ品種が多数栽培されている。

本多さんには、運命とも思える品種との出会いがある。その名はアルバリーニョ。スペインのガリシア地方が原産のブドウだ。ワイナリー設立直後にワイナリー前の畑を、カーブドッチワイナリーから譲り受けたのだが、植えられていたのがこの品種だったのだ。

「熟成を経てアプリコットを思わせる、新潟の白ワインにはなかった芳醇な香り、生き生きとした酸。この土地での可能性を確信できました」と本多さん。以来、少しずつ栽培面積も増やし、今では全生産量に対して4割をアルバリーニョ

が占めている。アルバリーニョのあるべき姿を求めてスペインにも出かけた。現在、この品種だけで6アイテムも揃う。

赤ワインについては、新潟の砂地の土地に何が適しているのか、ピノ・ノワールなどさまざまな品種を挑戦し試行錯誤を続けている。

ワイナリーはパートナーの有紀さんの意向で南欧風の建築デザイン。新潟の魚介類を生かした料理とピッツァが楽しめる。まさにアルバリーニョにぴったりだ。20年、30年先を見つめたワインづくりが、今、行われているワイナリーだ。

DATA

住所：〒953-0012　新潟県新潟市西蒲区越前浜4501
TEL：0256-70-2646／FAX：0256-70-2647
アクセス：越後巻駅よりタクシーで15分　関越自動車道巻潟東ICより10キロ25分
定休日：火曜日
生産本数：1万本（2015年）／年　750㎖換算
公式サイト：http://fermier.jp
E-mail：info@fermier.jp
ワイナリー見学：可（ワイナリー＆畑見学と本格フレンチのランチにワイン試飲がセットになったツアー

10時半受付開始〜　要予約）
畑の見学：可（6月・7月の土・日曜・祝日14時〜15時にワイナリーツアーを開催　料金1000円）
ワイナリーでの試飲：有　食事時にハーフサイズ（50㎖　料金別途）で用意
ワイナリーでの直接販売：有
併設レストラン：有　フェルミエ　11時〜17時（LO16時）　料理のタイプ：フレンチ
ブドウの種類：アルバリーニョ／ピノ・グリ／ピノ・ノワール／カベルネ・フラン／カベルネ・ソーヴィニヨン／プティ・ヴェルド　ほか

Domaine Chaud

果実の持つみずみずしさとうまみを大切に、ひとりで1本飲めるワインをめざす

Cherishing the fresh-as-dew qualities of fruit and their palatable taste,
we aim to make a wine that one can drink a bottle of all by yourself

ドメーヌ・ショオ

国産ブドウ100%のワインを少量ながらも、夫婦2人で熱心につくる小さなワイナリー。土から考えて、無農薬を試み、自然環境が表現された「ひとりで1本飲みきれるワイン」をシンプルにつくり続けている。

手書きの看板にも小林さんの魅力があふれる。

箱庭

価格：4500円（750㎖）
品種：カベルネ・フラン　他3種（すべて自社畑産）
ブドウ産地：新潟県新潟市角田浜
醸造：ステンレスタンクにて、自生酵母で発酵。発酵期間は2か月。樽熟成8か月間。
生産本数：300本（2015年）

色合いは薄めの朱色を呈している。果実の香りと樽由来の香りが溶け合って複雑な印象。だし汁のようなうまみが感じられる。お料理もだし汁がきいた和食を合わせたい。4つの品種の混植・混醸でつくられている。大きめのたっぷりとしたグラスで楽しみたい。

水の綾　シャルドネ

価格：5000円（750㎖）
品種：シャルドネ　100%（自社畑産）
ブドウ産地：新潟市角田浜
醸造：ステンレスタンクにて、自生酵母で果皮も一緒に醸し発酵させる。発酵期間は12か月。樽熟成なし。
生産本数：600本（2015年）

うす濁りオレンジ色。酸化系、フィノシェリー、紹興酒のような香り。柔らかい酸味としっかりしたうまみ。白ブドウの醸し醸造期間も12か月と長く、雑味も含めて種々のうまみを抽出。大きめのグラスで、赤ワインのお勧め温度帯で。秋冬は栗や貝料理など、春夏は山菜天ぷらや鮎などに合う。

ドメーヌ・ショオを立ち上げた小林英雄さんの前職は大手コンサルティング会社のビジネスコンサルタント。表面上は異業種からの転職だが、彼の場合、じつは初めからワイナリー設立の長期的なビジョンを持って、コンサルティング会社へ入社した。

高校までドバイ暮らしだったという異色の生い立ちを持つ小林さんの家庭では各地の酒を楽しむことが多かった。大学生の頃にはすっかりワインに魅せられて、オーストラリアのワイナリーで1年間アルバイトを経験。大学院では生命共存科学で博士号を取得。まずコンサルティ

ワイナリーからの ひと言
Winery's Comments

ドメーヌ・ショオは、私たち小林夫婦の「小（ショウ）」から名付けた小さなドメーヌです。また、Chaud（ショオ）にはフランス語で「熱い」「情熱的な」という意味があります。飲みやすく飲みあきない、ワインだけでも良いし料理に合わせても良い。私たちは植物や果実の持つうまみをダシ（出汁）と表現していますが、瑞々しいうまみをもった1人で1本飲みきれるワインを熱い心でつくり続けています。自由参加型の畑仕事希望者も絶賛募集中、詳しくはホームページをごらんください。
近くには岩室温泉、角田浜海水浴場、弥彦神社などがあります。

栽培＆醸造責任者の小林英雄さん。

上：自社畑は目と鼻の先の距離。ブドウの木の中に建つ赤い屋根の小さな家、そんな感じのワイナリー。

左：扉を開けると欧州の古民家風情の内装に心をこめてつくったワインがぎっしりと並ぶ。その奥の1枚板の重厚なカウンターの上で試飲がゆっくりと楽しめる。

ング会社で働いたのは、農学の研究後、経営、ビジネスの知識も経験もなく、このままワインづくりに突き進むことに不安を覚えたからだ。

そして土地の成り立ちとそこでつくられていたカーブドッチワイナリーのワインの味わいに惹かれたという新潟県の角田浜の土地に畑を拓いた。

「自然環境がダイレクトに表現される酒はワイン以外にはありません。それをこ

こで畑からつくりたいと思っています」と小林さんは言う。つくりたいのは1人で1本飲めるワインだ。

「自然環境が表現されたワインはどれもが1本飲みきれるものでした」。小林さんは、ワインをつくるたびに、香りの良さ、アルコールの強さ、酸のバランス、瑞々しいうまみなど、いろいろな要素を考えながら、いつも「1本飲めるかどうか」自分に問いかけているという。

赤ワインと白ワインの比率は同じで4割ずつ。ほかにロゼと発泡酒を少量つくる。日本では珍しい密植や、無農薬を試みるなど、果敢に挑戦を続ける小林さんには、すでに熱烈なファンがついている。

DATA

住所：〒953-0011　新潟県新潟市西蒲区角田浜1700-1

TEL：0256-70-2266／FAX：0256-70-2277

アクセス：越後線越後曽根駅より　タクシーで15分
関越自動車道巻潟東ICより25分

定休日：火曜日

生産本数：1万本（2015年）／年　750㎖換算

公式サイト：http://domainechaud.net/index.html

E-mail：kobayashiwinery@niigata.email.ne.jp

ワイナリー見学：可（11時〜17時但し、畑繁忙期は基本的に予約不可）

畑の見学：不可（但し、ワイナリー目の前の畑は勝手に見学可・侵入は禁止）

ワイナリーでの試飲：有（料金100円　種類1種）

ワイナリーでの直接販売：有／併設レストラン：無

ブドウの種類：シャルドネ／カベルネ・ソーヴィニヨン／メルロ／カベルネ・フラン／プティ・ベルド／ピノノワール／シラー

Cantina Zio Setto

イタリアワインのように日常の食卓を彩る、料理が思い浮かぶワインづくりを目指す

Our aim is to make a wine such as those that adorn Italian dining tables, and whet your appetite for cuisine

カンティーナ・ジーオセット

サッカーチームの応援のために足しげく通った新潟の土地に惚れ込み、そこでワインに出会い、魅せられ、ついに脱サラの末、ワイナリーを始めた元広告マンが醸すワインは、日常の食卓を彩るフードフレンドリーな味わい。

ワイナリーのテラスから畑越しに角田山を望む眺めはエリアNo.1。

ヴィーノ・ロッソ ガロヴァルデ

価格：2500 円（750㎖）
品種：ツヴァイゲルト
100%（自社畑産）
ブドウ産地：新潟県新潟市角田浜
醸造：ステンレスタンクにて発酵。発酵期間は 0.5 か月。樽熟成なし。
生産本数：1710 本（2014 年）

色合いは少し黒みがかった紫色。黒系の果実の香り。凝縮感と奥行きのある果実味がじわじわと感じられる。酸も溶け込んでいる。ミディアムボディ。やや低めの温度で、香りを閉じ込めないグラスで飲みたい。

ネッビオーロ

価格：3500 円（750㎖）
品種：ネッビオーロ　100%
（契約栽培農家産）
ブドウ産地：新潟県新潟市白根
醸造：樹脂容器にて培養酵母で発酵。発酵期間は 3 週間。樽熟成なし。
生産本数：600 本（2016 年予定）

色合いは淡い朱色。第一印象は優しいが、しだいにこの品種らしいしっかりとした渋みがでてきて、ストラクチャーが感じられる。余韻も長い。常温で、できれば大きめのたっぷりとしたグラスで。（2015 年サンプルを試飲。2016 年は 2017 年リリース予定）

新しいワイナリーが次々と設立される、新潟県新潟市の角田浜一帯。4 番目に設立されたのがカンティーナ・ジーオセット。イタリアワインと新潟とサッカーに心奪われた元広告マンの瀬戸潔さんが立ち上げたワイナリーだ。

瀬戸さんのワイン歴は長い。1990 年代前半にはすでにイタリアワインに夢中になっていた。サッカー好きでもあった瀬戸さんは、アルビレックス新潟のサポーターに加入。応援のため頻繁に新潟を訪ねた。さらにその際、カーブドッチワイナリーを訪問する機会を得た。瀬戸さんはかつて訪ねたアイルランドのような雰囲気を感じ、この土地に惚れ込ん

ワイナリーからの **ひと言** Winery's Comments

カンティーナとはイタリア語でワイン蔵のこと。国内20州のすべてでワインがつくられているイタリアの多種多様なワインを手本に、新潟の土地に根ざしたワインづくりを行っています。チャーミングな果実味に特徴のあるツヴァイゲルトが最初の栽培品種。このオーストリア原産の赤ワイン用早生品種はこの砂地での栽培に適しています。2013年からは晩熟の赤ワイン用品種イタリア・ピエモンテ州原産のネッビオーロの栽培を開始しました。ワイナリー隣接のブドウ畑越しに標高481.7メートルの角田山が見える試飲販売室からの眺望は最高です。

栽培＆醸造責任者の瀬戸 潔さん。

黒ブドウの原料は500kg単位の分割仕込みをすることで梗や未熟果を発酵後に取り除くことができるため、醸造時に必要なことだけに集中できる、と瀬戸さん。過去に飲んだイタリアのワインを参考に、果汁の味や香りにある要素から何を引き出すのがワインにとって良いことか？　を常に考えているという。

だ。ここでワイナリー経営塾が開催されているのも知って、自分が好きな風景の中でワインをつくりたいと入塾を決心して単身移住。2013年にワイナリーをスタートさせた。

そんな彼がつくりたいのは、イタリアワインのように日常の食卓を彩る、親しみやすく、料理が思い浮かぶワイン。現在の栽培品種にはないが、ドルチェットという軽快な赤が目指すスタイルだろう。

ワイナリー設立直後は自園のブドウが成木化されていなかったり、思う品種が入手できなかったりしていたが、15年頃から少しずつ、自園のブドウも穫れだしており、現在5割を占める赤の割合はさらに高くなる。ワインは、テーブルワインのヴィーノダターヴォラ、日本の品種の個性を表現したテッレジャポーネ、新潟のテロワールを表現したテッレニイガターネ、そして角田浜のテロワールを表現したピエドカクダヤマの4つのシリーズからなる。17年からイタリア系品種のネッビオーロ、ランブルスコのワインが待望のリリース。これからが本領発揮だ。

DATA

住所：〒953-0011　新潟県新潟市西蒲区角田浜1697-1
TEL：0256-78-8065／FAX：0256-78-8065
アクセス：JR越後線越後曽根駅よりタクシーで15分
北陸道巻潟東ICより14キロ25分
定休日：火曜日
生産本数：8000本（2016年）／年　750㎖換算
公式サイト：http://www.ziosetto.com

E-mail：info@ziosetto.com
ワイナリー見学：可（11時〜16時）
畑の見学：可（11時〜16時）
ワイナリーでの試飲：有（無料　販売中全アイテム）
ワイナリーでの直接販売：有／併設レストラン：無
ブドウの種類：ツヴァイゲルト／ネッビオーロ／バルベーラ／ランブルスコ／カベルネ・ソーヴィニヨン

Le CINQ Winery

新潟ワインコーストの五男坊、スタイリッシュな外観の新生ワイナリー

As the fifth winery established on the "Niigata Wine Coast" we produce wines within the stylish edifice of our establishment

ルサンクワイナリー

日本 IBM を早期退職し、第二の人生をブルゴーニュの
ワインのような日本ワインづくりにかけて、ついに念願
のワイナリーを設立したサラリーマン希望の星。角田浜
産のシャルドネ、ピノ・ノワール完成まであと少しだ。

カリブのリゾートをイメージし
た、美しい外観。

カベルネ・ソーヴィニヨン

価格：3200 円（750㎖）
品種：カベルネ・ソーヴィニヨン
100%（契約農園産）
収穫 2015 年 10 月 6 日
ブドウ産地：新潟県
醸造：ステンレスタンクにて、
培養酵母で発酵。樽で約 1 年間
熟成させている。
生産本数：1700 本（2016 年）

色合いの濃さは中程度。フロー
ラルな香りが特徴的。味わいで
はややカシスを思わせる果実味
があり、渋みはまろやかに感
じられる。ボディはやや軽め。
15 〜 18℃で飲みたい。タン
シチューのような料理と相性良
し。

シャルドネ

価格：3000 円（750㎖）
品種：シャルドネ　100%（契約農園産）
ブドウ産地：新潟県
醸造：ステンレスタンクにて 12℃
前後の低温で発酵させている。
樽熟成なし。清澄なし、ろ過は実施
している。
生産本数：900 本（2015 年）

透明感あり。香りは洋ナシのよ
うなフルーティな香り。果実味
と酸のバランスはとれているミ
ディアムボディ。11 〜 14℃
で飲みたい。ポークピカタのよ
うな料理と相性良し。

ワイナリーからの ひと言 Winery's Comments

2015年10月に新しくオープン
したNIIGATA WINE COAST
で5つ目のワイナリー。ルサン
ク（Le CINQ）のCINQはフランス語で数字
の「5」という意味。新潟市西蒲区角田山麓を
魅力あるワイン産地とするために力を尽くした
いと考えています。ブドウの力を引き出し、土
地の特徴（海と砂）を活かした、品質の高いワ
インづくりを目指して、お客様に満足していた
だけるように精進してい
きたいと思います。

栽培＆醸造責任者の
阿部隆史さん。

　新潟県新潟市の角田浜周辺には、ワイ
ナリーが集積し、生産者自らがここをワ
イン産地、「新潟ワインコースト」として
発展させようと奮闘中だ。一帯のワイナ
リー数は現在 6 軒。カーブドッチワイナ
リーを除き、すべて異業種から参入した
人が設立したワイナリーになる。

　ルサンクワイナリーを設立した阿部
隆史さんの前職は日本IBM。会社勤めを
10年残したところで、転職を考えだし
た矢先、長野県が主催するワイン生産ア
カデミーのニュースを見た。栽培、醸造
を学び、ブドウ栽培から委託醸造を経
て、ワイナリーの設立に至ることができ
るのを知った。その頃飲んだ、今までに
経験したこともないような味わいのブル
ゴーニュの白ワイン、シャサーニュ・モ

Niigata Wine Coast

ワイナリーマップ

「新潟ワインコースト」には5つの新進気鋭のワイナリーが集まり、地域振興しながら楽しいワインづくりに励んでいます。

上：樽や圧搾機がコンパクトに収まるワイナリー内部。
下右：バーカウンターでは阿部さんが直接、試飲ワインをサーブしてくれる。新潟ワインコーストと呼ばれるこのエリアでは毎年10月には「Niigata Wine Coast ワインフェスタ」を開催。ワインバル、マルシェほか各種イベント・出店、珍しいワインや自家製パンなどが販売される。

ンラッシュというワインもきっかけになり、ワイナリー設立を考えだした。

退職して、専門職大学院を修了後、カーブドッチワイナリーのワイナリー経営塾を経て、2015年、果実酒製造免許を取得してワイナリーを立ち上げた。

生産量は現在9000本で、全体の7割弱を白が占めている。まだ、2000円台と3000円台が半分ずつとラインナップの構成はシンプルだ。現在は、欧州系品種、アメリカ系品種も含めて、主に新潟産のブドウを購入してワインをつくっているが、2017年以降には、阿部さんが好きなブルゴーニュ原産の品種、シャルドネやピノ・ノワールの自園の収穫量が少しずつ増える見込み。砂地で育ったブドウの

ワインツーリズムに最適のスポット、
新潟ワインコースト

カーブドッチワイナリーを中心に、異業種から参入したフェルミエ、ドメーヌ・ショオ、カンティーナ・ジーオセット、ルサンクワイナリーのワイナリーオーナーたちがわずか300メートル圏内で自社畑でのブドウ栽培と醸造を手がける地域。エリア内には宿泊施設の「ヴィネスパ」があるほか、車で30分の距離に岩室温泉街など10数軒のホテル・宿がある。

個性を、どうルサンクらしくワインに表現するのかこれからが勝負の時だ。

ワイナリーの外観も内観も、ラベルも一貫してシンプルなデザインで統一されており、それが味わいのクリーンでスタイリッシュなところと似ている。

DATA

住所：〒953-0011　新潟県新潟市西蒲区角田浜1693
TEL：0256-78-8490／**FAX**：0256-78-8490
アクセス：JR越後線内野駅よりバス25分・タクシー15分　関越自動車道巻潟東ICより15キロ25分
定休日：水曜（祝祭日除く）、不定休
生産本数：9000本（2015年）／年　750㎖換算
公式サイト：2017年3月現在無し

E-mail：takashi2abe@hotmail.co.jp
ワイナリー見学：可（10時〜16時但し、事前に要問い合わせ）
畑の見学：可（但し、事前に要問い合わせ）
ワイナリーでの試飲：有（無料　種類：販売中のワイン）
ワイナリーでの直接販売：有／**併設レストラン**：無
ブドウの種類：シャルドネ／ピノ・ノワール

Iwanohara Winery

**日本ワインの発展に生涯をささげた川上善兵衛と
マスカット・ベーリー A のふるさと**

*Our winery is the home to both the late Zenbe Kawakami, who devoted his life to
the development of Japanese wines, and the Muscat Bailey A grape variety*

岩の原葡萄園

日本のワインブドウの父、川上善兵衛が 1890 年に上越の豪雪地
で創業。日本風土に合うワインブドウを品種交雑し、マスカット・
ベーリー A をはじめとする優良 22 品種をつくり出した。

今日の日本ワイン産業の発展は、新潟県上越地方の庄屋だった川上善兵衛という人物の果たした偉業によるところが大きい。岩の原葡萄園は、その善兵衛が現在の上越市にある頸城平野（くびき）の南東に創業したワイナリーだ。創業は1890年。もち

ろん日本でも有数の歴史の長さになる。

一帯は豪雪地帯でかつては「岩の原」と呼ばれていた。ワイナリー名はその名残になる。当時は岩がごろごろしており、稲やその他の作物はなかなか育たず、農家の生活は困窮を極めた。幼い頃からそ

ワイナリーからのひと言

創業者「川上善兵衛」の志を引き継ぎ、ブドウづくり・ワインづくりを通して社会に貢献することを理念に、現在マスカット・ベーリーAをはじめ川上善兵衛品種でのワインづくりを行っています。前年に仕込んだワインをテイスティングしながら岩の原葡萄園の製品と地元料理を楽しむ「岩の原葡萄園ワインフェス」を5月に、収穫・仕込み体験、ステージイベント、地元飲食店が多数出店する「岩の原葡萄園 収穫祭」を10月に開催しています。新潟県上越市の頸城平野の南東端に位置し海に向かって開けた場所に位置しており、近くに越後の武将「上杉謙信」の居城春日山城があります。

製造部栽培技師長の建入（たちいり）一夫さん。

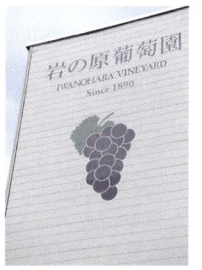

上左：2014年に事務所と生産工場が一体となった新工場を竣工。

上右：日本最古のワイン成熟庫、第一号石蔵、第二号石蔵が見学可能、写真は雪を第二号石蔵の冷却に使用した雪室の入り口。

下：ブドウ畑のある標高は80メートルと130メートル、三墓山からは頸城平野とブドウ畑を望むことができる。

マスカット・ベーリーA

価格：4000円（720㎖）
品種：マスカット・ベーリーA　100％（自社畑産）　全量手摘み、10月下旬
ブドウ産地：新潟県上越市
醸造：ステンレスタンクにて、13〜28℃で発酵。発酵期間は21日間。樽で熟成させている。樽熟期間は15か月間。
生産本数：3780本（2015年）

紫の残ったやや濃い目のガーネット。華やかで芳醇、マスカット・ベーリーAの果実香、スミレの花、ヴァニラ、ココアの香り。後に果実の香りが持続。まろやかな果実味から口の中にバランス良く広がり酸もしっかりあり滑らかに余韻が。15℃で。すき焼きやブリの照り焼きに合う。

ヘリテイジ

価格：5400円（720㎖）
品種：マスカット・ベーリーA 95％ ブラッククイーン 5％（いずれもすべて自社畑産）全量手摘み、10月中旬
ブドウ産地：新潟県上越市
醸造：ステンレスタンクにて13〜28℃で発酵。発酵期間は21日間。樽で熟成させている。樽熟期間は15か月間。
生産本数：5880本（2014年）

いろいろなフルーツを連想させる香りとはちみつの香りが調和。芳醇で濃縮した甘み、すっきりシャープな酸味のバランスが良くアフターにさわやか印象が長く持続する。温度は6℃で。レモンタルトなどのレモンやパイナップル、パッションフルーツを使ったデザートが合う。

上・下右：樹齢70年を超えるマスカット・ベーリーAの棚栽培。有機栽培区で糖度21度以上を目標に、雨よけトンネルを設置したり、積雪の多い土地のため棚仕立てから一文字短梢仕立てに挑戦するなど高品質ブドウづくりに余念がない。

下左：収穫後ブドウはいったん冷却庫で1日寝かせ、圧搾前に手作業で選果する。

れを目の当たりにして育った善兵衛は、故郷の農民たちを救おうと、この土地でも育てられる作物を探して、ブドウにいき着いたのだ。しかも初めから、ワインをつくることが念頭にあったという。

さらに善兵衛は、みずから欧州系品種やアメリカ系品種を交配し、試験栽培を続け、1万種以上ものブドウからこの地に適した22種の優良品種を選びだした。その中のひとつが、現在日本の赤ワインの原料として最も多く使われているマスカット・ベーリーAだった。

そして創業以来、岩の原葡萄園では、約127年間にわたって善兵衛の志を引き継ぎ、ワインをつくり続けてきた。マス

カット・ベーリーAは、今では年間生産量2万本のうち半分以上を占めるようになった。

「岩の原という土地でブドウを育ててワインをつくる我々にとって、マスカット・ベーリーAは天命のようなブドウです」とは、代表取締役社長の棚橋博史さん。また36年間、この品種を育ててきた栽培技師長の建入一夫さんは「善兵衛がこの地に適している品種として1万種から選び抜いたのだから、ここに適していないわけがない」と語る。

岩の原という土地をワインに表現するために、栽培や醸造でさまざまな挑戦も続けている。2004年からは、自社農園

マスカット・ベーリーAなど、川上善兵衛がつくり出した品種のブドウからつくられたワインを試飲、購入できるワイナリー内の直売ワインショップ。

Histoire

創業者川上善兵衛は1868年越後国高田郊外の頸城郡北方村（くびき）で川上家の長男として生まれる。川上家は頸城平野に多くの土地を所有する大地主で多くの小作人をかかえ、毎年多くの年貢米を納め、中央の政界や文人墨客との交流もあった。若くして家督を継いだ善兵衛は、親交のあった勝海舟に海外から渡ってきた「葡萄酒」を振る舞われ、海外文化の香りを感じながら、ブドウは田畑をつぶさず荒れ果てた土地でも栽培できるため、新しい産業として豪雪による米の不作に苦しむ農民たちの救済にもつながると考え、1890年岩の原葡萄園を開園する。

ブドウ畑を視察する創業者川上善兵衛。

創業当時は海外から苗木を輸入し植えつけていたが栽培がうまくいかず、1922年から気候風土に適したブドウ品種を求めて品種改良を開始。1万311回の品種交雑の中からマスカット・ベーリーA、ブラッククイーンなど22品種の優良品種を世に送り出した。そのうちマスカット・ベーリーAは現在全国各地で栽培され、日本ワインの主力品種となっている。

で化学合成農薬を減らし始め、10年にはこの品種の畑で初の有機認証取得の快挙を成し遂げている。降水量が比較的多いこの土地で、農薬を減らす苦労は想像に難くない。また有機農法で育てたブドウのワインづくりは自生酵母による発酵にゆだねている。

ワイナリーでは、近年マスカット・ベーリーA以外の善兵衛品種にも力を入れている。例えば、レッド・ミルレンニュームのやや甘口のワイン、ローズ・シオターのスパークリングワイン、いずれも、他にはない魅力を持っている。

ワイナリーには明治時代につくられた石蔵が現存、見学も可能。加えて、2014年には、川上善兵衛記念館が完成、善兵衛が成し遂げた業績の数々を辿ることができる。

DATA

住所：〒 943-0412　新潟県上越市大字北方 1223
TEL：025-528-4002 ／ **FAX**：025-528-3530
アクセス：北陸新幹線上越妙高駅よりタクシーで 20 分　北陸自動車道上越 IC より 10 キロ 15 分
定休日：年末年始
生産本数：43 万本／年　750㎖換算
公式サイト：http://www.iwanohara.sgn.ne.jp
E-mail：mail@iwanohara.sgn.ne.jp
ワイナリー見学：可　（9 時〜 16 時 30 分但し、団体様予約制　11 月〜 3 月　9 時〜 16 時）
畑の見学：可

ワイナリーでの試飲：有
ワイナリーでの直接販売：有（但し年末年始休日有、11 月〜 3 月　9 時〜 16 時、4 月〜 10 月　9 時〜 17 時）
併設レストラン：有　ワイナリーレストラン「金石の音（きんせきのね）」4 月〜 11 月営業　11 時〜 17 時（但し、14 時 30 分〜ティータイム）※ディナータイム 17 時〜（但し、4 名様以上要予約）●料理のタイプ：欧州料理
ブドウの種類：レッド・ミルレンニューム／ローズ・シオター／シャルドネ／マスカット・ベーリーA ／ブラッククイーン／ベーリー・アリカント A

SAYS FARM

日本海屈指の漁港からの海の幸に合う、自社ブドウ 100%の完熟ワイン

Using only homegrown grapes, we produce fully matured wines that are
a perfect match to the delicacies caught in the Sea of Japan coast's foremost harbor

セイズファーム

老舗魚問屋が経営母体、自社ブドウ 100%のみのワインづくりを貫く
ワイナリー。富山湾を望む高台にある。欧州系品種のみで現在 4 品種
試験栽培を経て、新たにピノ・ノワール、アルバリーニョにも挑戦中。

SAYS FARM
CABERNET SAUVIGNON

価格：3334 円（750㎖）
品種：カベルネ・ソーヴィニヨン
100%（自社畑産） 10 月中旬から
下旬にかけて収穫。すべて手摘み。
ブドウ産地：富山県氷見市
醸造：野生酵母と培養酵母を併用。ステ
ンレスタンク発酵。18 ～ 30℃にて
14 日間。樽熟成あり 12 ヶ月熟成。
生産本数：2006 本（2015 年）

フレッシュな果実の香りを中心
に、ミネラル、ヨード香やフレン
チオークの香りが共存。緻密な凝
縮した果実味に柔らかさを備えた
味わい。10 ～14℃まではスマー
トでやや小ぶりのグラス、14 ～
16℃の場合はボルドー型グラス
で。赤身肉の味がしっかりのった
ジビエ料理に合う。

SAYS FARM
SAUVIGNON BLANC

価格：3334 円（750㎖）
品種：ソーヴィニヨン・ブラン 100%
（自社畑産）すべて手摘み。
ブドウ産地：富山県氷見市
醸造：培養酵母を使用。ステンレス
タンクにて、17 ～ 20℃の温度帯で
約 20 日間の発酵。
生産本数：1433 本（2014 年）

トロピカルフルーツの香りが主
だが、スモークのニュアンスも
共存。硬質なミネラルを感じる
酸味、若くも深い味わい。10 ～
14℃まではやや小ぶりの白ワイ
ングラス、14 ～16℃の場合は
ブルゴーニュ型グラスで。ゆっく
りと火を入れた岩ガキ、海の塩味
が際立つ焼白身魚に合う。

　山の中の曲がりくねった道をどんどん
進む。道に迷ったのではないかという不
安が脳裏をよぎる頃、突然目の前の視界
が開ける。セイズファームに到着だ。そ
こからは、5 ha のブドウ園が見下ろせ、
さらに下には富山湾がきれいな弧を描
く。天候に恵まれれば、遠く立山連峰も
望める。

　セイズファームは富山県氷見市で、
2011 年に産声をあげた。親会社は江戸
時代から続く鮮魚の仲卸問屋。氷見は寒
ブリで知られているが、観光客はいつも
素通りして能登に行ってしまう。なんと
か人を呼び込もうと前社長の釣誠二さん
がワイナリー設立を考えた。誠二さんは
「氷見で暮らす皆と氷見の風土が感じら
れるワインをつくる」ことを願っていた。

　荒れはてた耕作放棄地を手に入れて、
前社長と現在の栽培責任者の山﨑勇人さ
んで開墾を始めた。他のメンバーも、港
での仕事を終えると、畑に駆けつけた。
08 年に農園を開き、4 年後にはワイナ
リーの設立に漕ぎ着ける。自社農園のブ
ドウのみでワインをつくるドメーヌタイ
プのワイナリーとなる。誠二さんは病で、
志半ばで急逝したが、創業時のメンバー
は、彼の遺志を継いで奮闘を続けている。

　栽培醸造責任者の田向俊さんの踏ん張
りで、ワインの品質向上は目覚ましい。

左：欧州系品種を垣根仕立てで栽培する自社畑。
上：ブドウ畑からは海の幸の宝庫、富山湾が見下ろせる。

氷見の気候条件の中で完熟したブドウを得て、タンクで醸されるワイン。

左：宿泊施設も人気で先まで予約でいっぱい。
上：氷見産の夏牡蠣、タイやノドグロ、スズキなどがテーブルに。

ワイナリーからの ひと言
Winery's Comments

富山湾に面した氷見は日本海側屈指の漁港です。冬の寒ブリ、夏はマグロ、岩牡蠣など、年間を通じて魚種も豊富。定置網漁が盛ん、漁場が近く鮮度を保つ技術にも優れています。他にも氷見牛、氷見放牧豚、野菜など食材の生産者が多いです。10月に収穫祭を開催。SAYSDAYSと題し、会費制で富山県内のミシュラン星付の割烹や鮨屋、イタリアンが一同に会した富山の食を存分に味わえるものとなっています。2日目は1日目とは違い入場フリーでカジュアルなイベント。ぜひお越しください。

栽培・醸造責任者の田向 俊さん。

現在、シャルドネ、ソーヴィニヨン・ブラン、メルロ、カベルネ・ソーヴィニヨンが主力だが、氷見の海の幸に合いそうなアルバリーニョ、さらにはピノ・ノワールにも取り組むという。宿泊施設も大人気で3か月先まで予約でほとんど一杯だ。

DATA

住所：〒935-0061　富山県氷見市余川字北山238
TEL：0766-72-8288 ／ FAX：0766-72-8287
アクセス：氷見線　氷見駅よりタクシーで20分　能越自動車道氷見北ICより4キロ7分
定休日：年末年始　2月中はすべて休業
生産本数：1万6000本／年　750㎖換算（2015年）
公式サイト：http://www.saysfarm.com
E-mail：k.iida@saysfarm.com
ワイナリー見学：可（13時〜但し 土・日曜は、10時30分〜もあり）

畑の見学：不可（但し、ワイナリー目の前の畑は勝手に見学可・侵入は禁止）
ワイナリーでの試飲：有（料金　1杯200円　種類：その時期販売しているもののみ）
ワイナリーでの直接販売：有／併設レストラン：有
11時〜18時　料理のタイプ：創作
ブドウの種類：リースリング／リオン／プティ・マンサン／マスカット・ベーリーA／ノートン／小公子

信州ワインバレー

千曲川ワインバレー・日本アルプスワインバレー・桔梗ヶ原ワインバレー

長野県が推し進める「信州ワインバレー構想」が追い風となり、ワイナリーが続々と誕生し、現在その数 33 軒になる。小さいながら良質のワインをつくる新進ワイナリーから、多彩なラインアップをそろえる老舗ワイナリーまで多彩。信州は基本的に雨が少なく日照量が多い、水はけも良く、ブドウの栽培のための好条件を備えているのが魅力だ。

日本アルプスワインバレー

長野

千曲川ワインバレー

桔梗ヶ原ワインバレー

天竜川ワインバレー

ワイン畑越しに、眼下には盆地、そして正面には美しい稜線を描く山々。長野県のワイナリーやワイン畑には、すばらしい景観を楽しめるところがじつに多い。というのも、この県が四方を3つの日本アルプスや、さまざまな標高の高い山々に囲まれているからだ。

　ワインづくりも活発だ。県が推進する「信州ワインバレー構想」も追い風となり、ワイナリーが続々と誕生、その数は北海道よりやや多い33軒だ。日本ワインの生産量は山梨県に迫る勢いだ。ワイナリー設立を目指しこの地に移り住み、畑を開園する人も後を絶たない。ワインづくりの歴史は長く、明治初期に、明治政府の殖産興業の流れを受けて、塩尻市に始まった。

　大半のワイン畑は、長野盆地、松本盆地、佐久盆地、上田盆地、そして伊奈盆地の際にある扇状地に拓かれている。基本的に雨が少なく日照量が多く、夜温が下がる盆地気候下にあり、さらに水はけも良く、ブドウの栽培のための好条件を備える。日本のトップクラスのワインがつくられるのもそのためだ。

　信州ワインバレー構想では、県内の盆地を4つのエリアに分類、千曲川流域の上田盆地と佐久盆地から長野盆地までを千曲川ワインバレー、松本盆地の南端の塩尻市を桔梗ヶ原ワインバレー、塩尻市を除く松本盆地の大町から松本までを日本アルプスワインバレー、伊那盆地を天竜川ワインバレーとして、それぞれワイン産地として発展していくための支援を行っている。

　千曲川ワインバレーのワイナリー数は現在14軒。千曲川の両岸には大手メーカーのマンズワインのワイナリーや数多くの小規模ワイナリーに加え、

北海道・余市／札幌／岩見沢／三笠／

新たなワイン畑も拓かれ、ワイナリー設立ラッシュが続く。例えば、高山村や東御市を車で廻ってみると、そこかしこにワイン畑が増えているのに驚く。またここのブドウでつくられたワインは、世界のトップソムリエや評論家からの評価も非常に高く、国際コンクールで金賞受賞も増えている。

日本アルプスワインバレーのワイナリー数は現在6軒。2010年にはサッポロビールがブドウ園を開園、15年に大町市にノーザンアルプスヴィンヤードが設立され注目を集めた。その名のとおり、北アルプスの美しい稜線が望めるエリアだ。

ワイン名でも見かける「桔梗ヶ原」は、5万年前大きな扇状地に河岸段丘が形成されてできた土地。この土地の名前を冠したのが桔梗ヶ原ワインバレーになる。緩やかな傾斜地に生食・

ワイン用両方のブドウ棚が広がる様はいかにも桔梗ヶ原らしい。ワイナリー数は10軒で、林農園のような歴史ある中規模ワイナリーからヴォータノワインのような新しい小規模ワイナリーといったさまざまなワイナリーが集まっている。

南アルプスと中央アルプスに挟まれる天竜川ワインバレーの一帯はリンゴや梨の産地でもあったが約20年前にブドウ栽培も開始、ワイナリー数は3軒。近年はシードルづくりも盛んになりつつある。

長野産のワインとしては、シャルドネやメルロが代表的で、質量ともに日本のトップだ。涼しげな味わいのソーヴィニヨン・ブラン、まろやかなカベルネ・フランなど、ほかにもおいしいワインが登場している。まさに目が離せないワイン産地なのだ。

山形・朝日／上山／南陽／高畠／

新潟・角田浜／越前浜／上越

長野・千曲川ワインバレー／日本アルプスワインバレー／桔梗ヶ原ワインバレー

山梨・勝沼／塩山／山梨／笛吹／甲斐／北杜

日本ワイン、ナガノワインを牽引する頼もしき旗手

The consistently reliable flagship of Japan and Nagano's wines

ヴィラデスト
ガーデンファームアンドワイナリー

今や日本を代表する一軒といっても過言ではないだろう。玉村豊男氏創業のワイナリーは、ワインを中心にした食、ガーデンなど、幅広いゲストが楽しめる要素にも富んでいる。ブドウ畑を見ながらワインを飲む贅沢を味わいたい。

ピノ・ノワール

価格：4760 円（750㎖）
品種：ピノ・ノワール100%（自社畑産）
ブドウ産地：長野県東御市
醸造：樽熟成約1年あり
生産本数：1346 本（2015 年）

赤系の果実の愛らしい香り、やや淡めの紅色、ミディアムボディが特徴。Decanter Asia Wine Awards 2016奨励賞受賞。果皮が薄いため栽培が難しいピノ・ノワールを、有数の少雨地域である東御市で2004年からいち早く育成。ワイナリーが力を入れる銘柄のひとつ。

エッセイストでもある玉村豊男さんが東御市にヴィラデストワイナリーをオープンしたのは2003年のことだ。今、振り返ってみると、玉村さんがこの地にワイナリーを立ち上げたことが、非常に多方面にわたり、日本のワインづくりに極めて大きな影響を与えてきた。

ヴィラデスト
ヴィニュロンズリザーブ

価格：4760 円（750㎖）
品種：シャルドネ100%（自社畑産）
ブドウ産地：長野県東御市
醸造：培養酵母約0.5か月・樽発酵、樽熟成あり
生産本数：2600 本（2015 年）

柑橘や白桃、白い花、トーストといった香りに優しい樽香が加わる。なめらかで程よい酸味、そして長い余韻を味わいたい。洞爺湖サミット、伊勢志摩サミットで供された日本を代表するワイン。自社畑の垣根式栽培の最高品質のブドウを使用。鮑のポワレなどと。

左：美しいガーデンの中に建つ白いワイナリー。2016年秋からは千曲川ワインバレーバスも循環を始め、ますます立ち寄りやすくなった。

下：目の前に北アルプスが広がる自社畑は標高850メートル。日本の中でも有数の長い日照時間を誇る東御エリアは、ワインづくりに最適の地。

ワイナリーは標高850メートルという高台にある。ブドウ園からは、眼下には千曲川流域の上田盆地、目の前には北アルプスや美ヶ原の山々というすばらしい眺望が望める。この景観の美しさは日本全国のワイナリーでも5本の指に入るだろう。ワイナリーには上質なフレンチレストラン、美しいガーデンも併設。ワインファンならずとも再び訪ねたくなるのも納得する。

ワイナリーのある東御市は巨峰の産地として知られる。1992年、初めて玉村さんがこの高台にワイン用ブドウを植えたとき、周囲の巨峰農家たちは無謀だ

左上：9月末から収穫がスタート。桑畑を土壌改造してブドウ畑として拓いてから、はや四半世紀が経過した。
右上：2003年に醸造を始め、現在の年間生産量は2万5000本。
左：ナガノワイン、日本ワインにとって欠かせない存在の玉村豊男さん。

と口を揃えたという。結果的には、冬の寒さで、毎年2〜3％の木が枯れるものの、例えばシャルドネは毎年十分に熟した果実がとれている。それどころかヴィニュロンズ・リザーブ・シャルドネは、世界優秀ソムリエとなったパオロ・バッソがブルゴーニュの高級白ワインに匹敵すると賞賛し、また洞爺湖、伊勢志摩の両サミットのいずれにおいても提供されるほどの品質になった。

そして今ではヴィラデストの成功が広く知られるようになり、ワイナリー設立を視野にこの地に移住する人が増加中で、東御市のワイナリーは5軒に達している。

そしてここに至るまで、玉村さんの右腕として、ブドウを育てワインをつくってきた栽培醸造責任者の小西 超さんの

果たしてきた役割は大きい。また畑を開墾したときに小西さんのことを指導した故浅井昭吾さんの存在も忘れられない。3人が出会わなかったら、これほど上質な品質のワインが生まれることもなかったし、さらに言えば日本ワインが注目されることもなかっただろう。

現在自社農園は7.5haまで広がった。シャルドネのワインには定評があったが、最近は芳しいピノ・ノワールやソーヴィニヨン・ブランも秀逸。さらに今後はゲヴュルツトラミネール、ピノ・グリも期待できそうだ。

ヴィラデストワイナリーは欧州系品種のみからワインをつくることを身上としており、ワインの価格帯はやや高めに設定されている。

カフェ＆ダイニングルームには20人程度のグループで利用できる席もある。玉村さんがワイナリーを立ち上げたときに掲げた「つくり手と飲み手が、ともにテーブルで飲み・食う」というワイナリーのコンセプトを象徴している。

ショップでは、ワインだけでなく、玉村さんの絵があしらわれたグッズも人気だ。

ワインのできた土地でそのワインを飲むのが一番と、レストランとカフェはブドウ畑を見晴らす位置に。

ランチのアラカルトメニューから「骨付き"信州紅酔豚"の炭火焼」。

ワイナリーからの ひと言 Winery's Comments

自社畑や近隣のブドウを使った、少量生産の高品質なワインづくりをしています。土地の風景が思い浮かぶようなワインをつくりたいと思っています。しっかりとした酸味を持ち、透明感もあり、味わいはエレガント、そして余韻が長いワイン……。物まねではない、世界で通用するナガノのワインを目指しています。その気持ちは仕事を始めたときから、ずっと変わることはありません。そのためには畑で努力をして、やるべきことをやる、常に勉強して、前に進み続けたいと思います。

代表取締役・栽培醸造責任者の小西 超さん。

DATA

住所：〒389-0505　長野県東御市和6027
TEL：0268-63-7373 ／ FAX：0268-63-7374
アクセス：JR北陸新幹線上田駅より車で30分　上信越道東部湯の丸ICより4キロ7分
定休日：冬季以外無休（2018年より変更の可能性あり）
公式サイト：http://www.villadest.com
E-mail：info@villadest.com
ワイナリー見学：可　ワイナリーツアーは土・日曜・

祝日の13時〜、15時〜のみ
畑の見学：可（10時〜日没）
ワイナリーでの試飲：有（有料）
ワイナリーでの直接販売：有　併設レストラン「ヴィラデストカフェ」（10時〜日没　予約が望ましい）
ブドウの種類：シャルドネ／ソーヴィニヨン・ブラン／ゲヴュルツトラミネール／メルロ／ピノ・ノワール／カベルネ

ワイングロワーズ育成に特化した「クレイドル（ゆりかご）」ワイナリー

The Cradle Winery, specializing in the fostering of wine growers

アルカンヴィーニュ

地域のワイン農業を育成する基盤となるワイナリーを、と玉村豊男氏が中心となって立ち上げた。自分の手でブドウを育て、自分の手でそのワインをつくることを願うワイングロワーを支援すべく、栽培醸造経営講座「千曲川ワインアカデミー」も併設している。

上：「ヴィラデスト」より車で数分。一見カフェのような建物が見えてくる。

右・左下：広々としたエントランスホールには日替わりの自社ワインがグラスで楽しめるカウンター、ワインづくりに関する展示などが。

　千曲川ワインバレーの中心、東御市の一角に「アルカンヴィーニュ」が産声をあげたのは2015年3月。その前年、玉村豊男さんが中心となって「日本ワイン農業研究所」が設立されている。「日本に農業としてのワインづくりを根づかせることによって、荒廃した田園を美しくよみがえらせ、農業という『食べものをつくる仕事』をベースにした豊かで持続的なライフスタイルを実現して、『ワインのある食卓』に集う日常の暮らしの楽しさを、今と未来の世代に伝えるために創業した」という。

　長野県の中でも千曲川ワインバレーは、小規模ワイナリーが続々と設立されているエリアだ。こうした中、将来ワイナリー設立を夢見て、栽培、醸造技術を学びたいと思う人びとが増えているのも事実。長野県でも、「信州ワインバレー構想」の中で生産者育成を推進事項のひとつに掲げている。今までは、海外の大学でブドウの栽培やワインの醸造を学ぶくらいしか方法がなかったのだ。今もっ

アルカンヴィーニュの醸造を担当する小西 超さんと、林 忍さん。

上段
左：委託醸造も行っている。
右：「千曲川ワインアカデ
ミー」ではワインの栽培、醸
造、経営を1年かけて学ぶ。

下段
左：授業には栽培の実践もあ
る。
中：斜面に建てられた建物は、
1階がホールや会議室、地下に
下りると醸造所。小型のタン
クが揃う。
右：各界からの視察も多い。

とも必要とされているのが、ワイナリー
をめざす人たちのための教育機関だ。

「日本ワイン農業研究所」は、新規参入
希望者に、栽培と醸造に関する知識や技
術、またワイナリー経営に資する情報を
提供して彼らの自立を促し、安定した品
質のワインを生産することのできる小規
模ワイナリー設立を手助けしようという
ものだ。年間3万〜5万本のワインを生
産することのできる「アルカンヴィー
ニュ」ワイナリーを建設、その施設の一
部に栽培・醸造・経営講座「千曲川ワイ
ンアカデミー」を開講した。2017年で3
年目を迎える。講座は定員を20名とし、
ワイングロワー（ブドウを育てワインを
つくる人）をめざす人を対象にしている
（詳しくは同アカデミーのHPで）。「アル

カンヴィーニュ」が近隣農家と提携して
ワイン用ブドウを普及させ、委託醸造に
よるワインづくりを通して受講者たちが
醸造技術を学ぶ拠点をめざす。

ワインと農業に魅せられた人びとが自
立し、それぞれに自分たちのブランドを
確立し、小規模ワイナリーが集まる地
域をつくり出すこと、「アルカンヴィー
ニュ」の試みはその「クレイドル（ゆり
かご）」のような役割を果たすことにな
るだろう。

DATA

アカデミーのお申し込み・お問い合わせは
日本ワイン農業研究所「アルカンヴィーニュ」まで。
住所：〒389-0505　長野県東御市和6667
TEL：0268-71-7082
FAX：0268-71-7083

Hasumi Farm & Winery

はすみふぁーむ＆ワイナリー

東御市において、いち早く個人ワイナリーとしてスタートしたパイオニアの一軒。オーナーの蓮見よしあきさんはワイナリー起業に関する書籍執筆や講演なども行い、新規参入者への支援にも積極的だ。アジア圏を始めとした海外へも進出中。

今の日本ワイン産業は、異業種からの参入が多い。なんといっても多いのが第二の人生にワインづくりを選ぶ一個人だ。転職前の職種は、建設関係の技術者もいれば、M＆Aの担当者もいる。そんな転職組の中で、異色の経歴の持ち主が、はすみふぁーむのオーナー兼栽培醸造家の蓮見よしあきさんだろう。

高校生のときに単身渡米、アメリカの大学を卒業後に働きだしたのが、あの野茂英雄投手も在籍していたロサンゼルス・ドジャース。当時野球選手にワインを飲ませてもらったことが蓮見さんのワインとの出会いになった。その後、アジア事務所に転勤となり帰国。働きながら通ったテンプル大学の生涯学習の講座で、現

在、北海道の10Rワイナリーのオーナーで、日本各地のつくり手に大きな影響を与え続けているブルース・ガットラヴさんに出会った。当時ブルースさんは、栃木県のココ・ファーム・ワイナリーの栽培醸造責任者を務めており、その縁もあって同ワイナリーに転職、その後独立を目指した。

　そして2005年、ワイナリーを設立する土地として、新規就農者の受け入れ体制が比較的整っていた長野県東御市を選び、移住した。ワイン産地としての可能性を感じたことも理由のひとつだが、何と言っても一帯から眺められる蓼科や霧ヶ峰の山々の美しさに惚れ込んだ。当初は資金繰りも厳しく、巨峰を育てながら食いつなぎ、耕作放棄地を耕して、なんとか1000本のブドウを植えた。

シャルドネ

価格：2685円（750㎖）
品種：シャルドネ（自社畑産）
ブドウ産地：長野県東御市
醸造：ステンレスタンクにて2.8か月間発酵。樽熟成をせずに、マロラクティック発酵後、瓶詰め。
生産本数：1200本（2015年）

柑橘系に香りが立ち上る。樽のニュアンスがなく、果実味がストレートに楽しめるのが特徴的。酸は豊かだが、マロラクティック発酵によって、味わいも質感も柔らかい仕上がりになっている。蕎麦や寿司など、和食との相性も良し。

甲州

価格：2900円（750㎖）
品種：甲州100%自社畑産
ブドウ産地：長野県東御市
醸造：ステンレスタンクにて2.8か月間発酵させ、樽熟成をせずに、瓶詰め。
生産本数：600本（2015年）

グレープフルーツを感じさせるさわやかな香りが立ち上る。豊かな果実味ときれいでのびやかな酸が調和している。厚みも十分。おでんなど、和風の家庭料理とともに気軽に味わいたい。長野県では、唯一の甲州でつくられたワイン。

ワイナリーからの ひと言
Winery's Comments

「ワイン特区認定地で、個人でワイナリーを設立する初めてのケースだったと思います。金なし、コネなしの本当にゼロからのスタートでした」と蓮見よしあきさん。それでもワイナリーがつくれるということを身をもって証明した、独立型ヴィニュロンの草分け。「小規模ワイナリーを経営したい方のモデルケースになれたら」と願い、『ゼロから始めるワイナリー起業』『SNSで農業革命』など著作活動も行っている。

ニックの愛称で知られる蓮見よしあきさん。

左：東御市にあるブドウ畑の中の小さなショップ。千曲川ワインバレーバスも停留。
右：ショップ内には、入手しやすい価格帯のワインが並ぶ。

　11年3月には特区の免許を取得、ワイナリーを立ち上げた。生産量の拡大とともに、12年には、特区の免許から、一般的な免許に切り替えた。

　注目すべきは、甲州ブドウを自社農園で栽培していること。いまでこそ、この品種が注目されるようになったが、彼は05年から、長野県での甲州の可能性に着目していた。山梨県より冷涼な気候のもとで育った甲州ブドウは、豊かな酸を持ち、ふくよかな果実味がありながらしっかりと引き締まる。海外のジャーナリストからの評価も高いワインだ。東御市の甲州に手応えを感じている蓮見さんは、16年、甲州の自社農園を4倍に拡大している。

　こうして振り返ると明らかなように、蓮見さんはチャレンジの人だ。ワイナリーの設立自体も大きな挑戦だったが、市議会議員へ立候補して当選、大学院で修士号取得など、意欲的にさまざまなことに挑戦し続ける。さらに昨年は、香港への輸出を開始して、海外展開にも乗り出した。現地の日本食レストランで、和食と彼のワインのペアリングを提案するという。

DATA

住所：〒389-0506　長野県東御市祢津413
TEL・FAX：0268-64-5550
アクセス：JR北陸新幹線上田駅より車で30分　上信越道東部湯の丸ICより1キロ3分
定休日：土・日曜・祝日のみ営業・冬季休業
公式サイト：http://hasumifarm.com
E-mail：info@hasumifarm.com

ワイナリー見学：一部可（事前に要予約）
畑の見学：一部可
ワイナリーでの試飲：有（有料）
ワイナリーでの直接販売：有
ブドウの種類：シャルドネ／KOS／ピノ・ノワール／メルロ／ナイアガラ／コンコード

上田市内、旧北国街道の趣を残した柳町に。

観光途中の 一休みにもぴったり。 はすみふぁーむ直営の ワインショップ＆カフェ

上田市の中心部にある柳町は、古い街並みが残る風情ある一角。「はすみふぁーむ」のカフェも、かつては酒造の蔵だった建物を一部リニューアルしたものだ。こぢんまりとしたカフェでは、自社のワインとのマリアージュを一番に考えられたプレートランチなどが楽しめる。野菜や肉類、チーズなど、プレートにのっているものは基本的に信州産。ワインを隠し味に加えたドレッシングなどもお目見えし、旬の信州の味わいを存分に満喫できる。ショップには「はすみふぁーむ」のワインやグッズも並ぶ。

野菜たっぷりのキッシュやスープなど、地元の食材満載のカフェプレート。

カフェでは通常4〜5種類のグラスワインが楽しめる。

はすみふぁーむ＆ワイナリー Shop&Café@上田柳町店

TEL：0268-75-0450
アクセス：JR北陸新幹線上田駅より徒歩10分　上信越道上田菅平ICより10分
定休日：水曜
営業時間：ショッピングは10時〜19時、カフェのランチタイム11時30分〜14時、カフェ＆バルタイム10時〜18時30分LO、ディナータイムは2名より3日前までの完全予約制で18時〜21時

Rue de Vin

長野の「黄金の丘」を目指して進み続ける

Rue de Vin, constantly pursuing the goal of being Nagano's Côte d'Or

リュードヴァン

東御市の南斜面にパッチワークのように連なる自社の畑。地域のコミュニティを大切にしながら、こつこつと広げてきた畑には現在10種類を超えるブドウが育てられている。オーナー・小山英明さんの人柄そのままの真摯なワイン、と全国に多くのファンを持つ。週末オープンのカフェも人気。

メルロ

価格：4500 円（750㎖）
品種：メルロ 100%
自社畑産
ブドウ産地：長野県東御市
醸造：樽熟成 10 か月
生産本数：800 本（2015 年）

凛として清楚な印象の赤ワイン。新鮮なベリー系、なかでもラズベリーを連想させる香りは、比較的冷涼な土地のブドウならでは。品種ごとの違い、ヴィンテージごとの違いを明確に表現するため、樽熟成の期間は控えめに、「薄化粧」の樽香で仕上げられている。

東御市の南斜面に縫うように連なるブドウ畑。その高低差は約 100 メートルも。

ソーヴィニヨン・ブラン

価格：4800 円（750㎖）
品種：ソーヴィニヨン・ブラン 100%
自社畑産
ブドウ産地：長野県東御市
醸造：ステンレスタンク発酵にて
生産本数：900 本（2013 年）

青リンゴやパッションフルーツのような香り、上質で豊富な酸味、はちみつを思わせる甘い香りの余韻も長く、抜栓してからの持続性が長いのも特徴。しっかりとした骨格を持つ辛口の白ワイン。フランス・ロワール川上流の産地を連想させるスタイルだ。

2016年末現在、東御市のワイナリーは5軒を数える。10年に2軒目のワイナリーとして誕生したのがリュードヴァンである。フランス語で「リュー」は小さな通り、「ヴァン」はワイン、リュードヴァンでワイン通りを意味している。この名前にはワイナリーを立ち上げた、オーナー兼栽培醸造家である小山英明さんの思いが込められている。

「ワインをつくって、そのワインを飲む。東御に暮らす人々が、そんなふうにワインとともに当たり前のように文化的に暮らせる世界が実現するといいと思っています。そしてこのブドウ畑から連な

左：リュードヴァンの青い車が看板代わり。週末にはカフェにもなるショップも青が基調だ。

上：カフェのメニューから。ワインや自慢のシードルとともに味わいたい。

左：軽井沢のレストラン「ユカワタン」では、「リュードヴァン」のワインとの極上マリアージュも楽しめる。

上：秋の収穫には、全国からファンがボランティアで集まる。

る1本道（ワイナリー）がその始まりになってほしい」と小山さんは語る。さらに、こうした環境が整うことが、この地にワインづくりが続くだけでなく、リュードヴァンが存在し続けることの条件だという。

ワイナリーの設立に遡ること4年、2006年に、小山さんは、東御市祢津地区のかつてリンゴ畑だった小高い丘の耕作放棄地の開墾を始めた。当時あたりはすでに雑木林と化しており、おまけに放棄地は急な斜面の曲がりくねった道沿いに縫うように点在していた。畑一枚の広

さが0.3haと狭く、ワイナリー設立時にようやく開墾した畑が3.2haになった。その後も開墾は続き、17年現在、自社農園は6haに達した。ちなみにワイナリーのある最も標高の低いところで740メートル、最も高いところで830メートルと、かなり標高差がある。栽培品種もシャルドネ、ソーヴィニヨン・ブラン、メルロに、ピノ・ノワールとカベルネ・ソーヴィニヨンが加わった。今後はピノ・グリなども検討する。

ワインは大きく3つのラインに分かれている。ひとつはラインアップの主体と

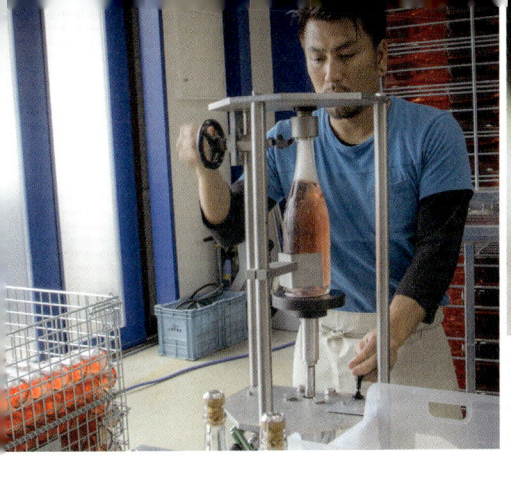

上：リュードヴァンのテーマカラー・鮮やかなブルーが随所に。
左：ミュズレのワイヤーをかけ、キャップシール作業へ。巨峰のスパークリングづくりも、ほとんどの行程が手作業だ。

なっている、自社農園で栽培された欧州系品種でつくられたシリーズ。そして、信頼できる友人や知人の原料でつくられるレザミコレクション、さらには、東御市産のリンゴのみでつくるシードルになる。

欧州系品種のワインで人気が高いのがソーヴィニヨン・ブランのワイン。小山さんは、長野県におけるこの品種の可能性にいち早く着目した人で、「ソーヴィニヨン・ブラン」のワインは彼の名詞のようなものだ。今後はシャルドネ、ピノ・ノワールを使ったスパークリング・ワインにも注目したい。

春にはブドウの苗木の植え付け、秋には収穫作業をボランティアでの参加者とともに行う。作業のあとは、見晴らしのよいブドウ畑で、ピクニックをしながらワインを楽しむ人もいる。

ワイナリーからの **ひと言** Winery's Comments

「"ワインがともにある暮らし"を送りたいという気持ちはずっと変わりません」と穏やかに語る小山さん。ワインをつくって暮らす、というシンプルな思いを実現するためには、農業から始まり、販売、消費に至るまでの循環が成り立つ仕組み、不本意でなくきちんとワインをつくれる仕組みを、しっかりと構築しなくてはならない。ワイナリーを開く前から、小山さんの頭の中には常にそのビジョンがあった。地元の人々と積極的に交流を図りながら「信州の、東御の食文化としてのワイン」が真に定着するときを夢見る。

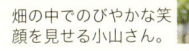
畑の中でのびやかな笑顔を見せる小山さん。

DATA

住所：〒389-0506　長野県東御市祢津405
TEL：0268-71-5973 / FAX：0268-71-5983
アクセス：JR北陸新幹線上田駅より車で30分　しなの鉄道田中駅より車で10分　上信越道東部湯の丸ICより2キロ3分
定休日：不定休
公式サイト：http://www.ruedevin.jp
E-mail：info@ruedevin.jp

ワイナリー見学：不可（但し応相談）
畑の見学：可（9時〜17時）
ワイナリーでの試飲：併設のショップにて3〜5種類可（有料）
ワイナリーでの直接販売：有　併設「リュードヴァンカフェ」（10時〜17時　土・日曜・祝日のみ営業）
ブドウの種類：シャルドネ／ソーヴィニヨン・ブラン／メルロ／カベルネ・ソーヴィニヨン／ピノ・ノワール

「日本がおいしくなるワイン」をつくり続けて半世紀

Manns Wines, a winery based in Komoro, where for half a century it has created wines that bring delicious tastes to Japan

マンズワイン小諸ワイナリー

日本屈指の食品会社が誇りをかけて送りだす名ワイン「ソラリス」の故郷。どんな方でも気軽にワインに触れられる場としてのワイナリーでありたい、とワイナリー見学や収穫祭などのイベントにも力を入れる。ワイナリー前のブドウ畑には、レアな品種も植えられ、間近に見られる。

マンズワインは、メルシャン、サントリー、そしてサッポロビールとともに、日本のワインづくりを牽引してきた。同社は山梨県甲州市の勝沼にもワイナリーを構えているが、同社のプレミアムワイン（「ソラリス」シリーズ）づくりの拠点として、重要な役割を果たしてきたのが、小諸ワイナリーになる。

この小諸ワイナリーは、マンズワインの2つ目のワイナリーとして設立された。設立自体は、今から40年以上も前に遡る。1966年に社長に就任した茂木七左衞門氏が注目したのが長野県で広く栽培されていたという善光寺ブドウ。地場品種でもあるこの品種を使ってワイン

をつくることを考え、その醸造場としてワイナリーはスタートした。

一方同社は、他社に先駆けて、長野県における欧州系品種のワインづくりにも、本格的に取り組んできた。品種ごとに栽培に適した土地を選び、自社もしくは契約農家の畑で栽培に着手したのだ。例えばシャルドネは、1980年代前半からワイナリーの自社農園とその周辺の小諸一帯でメルロも80年代から小諸一帯で栽培を始めている。そしてカベルネ・ソーヴィニヨンは90年代前半より上田市塩田平東山で栽培が始まっている。そして現在、自園のシャルドネの樹齢は平均35年、カベルネ・ソーヴィニヨンで

ワイナリーの向かいにある3000坪の日本庭園「万酔園」。粋を凝らした茶室、地下のセラーなど10年の歳月をかけてつくり上げた。

ワイナリー前には、独特の雨よけをしたブドウ畑が。一画には、善光寺や浅間メルローなど醸造用ブドウの希少品種も数多く栽培されている。

ソラリス 信州 東山 カベルネ・ソーヴィニヨン

価格：7000 円（750㎖）
品種：カベルネ・ソーヴィニヨン 自社畑産 50%、契約農家産 50%
ブドウ産地：長野県
醸造：乾燥酵母約 5 週間、ステンレスタンク、樽熟成あり約 18 か月
生産本数：2600 本（2014 年）

凝縮度の高いブドウの収穫のために、収穫量を厳しく制限。高品質のブドウづくりを行った。徹底的な選果ときめ細かな発酵管理により、ブドウの持つポテンシャルを最大限に引き出す醸造の結果、品種独自の芳醇な香りとしなやかな味わいのフルボディが誕生。

ソラリス 信州 シャルドネ 樽仕込

価格：5000 円（750㎖）
品種：シャルドネ　契約農家産
ブドウ産地：長野県
醸造：乾燥酵母、樽発酵、樽熟成あり
生産本数：2800 本（2015 年）

圃場を厳選し、高品質なブドウを樽発酵することで、シャルドネ特有の繊細な果実香と適度な樽香、複雑な味わいを引き出すことに成功した。若々しい緑が残った黄色も美しい、ドライで華やかな辛口ワイン。バランスも良く、飲みごたえもあり。

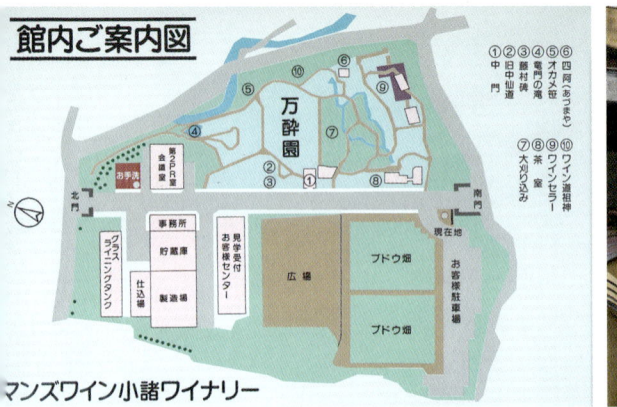

館内ご案内図

万酔園

①四阿（あずまや）
②オカメ笹
③竜門亭
④藤村詩碑
⑤中門
⑥旧中仙道
⑦大刈り込み
⑧ワイン道祖神
⑨ワインセラー
⑩茶室

マンズワイン小諸ワイナリー

左上：ワイナリー場内圃場で収穫されたシャルドネは、小規模単位で醸造される。

左下：ブドウ園や日本庭園の散策、ワイナリー見学、レストランと幅広く楽しめる小諸ワイナリー。

右上：カベルネ・ソーヴィニヨンの栽培適地として選ばれた東山エリア。ボルドーの最も厳しい収量基準に匹敵するレベルでブドウを収穫する。

右下：小諸ワイナリーが誇るプレミアムワイン「ソラリス」。栽培から醸造、保管まですべて細心の注意を払う。

も平均20年もになった。日本でも有数の樹齢の高さで、同社のフラッグシップのワインを根底から支えている。

もちろん醸造においても、畑別、区画別などで仕込めるように小型の温度コントロールタンクを2000年代には導入し、きめ細やかな醸造を続けてきた。

一連のワインづくりに15年にわたり采配をふるってきたのがソラリス担当部長の島崎大さん。島崎さんは、ボルドー大学認定の醸造士の資格を持つ。今も同シリーズのスタイルは彼が決めており、安定した品質は彼の功績によるところが大きい。さらに16年からは、島崎さん

と同じ醸造士の資格を取得した若手醸造家の西畑徹平さんが醸造担当としてチームに参画。さらなる発展に期待がもてる。

ちなみに勝沼ワイナリーは2013年には、勝沼のワイナリーも創業以来、初めて全面的にリニューアル。醸造施設は最新のものに変わった。これにより手頃な価格帯のワインの品質も格段に向上したのはいうまでもない。

1000円台で飲める甲州ブドウの発泡酒から1万円を超える最高ランクの赤ワインまで、幅広いレンジのワインで日本ワイン市場を支えている。

ワイナリーからの
ひと言
Winery's Comments

醤油もワインも「菌」を利用するという共通点などからキッコーマンがワインづくりに着手してから半世紀余りが過ぎました。食卓の華、食卓の中心になるワインをつくりたい、という気持ちは創業以来、常に持ち続けています。昨今、日本のワインが人口に膾炙したといっても、まだまだ伸びしろはあると思います。ワインはまず味を知っていただかないことには始まりません。ですからショップではソラリスを始めとした試飲コーナーもありますし、毎年10月最終週の週末には収穫祭も開催しています。一度足を運んで、味を知っていただくことが大事だと思うのです（川俣昌大さん）。

ソラリス担当部長の島崎大さん（左）、工場長の川俣昌大さん。

左上：庭園の地下に広がるワインセラーは、VIPが訪れた際の迎賓の場としても使われる。

左下：ショップには「ソラリス」コーナーも。各タイプを試飲できる貴重な場。

右下：西畑撤平さんは、ブルゴーニュ、ボルドーで研鑽を積み、2016年帰国。マンズワインの若手のホープだ。

DATA

住所：〒384-0043　長野県小諸市諸375
TEL：0267-22-6341／FAX：0267-22-6336
アクセス：しなの鉄道小諸駅より車で10分　上信越道小諸ICより2キロ5分
定休日：年末年始
公式サイト：http://www.mannswine-shop.com/winery/komoro
E-mail：komoro@manns.co.jp

ワイナリー見学：可（9時～15時30分）テイスティングセミナー・ワイナリーツアーも不定期に開催
畑の見学：可　ワイナリーでの試飲：有（一部有料）
ワイナリーでの直接販売：有　併設レストラン「ラ・コモーロ」（11時～16時　季節により定休日が異なる）ブドウの種類：シャルドネ／信濃リースリング／ソーヴィニヨン・ブラン／カベルネ・ソーヴィニヨン／メルロ／浅間メルロー

St. Cousair Winery

サンクゼール・ワイナリー

30年前に西欧で感じた"田舎の豊かな生活"を実現すべく、ジャムやソース、デリカテッセンなどで知られる「サンクゼール」オーナー夫妻がスタートしたワイナリー。端正な山並みが望める丘には、レストランやショップ、チャペルなどが点在。のんびりとした時間が楽しめる。

サンクゼール・ワイナリーは長野県北部、斑尾山の麓にある。小高い丘の曲がりくねった坂道をぐんぐんのぼっていくと、左手にまるでカリフォルニアのワイナリーのようなエントランスが見えてくる。エントランスの前には小さなブドウ園、両側にはショップとレストランが併設されている。さらにエントランスをくぐるとそこには芝生のきれいな中庭が広がっている。休日には、そこでワインを飲んでくつろぐ訪問客も多い。このワイナリーには、訪ねる人がワインと食をともに楽しめる空間が用意されているのだ。

約30年以上も前、久世良三さんはフランスの銘醸地や田舎町を訪ね歩き、それぞれの土地に息づく食文化に触れた。そしていつか日本でもそんな場所をつ

メインの自社畑「大入ヴィンヤード」は標高650メートル。高山村や焼額山などを望む。かつては桑畑、リンゴ畑があった土地だ。

飯綱町の小高い丘の上にサンクゼールの施設が点在。社員手づくりのチャベルの隣には、ワイナリーレストラン。

くりたいと願った。土地を探し求め、1989年にはブドウ園を拓き、翌年にワイナリーを設立した。

　現在の自社農園の栽培面積は合計10ha。この生産規模のワイナリーとしては、かなり広い。自社農園は大きく3つの地区に分かれており、もっとも大きな大入ヴィンヤードは、ワイナリーから少し離れた丘陵地帯にある。標高は650メートルで、緩やかな南斜面に拓かれた一枚続きの7haの畑だ。チャペルヴィンヤードは、ワイナリーレストラン・サンクゼールの真下の急斜面の畑だ。これほどまでに斜度がきつい畑は日本ではあまり見られない。

　農場長の池田健二郎さんらが、自社農園で特に力を入れてきたのが、シャルドネだ。創業時から栽培が続いている樹もあり、そろそろ樹齢が30年に達しそうな古木もある。これらのシャルドネは樽の中で発酵させて、ヴィエイユ・ヴィーニュ（フランス語で古木という意味）のワインになっている。

　それぞれの地区における適した品種の可能性を探り続けており、大入ヴィンヤードの一部の区画では、2015年からはシャルドネを抜いて、カベルネ・フラ

キュベ・マユミ

価格：8000円（750㎖）
品種：カベルネ・フラン57%、ピノノワール43%ともに自社畑産
ブドウ産地：長野県上水内郡飯綱町100%
醸造：14〜16日間発酵させている。樽熟成20日間。
生産本数：850本

ピノ・ノワールの芳醇さとカベルネ・フランの柔らかさが見事に融合した1本。2品種の互いの良さを共存させるためのブレンド比率が、醸造家の腕の見所だ。オーナーの奥様の名前を冠した赤ワインは、やさしい口当たりで飲みやすく、しっかり感も合わせ持つ。

サンクゼール シャルドネ・ヴィエイユ・ヴィーニュ

価格：5000円（750㎖）
品種：シャルドネ100%自社畑産
ブドウ産地：長野県上水内郡
醸造：樽の中で0.5か月間発酵させ、その後、約1年樽熟成させている。
生産本数：4000本

フランス語の「古木」の名前のとおり、平均樹齢22年に達するシャルドネでつくった、実にサンクゼールらしい白ワイン。きりっとした酸味、洋ナシのような果実味豊かな香りを持つ。12〜15℃に冷やして、大きめのグラスで黄金色の味わいを楽しみたい。

北海道・余市／札幌／岩見沢／三笠／

山形・朝日／上山／南陽／高畠／

新潟・角田浜／越前浜／上越

長野・千曲川ワインバレー／日本アルプスワインバレー／桔梗ヶ原ワインバレー

山梨・勝沼／塩山／山梨／笛吹／甲斐／北杜

ンを植え始めており、17年もさらにこの品種の面積が増える予定だ。チャペルヴィンヤードでは17年から18年にかけて、現在栽培されている列の間にピノ・ノワールを植えていき、将来的にはピノ・ノワールへの切り替えを予定している。全体では白ワインが72％と圧倒的に多い。

ワイナリーがある飯綱町内三水地区は、かつて「さみずリンゴ」の産地としても日本一の生産量を誇った。町では、今でも苗を配って、クッキングアップルのブラムリーのような珍しい品種も育てている。ワイナリーはこれらのリンゴでシードルもつくっており、こちらも見逃せない。

左：エントランスの横にもワイン用ブドウ畑。白い塔のある建物には敷地内でつくられたワインやジャム、ソースなどが販売されるショップが入っている。
下：「醸造は"薄化粧"のイメージ。無理にボディをつくることはしたくありません」と池田さん。

眼下に美しい田園風景が広がるレストラン。休日には
ウェディングなども開かれる。

「信州サーモンのカルパッチョ　リンゴと白ワイン
のドレッシングで」。シャルドネとともに。

ワイナリーからの ひと言 Winery's Comments

ブルゴーニュに研修に行って、「ワイン＝畑なんだ！」と感銘を受けました。土地……気候や土壌を含めたいわゆるテロワール、ブドウ、してワインをつくる人の人柄の3つのバランスが取れて初めて、いいワインが生まれるのだ、とも実感しました。年ごとに天候が異なるから、僕たちは毎年1年生。ブドウたちがどう成長したら良いのか、常に畑と模索を続けています。そしてできるだけ、ブドウの畑、その産地の特徴を出したワインに仕上げたい。また、弊社のワインではあえてセパージュをうたっていません。ブドウ品種による先入観を持たずに、自由に楽しんでいただければと思います。

生産本部・ワイン製造部の池田健二郎さん。

DATA

住所：〒389-1201　長野県上水内郡飯綱町芋川1260
TEL：026-253-8002／FAX：026-219-3906
アクセス：しなの鉄道牟礼駅より車で5分　上信越道
信州中野Cより約10キロ15分
定休日：不定休
公式サイト：http://www.stcousair.co.jp
E-mail：info@stcousair.co.jp
ワイナリー見学：可（11時〜、13時30分〜、15時〜）

畑の見学：可（事前に要予約）
ワイナリーでの試飲：有（有料）
ワイナリーでの直接販売：有　併設レストラン「ワイナリーレストラン サンクゼール」（11時30分〜15時30分　ディナーは要予約　季節により定休日が異なる）
ブドウの種類：シャルドネ／メルロ／ソーヴィニヨン・ブラン

143

Wine Special Zone 新ワイン特区

日本一美しい村から日本一美味しいワインを

高山村に注目

近年、もっとも注目されているワインブドウの産地といってもいいかもしれない。イギリスやフランスで開催された国際ワインコンクールや国産ワインコンクールでの入賞を始め、高い評価を受けているのが、高山村のワインだ。

　長野県の北東部に位置する高山村は、かねてより人や自然に優しい環境保全型農業を推進しており、安心で安全な果物の産地として知られていた。年間降雨量が850ミリ前後と少なく、西傾斜に位置するため、日照時間も長い。さらに年間平均気温が11.8℃と気候は冷涼でワイン用ブドウの栽培に適した条件が揃っている。加えて、砂礫質で水はけの良い土壌でもある。この気候と風土は、フランスのブルゴーニュやシャンパーニュにも近いと言われている。そんな恵まれた条件を生かすべく、有志が集まり、2006年に「高山村ワイン研究会」を発足。生産、醸造、振興と3つの部会を設け、村

の特色を生かしたワインの普及を図ってきた。「世界に認められるワイン産地を目指して」という大きな志の下、長野県各地のワイナリーで経験を積んだ人々が集まり始め、ついには村を巻き込んでの大きなムーブメントとなったのだ。遊休農地の解消、農家所得の向上などにも取り組む。2011年には、小ロットでの生産ができる念願の「ワイン特区」も獲得した。シャルドネやソーヴィニヨン・ブラン、メルロが中心に栽培されているが、村内の標高差1000メートルという独特の地形を利用して、バルベーラやシラー、ピノ・ノワールの栽培も進められている。

信州たかやまワイナリー

高山村のワイン用ブドウ栽培者により設立されたワイナリー。村内の品質の高いブドウから高品質なワインをつくるとともに、世界のワイン産地と比肩できる醸造技術者の育成及び、地元振興、活性化を目指す。

　2016年9月末に認可を受け、稼働を始めたばかり。村内ブドウ生産者が中心となり、村や村内外のパートナーなど様々な協力を得て完成したワイナリーには、高山村ワインへの熱い希望が託されている。取締役執行役員で醸造責任者の鷹野永一さんは、大手ワインメーカーを退職後に高山村へ。ワイン産地形成に向け、「いいつくり手」・「いい飲み手」・「いいワイン」をキーワードに尽力している。ワインづくりだけでなく村内にワインづくりを目指す研修生も受け入れて技術的、人的育成もしている。志高い若者の人材育成もワイナリーの大きな柱の一つだ。

左：醸造責任者の鷹野永一さん。人材育成もワイナリーの目標だ。　右：小ロットでの仕込みにも対応可に能。

DATA

住所：〒382-0823　長野県上高井郡高山村大字高井字裏原7926
TEL・FAX：026-214-8726
アクセス：長野電鉄須坂駅より車で30分　上信越道須坂長野東ICから11キロ30分
ワイナリー見学など：不可
公式サイト：http://www.shinshu-takayama.wine
E-mail：info@shinshu-takayama.wine

カンティーナ・リエゾー

委託醸造のワインが評判を呼び、ついに自らのワイナリーを2015年秋に立ち上げた。イタリア種のバルベーラやドルチェットにも挑む、注目のつくり手だ。

生活に密着したワインづくりを、という湯本康之さん。

　高山村がワイン特区の指定を受けて以降、初めて誕生したワイナリーが湯本康之さんの「カンティーナ・リエゾー」だ。同じ長野県のサンクゼールで栽培・醸造の仕事をしてから、イタリア修業などを経て、2007年にこの地で独立。善光寺平と北アルプスを見晴らす、眺望が美しい場所にブドウ畑を拓いた。メルロ、シャルドネなどのほか、イタリア種のバルベーラにも挑戦している。16年からは念願の自社醸造がスタート。「子どもたちの世代にも伝えていけるワイナリーでありたい」と穏やかに語る湯本さん。家族経営の小さなワイナリーが未来に向けて、大きなスタートを切っている。

左：委託醸造時代のバルベーラ種「サクラサクラ」。幻の一本。　右：世界に向けたワインづくりが始まる。

DATA

住所：〒382-0823　長野県上高井郡高山村大字高井4217　TEL：非公開
アクセス：長野電鉄須坂駅より車で30分　上信越道須坂長野東ICから11キロ30分
ワイナリー見学など：可（事前に要予約）
公式サイト：http://www.cantinariezo.jp
E-mail：info@cantinariezo.jp

Yamabe Winery

長野県武道栽培発祥の地・山辺で醸し出されたナガノワインを

Nagano wines created in Yamabe, the birthplace of grape cultivation in Nagano

山辺ワイナリー

美ヶ原高原のふもとに広がる山辺地区。昼夜の大きな寒暖差、長い日照時間などの環境に恵まれ、明治初期からブドウ栽培が行われてきた。山辺を中心にした松本平産ブドウ100％を貫くワイナリーには、レストランや農産物直売所も併設。地元客も多く訪れる。

松本平を見下ろす標高650～780メートルにある自社ブドウ畑。信州で最初に食用ブドウの生産を始めた地としても知られている。

山辺ワイナリーがあるのは長野県松本市の山辺地区。一帯は薄川沿いに東西に延びる傾斜地で、南西に開けた斜面からは、広々とした松本平が見渡せる。ここは長野県におけるブドウ栽培発祥の地なのだ。1700年代、すでに山辺地区の農家の軒先では、ブドウが栽培されていたという。降水量は少なく、日照量が多い、そして水はけも良好。ブドウ栽培に適した条件が揃っている。

ブドウ栽培が盛んだったものの、この地も農家の高齢化問題に直面する。これに対して地元の農家たちが動き出したのがワイナリー設立のきっかけだ。この地区を管轄するJA松本ハイランド、地元企業、そして地元の生産者らが出資、第3セクターのワイナリーがスタートした。

ワイナリーでは「地元山辺を中心とした松本平のブドウのみでのワインづくり」をモットーとする。だからこそ創業

ヴァンドソレイユ

価格：2870円（375㎖）
品種：サンセミヨン 100%契約農家産
ブドウ産地：長野県松本市
醸造：ステンレスタンクにて6か月間発酵。樽で3年間熟成させている。
生産本数：1187本
（375㎖・2009年・2009年以降生産なし）

アプリコットやドライフルーツなどの香りに樽熟成ならではのバニラ香が見事なハーモニーを生んでいる。濃厚さの中にエレガントな甘さがただよう珠玉ワイン。干しブドウを使用した極甘口のデザートワイン。ブドウ収穫後、ワラの上で干してから発酵・樽熟に。

サンセミヨン

価格：1713円（720㎖）
品種：サンセミヨン 100%契約農家産
ブドウ産地：長野県松本市
醸造：ステンレスタンクにて2～3週間発酵。樽熟成なし。
生産本数：2781本（2015年）

ライムやレモンを思わせる清涼感のある香り。柑橘のイメージのある酸味とほろ苦さが調和しており、飲み飽きない味わい。サンセミヨン独特の果梗の苦みがワインに影響を与えないよう、細心の注意を払って収穫、果汁処理、発酵を行っている。

ワイナリーからの
ひと言
Winery's Comments

山辺地域のブドウ畑は標高650～780メートルの高地にあるので、ワイン醸造に適した酸味のある、味わいのしっかりとしたブドウが収穫されます。その原料のブドウは収穫後に低温庫に置いて、冷やしてから搾汁しています。ブドウを低温にすることで酸化酵素の活性化を抑制、ブドウ本来の持ち味を損なうことなく、フレッシュでフルーティな果汁を搾ることができるのです。弊社のワインは、すべて単一品種で醸造されたヴァラエタルワイン、品種の特性を楽しんでいただけると思います。

日本ワインが日々の暮らしに根付くのを願っています。工場長の遠藤雅之さん。

醸造用ブドウはナイアガラ、コンコードなど北米種が7割、欧州系が3割。醸造している様子はショップのガラス窓から見ることができる。

以来、海外産の濃縮果汁や輸入ワインは一切使っていない。

「ワインづくりは農業の延長線上にあるのが本来の姿なのです」と栽培醸造の責任者の遠藤雅之さんは語る。今となってはそれが山辺ワイナリーのワインに付加価値を与えている。

ワインには、欧州系品種と山辺地区特産であるデラウェアを始めとした、ナイアガラ、コンコードなどアメリカ系品種を使う。ワイン通と呼ばれる人たちは、とかく前者を偏重する傾向があるが、遠藤さんは、「価格は欧州系品種のほうが高いですが、どちらの品種が上だとも思っていません」と言う。その言葉が示すように、ワイナリーではナイアガラやコンコードを自社農園で育てている。ただし、今でも農家が持ち込むこれらの品種の加工所としての機能も残す。2007年、08年に拓かれた自社農園では、シャ

上：エントランス右手にある「ファーマーズガーデン」には、近隣の生産者から直接届く新鮮食材が並ぶ。

左：常時30銘柄以上のワインが試飲できるショップ。およそ40銘柄のワインが並ぶ。すべてのワインは松本平産のブドウ100％。

左上：ブドウの持ち味を最大限味わえるよう、ワインはすべて単一品種で醸造。原料ブドウの品種が記されたヴァラエタルワインのみを生産。

右上：「ファーマーズガーデン」では、食用ブドウのナイアガラ、デラウェア、巨峰も人気を集める。

ルドネ、ピノ・グリなど欧州系品種の栽培にも力を入れる。自社畑面積は現在1.2haになった。ちなみに平均樹齢16年の契約農園産ブドウを使ったシャルドネは、きれいな洋梨のような果実味が印象的でコストパフォーマンスも非常に高い。

　もうひとつ特筆すべきはサンセミヨンという品種への取り組み。山辺ワイナリーでは全国でも珍しい麦藁（むぎわら）ワインをつくっているのだ。使われていなかったビニールハウスを利用して藁の上で干した

ブドウでつくった「ヴァンドソレイユ」は、アプリコットの香りが芳醇でじつに魅力的。唯一無二のワインだ。

　栽培と醸造には、遠藤さんをリーダーに意欲的な2人の若手、北川美佳さんと小林和俊さんが取り組んでいて、将来も期待できる。

　目指すワインは、どんな品種にせよ、山辺の特徴である伸びやかな酸が感じられるワイン。美ヶ原を背景に松本平を見下ろす美しい山辺の景観を味わいに表現したいと、遠藤さんは語っている。

併設のレストラン「マリアージュ」からは、北アルプスの雄大な景観も堪能できる。ワインとイタリア料理のマリアージュをゆっくり味わいたい。

DATA

住所：〒390-0222　長野県松本市大字入山辺1315-2
TEL：0263-32-3644 ／ FAX：0263-32-3368
アクセス：JR中央本線、篠ノ井線松本駅より車で20分　長野道松本ICより8キロ25分
定休日：年始、1〜3月は木曜定休
公式サイト：http://www.yamabewinery.co.jp
E-mail：wine-ymb@mhl.janis.or.jp
ワイナリー見学：不可（但しワインショップの窓越しに見学可）
ワイナリーでの試飲：有
ワイナリーでの直接販売：有　併設レストラン「マリアージュ」（8時30分〜17時　木曜定休　季節によって異なる）
ブドウの種類：ナイアガラ／シャルドネ／ピノグリ／コンコード／メルロ／ピノ・ノワール／サンセミヨン／デラウェア／巨峰／黄韮／カベルネ・フラン／山ブドウ

親しみやすいワインが並ぶ、高原のお洒落なワイナリー

Azumino Winery, a chic highlands winery with a lineup of accessible wines

安曇野ワイナリー

内外に人気のエリア・安曇野の名を冠したワイナリーは、2008年に新しくスタートを切った。地元のブドウを大切にして、クリアなワインづくりに挑む。ブドウ畑の目の前にあるテラスやカフェも心地良い。併設工場の飲むヨーグルトもおすすめ。

日本アルプスワインバレーは松本市から安曇野市、そして大町市あたりまでをカバーする。そのなかの安曇野市の西側一帯は、北アルプスが迫り、緩やかな起伏の田園風景が続き、四季折々の光景が美しい土地だ。安曇野ワイナリーはこの安曇野市の南西の端に位置している。標高は700メートル、今でもほぼ毎年、ブドウ樹が冷害を受けるほど、気候は冷涼になる。

安曇野ワイナリーは、2008年、新たなワイナリーとしてスタートを切った。

そして今、2人の担当者のもと、着実に歩みを進めている。まず11年には、新矢美紀さんが栽培担当に就任、ワイナリーの前の自社畑の栽培を抜本的に見直した。この間、畑も拡大して自社農園は3haに達している。

「ともかく土を健全にしようと思いまし

メルロ 樽熟成
価格：3200円（750㎖）
品種：メルロ 100%契約農家産
ブドウ産地：長野県
醸造：ステンレスタンクにて発酵後、樽で12か月熟成させている。
生産本数：4000本（2015年）

濃いルビー色をたたえたミディアムボディの赤ワイン。やさしいアタックが印象的、柔らかな渋みと酸味のバランスが絶妙。14～18℃が飲み頃の温度。日本ワインコンクール2016欧州品種銀賞受賞ワイン。

シャルドネ シュール・リー
価格：2400円（750㎖）
品種：シャルドネ 100%契約農家産
ブドウ産地：長野県
醸造：ステンレスタンクにて発酵後、澱と一緒に貯蔵するシュール・リー製法をとる。樽熟成なし。
生産本数：6500本（2015年）

甘い柑橘系の香り。程よい厚みのある果実味にフレッシュな酸がアクセントを与えており、引き締まる。長野県のシャルドネの果実味がストレートに楽しめる仕上がり。6～10℃ときりっと冷やして楽しみたい。

上：迎えてくれるのはブドウ畑、そしてその先に瀟洒なワイナリーが。ヨーロッパの田園を思わせる佇まい。

左下：醸造担当の加藤彰さん（左）は地元出身、内川雄一郎さんとともにクリアなワインづくりに取り組んでいる。

右下：ショップの奥には風格あるワインセラーが。隅々に至るまで、視覚的、デザイン的に考えられた美しいワイナリーだ。

た」と新矢さん。まるで天地返しのように、土を掘り起こした。12年には、それまで使っていた除草剤も一切やめて、草生栽培に切り替えた。さらにブドウの房はグレープガードできっちり守り、完熟したブドウの収穫に努めた。こうした努力が実を結び、穫れるブドウは格段に良くなった。

一方醸造では、創業時以来ワイナリーで醸造に関わってきた加藤彰さんが、12年から全体を統括するようになった。「まだ手探りではありますが、完熟したブドウを活かしながら、長野県の他の地区とは異なる安曇野ならではのワインを目指します」と語る。

たしかに、13年、14年のボルドー系品種の赤ワインからは、かつて飲んだワインにあった青臭さが激減し、ベリー系の香りが感じられる。

ワインは赤、白がいずれも40％とほぼ同量生産。価格帯は2000円台が半分を占めており、次いで3000円から5000円未満のワインが多い。とりわけおすすめしたいのは、自社農園のシャルドネとメルロだが、紅玉を使ったデザートワインもおいしい。

左上：気軽に短時間でも利用できるよう、併設の
ショップはあえてカフェ形式に。
右上：ブドウ畑の中で、そのワインを味わう。ワイナ
リーを訪れる醍醐味がここに。
左下：2008年からスタートしたワイナリー。観光客
でにぎわうショップには、求めやすい価格のワインも
多い。

ワイナリーからの ひと言
Winery's Comments

「アプローチの坂道を下りてき
て、まずブドウ畑が目に入りそ
の奥に白いワイナリー。ワイン
同様、景観も大切にしています」（取締役総支
配人・小林龍義さん）。開放的なテラスも設け、
自由にワインや軽食を楽しめるつくりにした。
犬連れでも OK だ。「その人にとって " おいし
い " と思ってもらえるワインであればいい。価
格もお求めやすい設定にして、日本ワイン、ナ
ガノワインの消費の裾野を広げるきっかけにな
れば、と思っています」。

自社畑の前で古川健太郎さん（右）と竹田幸恵さ
ん（左）。

　ワイナリーにはブドウ畑を眺めながら
軽食が楽しめるテラス席やカフェも併
設。カフェでは、高山村のワイン用ブド
ウ栽培家兼生ハム職人でもある佐藤明夫
さんが北信州みゆきポークでつくった生
ハムを、ワイナリーのワインとともに楽
しめる。

DATA

住所：〒399-8103　長野県安曇野市三郷小倉6687-5
TEL：0263-77-7700 ／ **FAX**：0263-77-1877
アクセス：JR大糸線一日市場駅より車で15分　長野
道松本ICより12キロ25分
定休日：年末年始
公式サイト：http://www.ch-azumino.com/
E-mail：info@ch-azumino.com
ワイナリー見学：可（セラーのみ）、ワイナリーツアー
は無料（事前に要予約）

畑の見学：可
ワイナリーでの試飲：無料（4～5種類）、有料（4～
5種類）
ワイナリーでの直接販売：有　併設レストラン「カ
フェ」（9時～16時）
ブドウの種類：シャルドネ／メルロ／
カベルネ・ソーヴィニヨン

Azumi Apple

「地元で育ったブドウを地元で醸す」を身上に

Boasting local manufacture using locally nurtured grapes, the Swiss-Mura Winery offers the Azumi Apple brand of wine among others

あづみアップル（スイス村ワイナリー）

観光客でにぎわう施設の中にある、実力派ワイナリー。進化し続ける日本ワインの5年先、10年先を見据えながら、真摯なワインづくりを続けている。地元・安曇野の食材を使った和食にも合う、「地産地消」型ワインを目指す。

ピノ・ノワール　プルミエ青木原

価格：2200円（750㎖）
品種：ピノ・ノワール100%
契約農家産
ブドウ産地：長野県池田町青木原
醸造：ステンレスタンクにて5週間発酵後、樽で10か月間熟成。
生産本数：500本

ラズベリーのような赤系の果実の香り。果実味と程よい渋みとフレッシュな酸が調和したミディアムボディ。14〜16℃が適温。畑は、北アルプスを西に眺める標高600メートル前後の緩斜面に。降雨量も少なく、日照時間も長いエリアに育った樹齢28年のブドウの木から収穫。

ソーヴィニヨン・ブラン　ドゥジェム

価格：1650円（720㎖）
品種：ソーヴィニヨン・ブラン100%
契約農家産
ブドウ産地：長野県池田町青木原
醸造：ステンレスタンクにて1か月間発酵後、樽で10か月間熟成。
生産本数：8500本

グレープフルーツのような柑橘系の香りが豊かに溢れている。しっかりした果実味に生き生きとした酸がアクセントを与えていて、フレッシュで爽快な味わい。とても1000円台とは思えない抜群のコストパフォーマンス!!　日本ワインコンクール4年連続銀賞受賞の快挙。

　スイス村ワイナリーは、長野自動車道の安曇野インターチェンジ近くの観光施設、「安曇野スイス村」に併設されている。ロケーションやワイナリーの名前を見ると、一昔前の、品質は二の次の土産物ワインのワイナリーだと軽視されがちだ（設立当初、ワイナリーからの北アルプスの眺望が美しくスイスのようだとこの名前がついた）。しかし侮ってはいけない。ここのワインを飲んで、そのおいしさに驚く人がじつに多いのだ。

　確かに当初は、スイス村ワイナリーはリンゴを加工するジュース工場としてスタートを切った。ワイナリーにもかかわらず、「あづみアップル」なんていう名称がついているのはそのためで、今も売上の半分以上はジュースが占める。

　とはいえこの10数年間、同ワイナリーは着実にワインづくりの土台を築いてきた。大手が投げ出した畑や農家が見れなくなった畑を次々と引き受けて、2011年時点で0.3haだった自社畑は2haにも増えた。醸造方法も改善を重ねた。

　畑は5か所に点在している。例えば、池田町青木原の畑は西斜面で標高は600メートル。ここではシャルドネ、ソーヴィニヨン・ブラン、ピノ・ノワールなどが栽培され続けてきており、それ

長野県池田町青木原の畑。れき質が多く、水はけも良好。目の前には北アルプスの雄姿が望める。

左：地元の風土で育ったブドウを地元で醸す。地域と歩むワインづくりが身上。
右：安曇野インター近くのワイナリーのショップには、ワインや土産物が並ぶ。

ワイナリーからの**ひと言** Winery's Comments

北アルプスのふもと・安曇野で「ワインは農産物である」を軸足に、「栽培者と醸造家の熱い思いを込めた1本を消費者のみなさまに伝えることができるワインづくり」を基本姿勢にしています。ラベルにはブドウの産地、品種名、収穫年を記載。急速に進化しつつある日本ワインのレベルアップに対応すべく、各種の研究・開発も地道に重ねていく所存です。地元のみなさんとともに「地産地消」に貢献していきたいと思っています（管理課課長・石澤喜則さん）。

青木原の生産組合長・立野さん。

それ平均樹齢が28年を超える。とりわけソーヴィニヨン・ブランを100％使った「ソーヴィニヨン・ブラン　ドゥジェム」は香り高く、とても1000円台とは思えない傑出した品質。他にも1000円台のコストパフォーマンス抜群のワインが揃っている。

DATA

住所：〒399-8201　長野県安曇野市豊科南穂高5567-5
TEL：0263-73-5532／FAX：0263-71-1310
アクセス：JR大糸線柏矢町駅から車で5分　長野道安曇野ICより5キロ5分
定休日：1月1日。他は不定休
公式サイト：http://www.swissmurawinery.com
E-mail：info@swissmurawinery.com

ワイナリー見学：可
（通路より瓶詰の施設を見学　9時〜17時）
畑の見学：要相談
ワイナリーでの直接販売：有
ブドウの種類：ソーヴィニヨン・ブラン／シャルドネ／ピノ・ノワール／メルロ／ブラック・クィーン

Goichi Wine

創業100年余、塩尻を代表する老舗ワイナリー

Goichi Wine is produced at Shiojiri City's famous and long-established winery, where Hayashi Noen has been making wine for over a century

林農園 五一わいん

日本ワインの聖地のひとつともいえる信州・桔梗ヶ原。その地にワイナリーを構えて1世紀余。自社農園産ブドウ100％のエステートシリーズから、地元ブドウに特化した塩尻シリーズ、甘味果実酒まで幅広いラインナップを誇る老舗だ。

エステートゴイチ メルロ

価格：2517円（720㎖）
品種：メルロ100％自社畑産
ブドウ産地：長野県塩尻市
醸造：ステンレスタンクにて3〜4週間発酵後、樽で約20か月熟成
生産本数：8300本（2014年）

柔らかい渋みとやや高めの酸が調和した香り高いワインに仕上げている。飲み頃は18〜20℃。肉料理やビーフシチューなどと合わせたい。複雑性を加味するために5つのロットで発酵させ、異なる酵母で異なる発酵期間を与え、樽熟成。最終的にブレンド。

エステートゴイチ シャルドネ

価格：2000円（720㎖）
品種：シャルドネ100％自社畑産
ブドウ産地：長野県塩尻市
醸造：培養酵母約3〜4週間・ステンレスタンク、樽熟成約7か月
生産本数：1万本（2015年）

樽熟成をさせることで生まれるバニラやほのかなトーストの香りに果実の香りが一体となっている。ふくよかな味わいと酸度とのバランスのいい辛口の白ワイン。スモークチーズやローストチキンなどに。長野県原産地呼称管理制度認定ワイン。

　長野県で初めてワインづくりが行われたのは、松本盆地南端の桔梗ヶ原においてだ。その14年後の1911年、林五一さんは、この地に移り住み、ブドウなどさまざまな果樹の栽培を始めている。これが林農園の創業になる。ワイン醸造は、さらに8年後、19年に開始。すでに約100年のワインづくりの経験がある長野県現存のもっとも歴史の長いワイナリーになる。

　その後70年代、甘味果実酒の原料産地として続いていた桔梗ヶ原が大きな転換期を迎えたとき、重要な役割を果たしたのが、2代目の現在の代表取締役社長、林幹雄さんだった。メルロの可能性を示した彼の発言が端緒になって、大手メーカー2社が桔梗ヶ原の農家にメルロの栽培を推奨するようになったのだ。これをきっかけに桔梗ヶ原ではメルロの栽培面積が拡大。今やメルロの産地として、日本中から注目されるようになった。それだけではない。長野県がメルロの栽培で6割以上を占めるようになっている。ワイナリーの自社農園の片隅には、樹齢57

右ページ上：長野県でいち早くスマート・マイヨルガー方式を取り入れた。

右ページ下：創業1911年。塩尻ワインを牽引してきた老舗ワイナリー。

157

樹齢57年、長野県下最古の古木メルロ。樹液が凍って割れるため、幹にはうねりやひび割れが見られる。林農園を見守ってきた大切な1本。

年に達しているとみられるメルロの古木が今も残っている。

　また幹雄さんは、桔梗ヶ原のブドウ栽培においても多大な貢献を果たしている。スマート・マイヨルガーという棚仕立て方式を開発したのだ。現在、桔梗ヶ原の多くのブドウ栽培農家がこの仕立て方式を採用している。

　ワイナリーの醸造場の見学はできないが、その奥に広がる自社農園は見学可能。畑では、メルロはもちろん、赤ワイン用には、シラー、カベルネ・ソーヴィニヨン、カベルネ・フラン、ピノ・ノワールが、白ワイン用にはシャルドネ、ソーヴィニヨン・ブラン、ケルナー、セミヨンを栽培している。

　桔梗ヶ原においても農家の高齢化問題は深刻で、林農園も、近年畑の拡大に乗り出した。2010年には、柿沢に新たに5haの畑を拓き、自社農園は14haに達している。一方契約農家の数は約100軒になる。

　年間生産量は70万本。井筒ワインとともに、アルプスワインに次ぐ、長野ワインの双璧をなす。

左：ブドウ畑の随所に植えられたバラには、アブラムシの発生のチェックの役割も。

上：ブドウ畑の見学は自由。基本的には棚式栽培、「若い者がやりたいというので」（幹雄さん）、一部は垣根式に。

ワインは、赤が全体の50％、白が45％を占める。価格帯では、全体の約8割が1000円台と手頃な価格のワインが揃う。特筆すべきは、1000円以下のワインが2割強も占めていることだ。しかし一方で、3000円以上のワインが全体の10％、5000円以上のワインでも6％ある。これは、世界でも珍しい、シャルドネの「貴腐ワイン」がこのワイナリーでつくられているからだ。

畑には、世界最大の房といわれるシリア原産のブドウ「ネヘレスコール」も。エジプトの壁画にも登場するという品種。

上：フランス産の樽で熟成中のメルロ。22〜24か月熟成させ、瓶に詰められる。
下：大正時代の蔵をベースにした醸造所。年間生産量は70万本。

ワイナリーからの ひと言 Winery's Comments

「良いワインは良いブドウづくりから。これがわが社のモットーです」と林 幹雄社長。自社畑で新たにブドウを栽培する際には、どのような品種でどのようなクローンの系統であるか、を重視しながらセレクト。ニュージーランドや山梨、山形の苗木なども植え、10年スパンでワインづくりを考えていくという。栽培にオーストラリアのスマート・マイヨルガー方式をいち早く取り入れたのも林社長。創業105年を過ぎても、常にチャレンジの気持ちを持って、ワインづくりに挑んでいる。

毎日、自社畑をチェックする林 幹雄さん。

DATA

住所：〒399-6461　長野県塩尻市大字宗賀1298-170
TEL：0263-52-0059 ／ FAX：0263-52-9751
アクセス：JR中央本線塩尻駅より車で5分
長野道塩尻ICより4キロ10分
定休日：年末年始
公式サイト：http://www.goichiwine.co.jp
E-mail：info@goichiwine.co.jp

ワイナリー見学：不可
畑の見学：可（8時30分〜17時）
ワイナリーでの試飲：有（無料・一部有料）
ワイナリーでの直接販売：有
ブドウの種類：シャルドネ／ソーヴィニヨン・ブラン／ケルナー／セミヨン／メルロ／シラー／カベルネ・ソーヴィニヨン／カベルネ・フラン／ピノ・ノワール

Izutsu Wine

みなに広く親しまれる適正なワインづくりを

Izutsu Wine, providing the optimal in accessible wines for a wide range of connoisseurs

井筒ワイン

1933年の創業以来、ブドウ農家もワイナリーも消費者も、みなが喜ぶワインを心がけている。長野県産ブドウ100％のNAC（長野県原産地呼称管理制度）認定品シリーズも好評。ブドウ品種、価格帯、ボトルのサイズといずれも多彩に揃えたワインのラインナップは、老舗ならではの貫録だ。

上：1933年創業の老舗ワイナリー。塩尻ワインを代表する一軒。

右：ブドウやワインに合わせ、垣根栽培と棚栽培を併用。適地適作を心がける。

NAC メルロー［樽熟］

価格：3690円・税込（720㎖）
品種：メルロ100％
（自社畑産5.8％、契約農家産94.2％）
ブドウ産地：長野県塩尻市
醸造：ステンレスタンクにて発酵後、樽内でマロラクティック発酵。新樽比率2/3で18か月間熟成（年によって新樽比率、樽熟期間は異なる）
生産本数：5952本（2013年）

クローブや花、肉などの複雑な香りが特徴。果実の風味が豊かで、力強いボディも飲みごたえあり。細やかなタンニンが溶け込み、長い余韻。鰤の照り焼きなど醤油系料理と相性よし。棚栽培100％で育てたメルロを手摘みで収穫。

NAC シャルドネ

価格：1520円・税込（720㎖）
品種：シャルドネ100％
自社畑産94％、契約農家産6％
ブドウ産地：長野県塩尻市
醸造：ステンレスタンクにて発酵。マロラクティック発酵なし。澱と6か月間貯蔵するシュール・リー後瓶詰め。
生産本数：7641本（2015年）

やや濃いめの麦わら色。洋梨のようなフルーツの香りが立ち上る。スムースな質感で果実味がストレートに感じられるやさしい飲み心地。比較的いろいろな食事と合わせやすい。コストパフォーマンスの高い1本。

長野県の松本盆地の南端にある桔梗ヶ原。ここは5万年前に奈良井川によって扇状地が段丘化した土地で、一帯にはブドウ棚が広がっている。標高は700メートルで気候は冷涼、さらに水はけが良いというブドウ栽培に適した条件が揃っている。

塩尻ICから19号線を名古屋方面に走り、桔梗ヶ原の交差点を右折すると、すぐに右手に三角の屋根の茶色の建物が見えてくる。これが井筒ワインだ。

創業は1933年。海外原料には手を出さず、しかも北海道のようなスケールメリットもない長野県で、年間約80万本

前後のワインを生産し続けるのは並大抵のことではなかったはずだ。

　90年代後半の赤ワインブームの際に、たとえワイナリーに売るものがなくなっても、社長の塚原嘉章さんは、「ワインづくりは地元に根ざしたものだ。私たちは桔梗ヶ原のブドウでワインをつくり続ける」と理念を貫いた。そして、その理念のとおり、ワイナリーのブドウ原料はすべて自社農園と130軒の契約農家のものになる。

　84年の歴史を持つ井筒ワインにも、新たな変化が生まれている。2011年には8.6haだった自社農園が今や2倍以上

目印は三角屋根。社屋の北側を始め、近隣エリアに自社畑を多数所有。

上左：ピノ・ノワールほかサンジョベーゼ、ビオニエ、シラー、シュナンブラン……。ブドウ品種は実に多彩。

上右：搾ったあとのブドウかすも自社で保管・発酵させ、堆肥にして、ブドウ畑へ「返す」。

下左：ブドウ原料はすべて自社農園と契約農家から。9月中旬には仕込みもピークに。

下右：「気候が変われば、育成するブドウ品種が変わるのも当然で柔軟に考えなければ」と栽培係長の齋藤伝さん。

の19haになり、さらに拡大していく方針だ。これには農家の高齢化を考慮したことも背景にあるが、近年の欧州系品種の人気も大きく影響している。今までは桔梗ヶ原右岸の上段、中段、下段に点在した畑が、最近は左岸の岩垂原にまで広がった。仕立ても垣根仕立てが中心になった。栽培品種は30品種に達している。

こうした動きの要になっているのが、醸造責任者の野田 森さんと栽培責任者の齋藤伝さん。2人はそれぞれの土壌の特徴を見極めながら、適した品種を植え付け、栽培方法を改善しつつ、より高品質なワインづくりを目指しているのだ。

80万本のワインのラインナップで86％を占めているのが2000円以下のワイン。さらにうれしいことに1000円以下のワインも揃う。こうしたワインの大半は、主力品種のナイアガラとコンコードといったアメリカ系品種だが、野田さんによると、近年ゆるやかに減少傾向に

左：入口右手にあるショップには、親しみやすい価格のワインも並ぶ。

上：一升瓶に入ったワインは、昔から地元の宴会に欠かせない。

あるという。事実、「長野県原産地呼称管理制度」によって認定されたNACシリーズにはシャルドネ、メルロを使った1000円台のワインもある。いずれも抜群のコストパフォーマンスでワイナリーの人気商品だ。

2015年から17年にかけて、醸造施設も刷新しつつある。自社農園も拡大、醸造施設も変わるのだ。新生井筒ワインのますますの品質向上が楽しみだ。

ワイナリーからの
ひと言
Winery's Comments

白・赤合わせて30種類以上を栽培。桔梗ヶ原、岩垂原、奈良井川地区で生育ステージに合わせた栽培管理を行っている。「地域に根差す企業」をモットーとしているだけに、昔ながらの「地ブドウ」ナイアガラやコンコードにも力を入れている。「夏ならば、ナイアガラはきんきんに冷やしても美味。フレッシュな果実を使ったタルトと合わせるのもおすすめです。コンコードは醤油系のお料理と相性抜群。気軽に、デイリーに楽しんでください」（齋藤 伝さん）。

地下のセラーで、醸造責任者の野田 森さん。

DATA

住所：〒399-6461　長野県塩尻市大字宗賀1298-187
TEL：0263-52-0174 ／ **FAX**：0263-52-7910
アクセス：JR中央本線塩尻駅よりバス・車で5分　長野道塩尻ICより4キロ約10分
定休日：年末年始
公式サイト：http://www.zutsuwine.co.jp
E-mail：office@izutsuwine.co.jp
ワイナリー見学：可（4月〜8月末の平日のみ　地下見学）

ワイナリーでの試飲：有
ワイナリーでの直接販売：有　毎年5月中旬には、塩尻ワイナリーフェスタにも出店。
ブドウの種類：シャルドネ／ナイアガラ／ケルナー／セミヨン／ピノ・ブラン／コンコード／メルロ／マスカット・ベーリーA／カベルネ・ソーヴィニヨン／カベルネ・フラン　など

北海道・余市／札幌／岩見沢／三笠／

山形・朝日／上山／南陽／高畠／

新潟・角田浜／越前浜／上越／

長野・千曲川ワインバレー／日本アルプスワインバレー／桔梗ヶ原ワインバレー／

山梨・勝沼／塩山／山梨／笛吹／甲斐／北杜

Kusunoki Winery

和食に寄り添う健やかなワインを
Kusunoki Winery, bringing you healthy wines that are ideal with Japanese cuisine

楠わいなりー

果物王国・長野の中でも、指折りの産地として知られる須坂市。サラリーマンだった楠 茂幸さんが、故郷・須坂でワインづくりを決意してから 10 余年。現在はワイナリーも構え、市内の 20 か所に畑が点在する。「和食に寄り添う」ことを意識しながら、ワインづくりに取り組んでいる。

メルロー
エテルネル・ロマンチック
価格：4000円（750㎖）
品種：メルロ 100%自社畑産
ブドウ産地：長野県須坂市
醸造：ステンレスタンクで 2 週間発酵後、、樽で熟成。
生産本数：3000 本（2014 年）

キャノピーディヴィジョンを行い、光合成率の向上も心がけた。赤や黒系の果実味のある味わい。肉料理全般、特にハーブを使ったグリルに。治部煮など醤油味の煮物にも寄り添う。ブドウは、除草剤を使わず、無堆肥、草生栽培で管理。

日滝原
価格：2600 円（750㎖）
品種：セミヨン 80%、ソーヴィニヨン・ブラン 20%いずれも自社畑産
ブドウ産地：長野県須坂市
醸造：ステンレスタンクで 2 週間発酵。樽熟成なし。
生産本数：2000 本

リンゴや梨の皮のような香りが感じられる。きりっとした酸が支えるふくよかな果実味を持つ1本。ボディは中程度。フレッシュなニュアンスも持ち合わせる。海鮮をはじめとした日本料理全般と相性が良い。

果物王国として知られる
長野・須坂で2004年に
スタート。緑の中に溶け
込むような、ナチュラル
な趣のワイナリーだ。

　善光寺平の右側、千曲川の右岸には、この川に流れ入る支流によって、緩やかな傾斜を持つ大きな扇状地がいくつも形成されている。その中のひとつ、須坂市、高山村あたりの大きな扇状地は「日滝原」と呼ばれている。かつては稲作には向かず、どうにか桑だけが育てることができた。しかし今は、この水はけの良い痩せた土地がワイン用ブドウの栽培地として注目されるようになっている。

　楠わいなりーの楠茂幸さんが第二の人生としてワインづくりに踏み出せたのも、この一帯のポテンシャルに確信が持てたからだった。じつは楠さんは異業種

枝の重なり、葉の重なりを少なくし、
一枚の葉に受ける日照時間が長くなる
ように配慮して育てている。

醸造は2011年に開始。ワイナリーの地下の熟成庫と貯蔵庫。

自社畑は周辺に20か所。品種別に分けて栽培をしている。

から転職してワインづくりを始めたのだ。

40代を過ぎた頃、航空機リースの営業職だった楠さんの脳裏に浮かんだのは「この先本当に送りたい人生は何か」という問い。

「生まれ育った長野のような自然豊かな環境の中で暮らし、自分の知識や経験を活かしながら、自らの手で何かを創造し、それが形に見えてくるものは何だろう？　悩んだ末に行き着いた答えがワインでした」と楠さんは話す。ワインづくりを自分自身で手がけたいという思いは日に日に強くなった。資金面など不安は尽きなかったが、「20年後、あのときやっておけばと後悔したくない」と決断。まずはワイナリーを始める前に、理論と実践を重ねようと、世界的にもトッププレベルのオーストラリアのアデレード大学で2年間栽培と醸造を学んだ。

自分がワインづくりをする須坂の水はけの良さはわかっていたので、さらに気候条件も調べてみた。その結果、うれしいことにブドウの生育期間の補正気温がボルドー地方と似通っていることがわかった。その後、さまざまな困難を乗り越えて、とうとう2011年ワイナリーでの醸造が始まった。

そんな楠さんにとって、ワインが上質なことは大前提だが、つくりたいのは日本の食に寄り添うワインだという。また、彼のワインが飲み手の傍らにあって、飲むことで飲み手が安らぎを得られることも願っている。確かに楠さんのワインは濃厚さや強さを追求したワインとは一線を画している。メルロの赤ワインも、あえてシャルドネではなくセミヨンでつくられた白ワインも、柔らかで温か

「おいしいスパークリングがあると、それだけで楽しいですよね！」（楠さん）。色合いも美しいキャンベルアーリーのスパークリングを醸造中。

試飲と販売スペースを兼ねたショップ。
「和食に合うワイン」がキーワードだ。

それぞれのエチケットも楽しくキュート。
楠さんのセンスとウィットが光る。

みのある味わいが心に残る。こうしたワインは2000円台が7割ほどを占めているが、いずれもコストパフォーマンスは高い。

　決して雄弁に語る人ではない。しかし、ワインをじっくり味わってみると、楠さんの人となり、彼のワインと人への温かい思いが浮かび上がってくるようだ。

ワイナリーからの ひと言 Winery's Comments

「日本のブドウには、棚栽培があっているのでは……と思い始めて、ここ数年は棚栽培と垣根栽培を併用しています。棚栽培だと一枚の葉に日光が当たる時間が長いし、風も通りやすい。ブドウ栽培は常に試行錯誤ですね」と楠さん。「どんな苦労があっても、いいワインが完成したときの喜びの方が勝ります。これからもブドウそれぞれの品種特性、個性を持ちながら、日本の料理に優しく寄り添う"健やかなワインづくり"を目指していきたいと思います」。

栽培も醸造も手掛ける楠 茂幸さん。

DATA

住所：〒382-0033　長野県須坂市亀倉123-1
TEL：026-214-8568／FAX：026-214-8578
アクセス：長野電鉄須坂駅より車で15分　上信越道
須坂長野東ICより8キロ15分
定休日：木曜日
公式サイト：http://www.kusunoki-winery.com
E-mail：kusunoki@kusunoki-winery.com

ワイナリー見学：一部可
畑の見学：一部可
ワイナリーでの試飲：ショップにて可
ワイナリーでの直接販売：有
ブドウの種類：シャルドネ／セミヨン／
ソーヴィニヨン・ブラン／リースリング／メルロ／
カベルネ・ソーヴィニヨン／ピノ・ノワール

栽培品種 ピノ・ノワール、ピノ・グリ、カベルネ・ソーヴィニヨン、メルロー
栽培方法 スマートマイヨルガーシステム

栽植図

メルロー	カベルネ・ソーヴィニヨン	ピノ・ノワール	ピノ・グリ

品質至上主義ゆえの超少量生産

ひたすらブドウと向き合う
日本のヴィニュロン（つくり手）たち

黙々とブドウを育て、ひたすらワインと向き合う日々を送っているつくり手たちがいる。生産量が限定されていることもあり、あえて販促活動を行わずとも彼らのワインは瞬く間に完売する。彼らが歩くワインづくりの道を少しだけ辿ってみよう。

　自らブドウを育てることを何より大切にして、ワインをつくる日々を送るつくり手たちがいる。彼らは、「ワインメーカー」と呼ぶより、「ヴィニュロン」と呼ぶのがふさわしい。ヴィニュロンはフランス語で、自ら育てたブドウでワインをつくるつくり手を意味する。

　こうしたヴィニュロンの中には、あえて積極的に自分たちのワインやワインづくりの考え方をアピールしなかったり、いわゆる販促活動は皆無に等しいつくり手もいる。生産量が限定されていること、あるいは人気沸騰で販売と同時に注文が殺到してワインが完売してしまうことが

理由のひとつだろう。ひょっとしたら彼らは、そうした外野の声が聞こえないところで、ただ静かにワインに向き合いたいと思っているだけなのかもしれない。

　例えばドメーヌ・ナカジマの中島 豊さん。25歳のとき、ワインに魅せられて、ワインの原料となっているブドウの樹を見たいとフランスを訪ねるようになった。そして、こんな気持ちの良いブドウ畑で一生を送れたらなと思ったそうだ。

　長野県東御市に移住。偶然にも同市田沢地区の南向きの急斜面を借りられて、カベルネ・フランとシュナン・ブランを植えた。30aだった畑は、現在1.4haに

上：中島 豊さんはフランス・ロワール地方のワインと同じ品種でワインをつくる。

南向きの急斜面の畑には畝がつくられており、ブドウたちはやや水分不足の状態で育つ。収穫量は少ないが、病気に掛かりにくくなり凝縮が増す。無化学合成農薬で除草剤は撒かず、畑でも余計な介入はしない。

醸造を始めてから培養酵母を1回も使っていない。亜硫酸も極力減らす。カベルネ・フランはブルゴーニュ在住のマスターオブワインがブラボーと大絶賛。陰干しした巨峰でつくった微発泡酒は亜硫酸無添加。

なっている。畑は急斜面にも関わらず、除草剤は撒かず化学合成農薬は使わない。毎年収穫時期に自生酵母による発酵を行っているココ・ファーム・ワイナリー、ドイツのフーバー醸造所、フランスのロワール地方のボワリュカで住み込みの修業を重ね、2014年ワイナリー設立に至った。ワインはいずれも日本ワインではあまり多く見られない品種だが抗しがたい魅力が宿る。「ブドウ畑のある田舎の風景を守り、その風景を写し取ったワインの完成度を高めていきたい」と中島さんは静かに語る。

城戸亜紀人さんが長野県塩尻市にワイナリーを立ち上げたのは中島さんがワイナリーを設立する10年前。Kidoワイナリーは、資金的に何の後ろ盾もない一個人が独立して立ち上げたワイナリー第一号と言っていいかもしれない。

設立以来13年が過ぎたが、彼のワインづくりへの向き合い方にはほとんどブレがない。日本ワインのイベントが各地で開かれるようになったが、そうした場に彼が出てくることはなく、黙々とひとりワインをつくり続けてきた。とはいえ、つくりには少しずつ変化が見える。栽培では自社畑が増えた。また醸造ではピノ・グリとリースリングを除き、自生

ドメーヌ・ナカジマ

ドメーヌ・ナカジマ カベルネフラン

価格：2015 ヴィンテージ 5500 円（750㎖）
品種：カベルネ・フラン 88%（自社畑産）／メルロ 12%（ウイヤージュ分）（自社畑産）
ブドウ産地：長野県東御市田沢地区
醸造：自生酵母による醸し 5 週間発酵。古樽 12 か月熟成
生産本数：カベルネ・フラン 600 本（2015 年）

青臭さなど微塵もなく、凝縮した果実味は深みも持ち合わせ、同時に瑞々しい。長く続く余韻が芳醇。冷涼な土地のカベルネ・フランの魅力の真骨頂。

DATA

住所：〒389-0505　長野県東御市和4601-3
TEL：0268-64-5799 ／ **FAX**：0268-64-5799
アクセス：しなの鉄道田中駅よりバス・車で15分
上信越道東部湯の丸ICより10分
営業日：ワイナリー直売店はGW〜7月末までの土・日曜に限り11時〜16時まで営業
生産本数：7000本（2015年）750㎖換算
公式サイト：http://d-nakajima.jp
E-mail：info@d-nakajima.jp

左：城戸亜紀人さんは塩尻産ブドウを使った「桔梗ヶ原メルロー」に衝撃を受けこの地でのワインつくりを決めた。

右：ワイナリーの前でさまざまな品種を栽培。ワインの販売は抽選で発送販売。応募期間は7月下旬から8月上旬。

右：温度管理され清潔感溢れる樽庫には約60個の樽の中でワインが眠っている。
左：城戸さんの畑は「桔梗ヶ原」と呼ばれる河岸段丘の上段にある。

Kido ワイナリー

城戸プライベートリザーブ ピノ・グリ

価格：3700円（750㎖）
品種：100％（自社農園）
ブドウ産地：長野県塩尻市宗賀
醸造：培養酵母・3週間
ステンレス発酵
ステンレスタンク樽熟成
生産本数：1077本（2014年）

洋ナシを思わせる芳香に口中で感じるたっぷりとしたふくよかさ。豊かな果実味とほんのわずかな苦みが織りなすハーモニーに陶然とさせられる。

DATA

住所：〒399-6461　長野県塩尻市大字宗賀1530-1
TEL・FAX：非公開
アクセス：JR中央本線塩尻駅より車で8分　長野道塩尻ICより7キロ約15分
ワイナリー見学：不可　**ワインの直売所**：なし
ワインの試飲：なし
定休日：常時クローズ
生産本数：2万8000本（2015年）　750㎖換算
公式サイト：http://www6.plala.or.jp/kidowinery/
E-mail：非公開

酵母による発酵に委ねるようになった。また小さなことを少しずつ積み重ね、ブドウや果汁に出来る限り負担をかけないつくりができるようになっている。当たり前のことのようだが、最近の彼のワインの安定感抜群のおいしさを体感すると、ワインづくりにはこうした積み重ねが不可欠なのを実感するだろう。白も赤も、まさにほれぼれするようなおいしさだ。

小布施ワイナリーの曽我彰彦さんは、前の2人と異なりワイナリーの後継者としてワインづくりの道に入る。後継者ならではの悩みもあったかもしれない。しかし変わらず、曽我さんの中にあるのは、将来を見つめる眼差しと飽くなき探究心をもって栽培と醸造を突き詰める姿勢だ。今でこそ温暖化を視野に入れ、さまざまな品種を育てるつくり手が増えてきたが、彼は10年以上も前にそうしたことに本気で取り組んでいた。現在しなやかな味わいのプティ・ヴェルドの赤ワイン、陶然とするほど香り高いアルバリーニョ、プティ・マンサンの白ワイン

上：水はけ抜群の自社農園ムラサキヴィンヤード。病気にかからぬように、一房ずつ手作業で傘懸けを実施している。
右上：醸造所の前のゲストハウスは古民家再生。
右下：畑の土壌の状態を見て、区画分けして、区画ごとに仕込むようになっている。ワインにはテロワールの違いが如実に現れている。
左：曽我彰彦さんは、栽培品種も栽培方法も醸造方法も疑問を抱いたら、とことん手を尽くして調べ検証していく。

があるのは、そうした積み重ねがあってのことだ。最近は日本と同様に比較的雨の多いフランス南西部の地場品種の研究に余念がない。

曽我さんは日本で欧州系品種のブドウ畑で有機認証を取得した唯一の生産者でもある。認証をとったからには、どんな悪天候の年でも化学合成農薬を撒くことはできない。そんな覚悟を持った曽我さんは、かえって「自然」という言葉は使わなくなった。有機認証取得の畑のブドウでつくられたワインのラベルには、あえて化学合成農薬不使用という意味で「サンシミ」と記されている。

3人のヴィニュロンたちのワインは、いずれも入手は困難だが、海外のジャーナリストたちをも唸らせる。日本ワインの実力は、そんな彼らによっても支えられている。

小布施ワイナリー

ドメイヌソガ ヴァンサンシミプティヴェルド

価格：4000円（750㎖）
品種：プティ・ヴェルド 100%（自社農園）
ブドウ産地：長野県上高井郡
醸造：樽熟成
生産本数：1200本（2014年）

しっとりした黒系の果実の香りと奥行きのある味わいにはこの品種を超越したすばらしい品格が感じられ、忘れがたい。長く続く余韻も魅力的。

DATA

住所：〒381-0207　長野県上高井郡小布施町押羽571
TEL：非公開／**FAX**：026-247-5080
アクセス：長野電鉄長野線小布施駅より徒歩20分　車で5分　上信越道小布施スマートICより5分
ワイナリー見学：不可　**ワインの直売所**：有（おひとり様1本限り）　**ワインの試飲**：可（有料）
定休日：水曜、祝日、お盆、年末年始。畑の繁忙期は不定休
生産本数：8万本（2015年）　750㎖換算
公式サイト：http://www.obusewinery.com
E-mail：info@obusewinery.com

Chapter *5*

甲州のワイナリー

勝沼・塩山・山梨・笛吹・甲斐・北杜

山梨県は日本ワインの生産量とワイナリー数は日本最大、今も昔も日本のワインづくりを支え続けている。明治政府の殖産興業政策の一環として1874年（明治7年）に、ワインづくりが奨励されたのが最初である。歴史あるワイナリーが数多くあり、ブドウ棚のある風景を見ながら、ワイン巡りするにはもってこいのエリアである。

北杜市

山梨市

甲斐市

塩山（甲州市）
勝沼（甲州市）

甲府

笛吹市

笹子トンネルを抜けて甲府盆地に入ると、一面にブドウ棚が広がる光景が目に飛び込んでくる。このあたりは春から秋にかけては、緑や朱の絨毯を敷き詰めたようになる。山梨県にあるこの甲府盆地が、日本におけるワインづくりの発祥の地になる。

山梨県は日本ワインの生産量とワイナリー数は日本最大、今も昔も日本のワインづくりを支え続けている。最近微減傾向だとはいえ、ワイナリー数は今もまだ80軒前後で、後に続く長野県や北海道より遥かに多い。日本の大手ワイナリー5社すべてがある一方で、家族経営のマイクロワイナリーもある。新進のワイナリーも、日本でもっとも歴史の長いワイナリーもある。

本格的なワインづくりは1874年に始まったと言われる。明治政府の殖産興業政策の一環として、ワインづくりが奨励されたのだ。甲州ブドウ自体の栽培の歴史は、さらにそれを遡り、700年から1200年にもなると伝わる。

ブドウ栽培は盆地の東部の勝沼から始まり、盆地の中央部まで広がったが、ワイナリーは東部に集中。約80軒のワイナリーの7割がここにある。甲州市勝沼町の県道306号田中勝沼線は12軒のワイナリーが軒を並べ、勝沼銀座とも呼ばれている。ブドウ棚がそこかしこにあり、ワイナリー巡りには楽しい。勝沼町の北方の塩山一帯は、ワイナリー数こそ勝沼に劣るが、ブドウ棚が点在する中、モモ、スモモなどの果樹も栽培されており、春にはこれらが花を咲かせる。恵林寺や放光寺とともに訪ねてみるといい。

東部にはシャトー・メルシャンなど大手3社のワイナリーがある一方、旭

洋酒のように夫婦2人で営むワイナリーもある。ワインづくり発祥の地だけあって、100年以上の歴史の長さを持つワイナリーも集まっている。ちなみに日本初の民間ワイナリー「大日本山梨葡萄酒会社」の流れを引くまるき葡萄酒、そしてシャトー・メルシャンもこの地に続く。中央部は同県のブドウ産地としては例外的に盆地の底部となる甲府市の一部のエリアで、ワイナリーは6軒前後になる。

北西部は北杜市、韮崎市、南アルプス市、そして北部は甲斐市にあたる。特に北西部は、2000年以降、新たなワイン畑の開園が続く山梨県でもっともホットなエリア。11軒中4軒は2002年以降に設立されたワイナリーだ。ドメーヌ ミエ・イケノのように自らブドウを育てることを大切にしているワイナリーが多く、東部や中央部に比べると、畑は広い。気候は甲府盆地より降水量が少なく、日照量が多い。景観も甲府盆地とはがらっと変わり、西側には南アルプスがそびえたち、北西には八ヶ岳の山々が美しい。

代表的な山梨のワインといえば紛れもなく甲州ワイン。日本の甲州ワインの大半がここでつくられる。甲州ワインといってもスタイルは多様、いろいろ試してみるといい。次に挙げられるのがマスカット・ベーリーA。こちらも最近さまざまなタイプがつくられるようになった。とはいえ、北西部のメルロやカベルネ・フラン、そしてシャルドネのワインも見逃せない。大半のワイナリーが一般の人に門戸を開き、テイスティングなどもできるところも多い。首都圏から、わずか1時間半ほどで行けるのもうれしい。日本ワインを楽しむのには格好の場所なのだ。

北海道・余市／札幌／岩見沢／三笠／

山形・朝日／上山／南陽／高畠／

新潟・角田浜／上越／越前浜／

長野・千曲川ワインバレー／日本アルプスワインバレー／桔梗ヶ原ワインバレー／

山梨・勝沼／塩山／山梨／笛吹／甲斐／北杜

Grande Polaire Katsunuma Winery

小ロット製造を推し進めるプレミアムワイナリー

A premium winery that maintains the practice of small-lot production

グランポレール勝沼ワイナリー

サッポロビールが誇る日本ワイン「グランポレール」のみを製造。つくり手本人による案内が特長で、ワインや醸造に関してはもちろんのこと商品になるまでの裏話を聞くことも可能だ。小ロットの製造設備、ワイナリー限定商品のテイスティングは見逃せない。

甲州市勝沼町の西端、重川の辺りにグランポレール勝沼ワイナリーはある。「グランポレール」は、サッポロビールの日本ワインのプレミアムシリーズを指す。同社では北海道、長野県、山梨県、そして岡山県の4つのブドウ産地のブドウを用い、それぞれの特徴を表現しつつ、高品質、そしてコストパフォーマンスの高いワインづくりを続けてきた。勝沼ワイナリーはこのグランポレールに特化し

ワイナリーからの ひと言
Winery's Comments

グランポレール勝沼ワイナリーでは、「良質なブドウに、十分な手間をかけて、高品質なワインをつくる」を合言葉に、つくり手5人が情熱を込めてワインをつくっています。土日、祝日には、予約制の有料ガイドツアーを開催。小型タンク、樽熟成室などのまさに「ワインをつくる現場」をつくり手自身がご案内します。ガラス越しに見る見学ツアーとは臨場感が違います。ツアーの最後には、「グランポレール」のテイスティング。週末、祝日の贅沢な時間を当ワイナリーでゆったりと過ごしてみてはいかがでしょうか?

チーフワインメーカーの工藤雅義さん。

たワイナリーとして、2012年に全面的にリニューアルされた。

リニューアルの背景には、2009年に同社が長野県池田町に拓いた12haの自社農園、安曇野池田ヴィンヤードの欧州

国産ワインコンクール「金賞」受賞

DE POLAIRE

サッポロビールが誇る日本ワイン「グランポレール」のみを製造するワイナリーとして2012年にリニューアルオープン。

グランポレール 安曇野池田ヴィンヤード メリタージュ

価格：6000円（750㎖）
品種：カベルネ・ソーヴィニヨン70%、メルロ30%ともに自社畑産
ブドウ産地：長野県 北安曇野郡池田町
醸造：ステンレスタンクにて発酵後、新樽60%で15か月間熟成させた。
生産本数：1000本限定

黒々とした色合い。リコリスやオレガノなどスパイスの香り。しだいに立ち上るカシスなど黒系の果実香。そしてフラワリーでもある。質感はしなやかで、十分に凝縮された果実味に渋みが溶け込んでいる。グランポレールシリーズのフラッグシップ。

グランポレール 山梨甲州樽発酵

価格：2300円（750㎖）
品種：甲州100%
ブドウ産地：山梨県甲州市勝沼町
醸造：新樽率30%で樽の中で発酵させそのまま熟成。熟成期間は3〜5か月間
生産本数：5254本限定

みかんやオレンジなど、少し甘めの柑橘の香りが立ち上る。豊かな酸がきりっとメリハリのある味わいを生んでおり、後口にはほんのりと果実味も残る。鶏肉の炭焼きなどと相性が良さそう10〜12℃で楽しみたい。甲州の繊細な味わいと樽香のハーモニーが身上。

上：畑の区画ごとに個性を打ち出すべく、少量多品種生産を実践。1000～5000ℓの小型タンクが並ぶ。

左：長野県・安曇野池田ヴィンヤード。雨が少ない、日照時間が長い、昼夜の温度差が大きいのみならず、風向き・風通しが良い、保水性・水はけがいいといった条件が揃い、良質なブドウを生み出している。

系品種のブドウを活かし、より高みを目指すというヴィジョンがあった。現在ワイナリーでワインづくりを担当しているのは、醸造責任者の工藤雅義さんを中心とした5人のつくり手たち。少数精鋭だ。

「手間をかける価値のあるブドウを育てて、とことん手間をかけてプレミアムワインをつくる。2012年頃から、ようやくブドウが収穫できて、それが実現しつつあります」と工藤さん。15年には待望の安曇野シリーズもリリースされている。

リニューアルの際には、タンクのサイズや配置、さらには仕込み場の構造まで、工藤さんが修業先のカリフォルニアや国内の現場で積み上げてきたものを注ぎ込んだ。

「つくり手が、ワインづくりの作業において少しでも支障を感じたら品質の追求はできません」と工藤さん。

北海道余市町での取り組みにも注目したい。じつは同社は、1983年にこの地でケルナーの試験栽培に着手。現在、ケルナーなどを使った抜群のコストパフォーマンスの1000円台のグランポレールシリーズがあるのもこうした取り組みが土台にある。

ワインは長野県北安曇野郡池田町産のシャルドネ、ソーヴィニヨン・ブラン、ボルドー系のブレンド、北海道のケル

上：地下1階にはフランス・アリエール産を中心とした樽を平積みする専用セラーを設けている。

左：ゲストルームでは約10種類のワインをテイスティングできる(有料)。ワイン、関連グッズの販売も。

リーとはいえ、じつは1000円台も充実しているのが特徴的。

　勝沼ワイナリーでは5人のつくり手自らがツアーの案内に当たる。栽培や醸造などワインづくりについて、基礎から最先端の技術について学べるのはもちろん、その年の生育情報や、ワインとして完成するまでのつくり手たちの苦労やそのときの彼らの思いにリアルに触れることができる。

ナー、ピノ・ノワール、そして山梨県産の甲州など、いずれも個性的かつ魅力的だ。価格帯でみると3000円から5000円台が最も多いが、プレミアムワイナ

DATA

住所：〒409-1305 山梨県甲州市勝沼町綿塚大正577
TEL：0553-44-2345
アクセス：JR中央本線山梨市駅よりタクシーで5分、中央自動車道勝沼ICより10分
定休日：水曜日、年末年始ほか
公式サイト：http://www.sapporobeer.jp/brewery/katsunuma/
ワイナリー見学：可（土・日曜・祝日10時30分〜12時、13時30分〜15時の1日2回開催。ワイン仕込み時期など見学休止日あり。5アイテムのテイスティング付きで1500円。事前に電話で要予約）
畑の見学：可
ワイナリーでの試飲：可（有料200円〜）
ワイナリーでの直接販売：有
ブドウの種類：シャルドネ／ソーヴィニヨン・ブラン／甲州／カベルネ・ソーヴィニヨン／メルロ／シラー

Kurambon Wine

くらむぼんワイン

大正2年創業。4代目の野沢たかひこさんは山梨県の特産である甲州やマスカット・ベーリーAのワインが食卓を日常的に彩り、和食文化の一端を担うことを目指している。栽培では肥料を施さず、畑を耕さず、雑草を生やしたままの自然栽培を実践中。

ベルカント
マスカットベイリーA樽貯蔵
価格：1963円（720㎖）
品種：マスカット・ベーリーA
契約農家産
ブドウ産地：山梨県
醸造：4週間という長期間の醸し仕込み後、樽熟成している
生産本数：5000本（2015年）

干しプラム、カシス、甘草、ミルティーユ、クランベリー、黒こしょうやミントを思わせる果実香が特徴的。樽熟成によるモカやカカオのような香りも。果実味、こなれた渋み、酸味のバランスが秀逸。トマトソース系のほかさまざまな料理に。ベルカントは美しい歌という意味。

シャルドネ
七俵地畑収穫
価格：3343円（720㎖）
品種：シャルドネ90%自社畑産、欧州系白10%
ブドウ産地：山梨県甲州市勝沼町下岩崎
醸造：自生酵母で樽の中で発酵。そのまま熟成させている。
生産本数：750本（2015年）

白い花、カリン、リンゴのコンポート、はちみつ、バニラのような香りの中に、七俵地畑シャルドネならではの白こしょうのようなスパイシーさも。ボリューム感のある味わいゆえ、ブルゴーニュグラスに入れて、バターを使った料理や煮込み、さまざまなチーズと合わせたい。

世代交代とともに大きな変革の時を迎えたワイナリーがある。くらむぼんワインだ。2014年、同ワイナリーは、創業100周年を機に、「山梨ワイン」から改称した。くらむぼんは、宮沢賢治の童話である「やまなし」に出て来る蟹が交わす言葉で、じつは意味はわからない。「人と自然との共存、科学の限界、そして他人への思いやりの大切さを賢治が伝えようとしたことに共感を覚えたからです」と、10年から、代表取締役社長を務めている野沢たかひこさんは話す。

変わったのはワイナリー名だけではない。ワイナリーの理念だけでなく、具体的な栽培方法、醸造方法も大きく変わり、つくられるワインは以前とはまったく別物だ。

変革が始まったのは、2000年、野沢さんが2年間のフランス滞在から帰国した直後のことだ。当初ワイナリーを継ぐことなど考えていなかった野沢さんは、ホームステイした家にワインを取り込んだフランスの食文化が根付いているのを目の当たりにした。そしてそんな食文化を日本で育てることの大切さを強く感じた。

「自分が継いで日本でワインをつくるのなら、ここでしかつくれない、高品質な

築130年以上になる母屋は山梨県牧丘町にあった養蚕農家の家屋を移築したもの。

90年前に手掘りでつくられたセラー。ひんやりした地下でも多くのボトルが眠っている。

ワイナリーから歩いてすぐの所にある垣根仕立ての「七俵地畑」ではシャルドネやカベルネ・ソーヴィニヨンを栽培。その向こうには日本ワイン発祥の地とされる鳥居平が。

ものを目指したいとも思いました」と、野沢さんは振り返る。

当時、ワイナリーでつくられていたのは、デラウェア、ナイアガラ、アジロンダックといったアメリカ系品種を使った甘口のワインが半分以上。甲州ワインも基本的には甘口だった。まずはそれらを激減させた。たとえ辛口でもブドウの本来持っている果実味を味わえるワインをつくることに切り替えたのだ。

00年からは山梨に適した品種を探して、フランスから30〜40種類ものブドウの苗を個人で輸入。赤ではタナやプティ・ヴェルド、白ではアルバリーニョなどに可能性が見えてきた。そしてようやく07年以降は、自社農園では基本的には化学合成肥料や除草剤や化学農薬の散布を止めた。そうして栽培されたブドウは、自社農園の土壌やブドウの個性を活かそうと、培養酵母は使わずに発酵させている。主に買い付けブドウでつくる甲州とマスカット・ベーリーAについて

母屋の一角にはワインづくりの歴史を紹介する資料室があり、すべて手作業で行っていた時代の古い写真、道具などが展示されていて自由に見学できる。

母屋を入ってすぐの座敷は、ワイナリーを見学した後の憩いの場。
この空間でワイン会が開催されることもある。

も、四季折々の食事とともに楽しめるワインとして大切にしていきたいと思っている。

15年には、ついに原料ブドウの100%を国産に切り替えている。

ワイナリーを訪ねると、近くにある自社農園「七俵地畑」や裏手の醸造施設、地下貯蔵庫を見学し、最後は築130年の母屋でテイスティングができる。

ワイナリーからの
ひと言
Winery's Comments

山梨・勝沼のブドウ畑と自然が共存しつつ、地域住民とワイナリーが手を携える。そうした中で、特産である甲州やマスカット・ベーリーAのワインが日々の食卓に並ぶような文化が定着する一翼を担っていきたいと思っています。そして、それらが山梨・勝沼のテロワールを映し出すようなものになることを目指します。

フランスに留学した経験を持つ4代目・野沢たかひこさん。

DATA

住所：〒409-1313 山梨県甲州市勝沼町下岩崎835
TEL：0553-44-0111 ／ **FAX**：0553-44-0132
アクセス：JR中央本線勝沼ぶどう郷駅よりタクシーで7分、中央道勝沼ICより4分
定休日：年末年始
公式サイト：http://www.kurambon.com
E-mail：info@kurambon.com
ワイナリー見学：可（9時〜17時。ワイナリーツアーは要予約、10時〜もしくは14時〜）
畑の見学：可（ただしワイナリーツアーの参加者のみ）
ワイナリーでの試飲：可（無料、20種類）
ワイナリーでの直接販売：有
ブドウの種類：甲州／シャルドネ／ナイアガラ／マスカット・ベーリーA／カベルネ・ソーヴィニヨン／アジロンダック

Diamond Winery

The makers are the people who refined the Muscat Bailey-A grape variety

ダイヤモンド酒造

軽視されがちだったマスカット・ベーリー A にフランスで培った技と情熱を注ぎ込んでブルゴーニュを想わせる繊細な赤ワインを生み出す。世界一のソムリエからも評価されている。

1963年創業の小規模ワイナリー。

シャンテ Y・A ますかっとベーリー A Y cube

価格：2707 円（750㎖）
品種：マスカット・ベーリー A100% 契約農家産
ブドウ産地：山梨県韮崎市穂坂
醸造：果梗を房して発酵後 18 か月間、樽で熟成させている。
生産本数：3000 本

イチゴジャム、黒こしょう、アーモンドなどの香りが絡み合い、口当たりは実にまろやか。樽の香ばしさとともに果実味が果てしなく広がり、うっとりするような余韻を楽しめる。山梨県韮崎市穂坂地区のブドウ栽培家・横内政彦さんと横内才仁さんが栽培するマスカット・ベーリー A を使用。

シャンテ Y・A アマリージョ

価格：1620 円（750㎖）
品種：甲州 100%契約農家産
ブドウ産地：山梨県甲州市勝沼町下岩崎
醸造：ステンレスタンクで 18℃前後で約 2 週間発酵後、澱と一緒に寝かせた
生産本数：7000 本

口に含むとキリッとした酸が立ち、後からコクとほんのりした甘みが追いかけてくる。魚の天ぷらなどと相性◎。日常的に味わいたい。「アマリージョ」とはスペイン語で「黄色」。シュール・リー製法を採用し、複数の酵母を使い分けることで香り高い仕上がりに。

県道 306 号、ワイナリーがひしめく通称「勝沼銀座」にダイヤモンド酒造がある。「ダイヤモンド酒造」という看板がなかったら、ワイナリーと気づかず通り過ぎてしまいそうな外観だ。じつはこの小さなワイナリーから、世界で評価されるワインが生み出されている。品種は欧州系品種ではない。3 代目の後継者でもありつくり手である雨宮吉男さんが、ワイン産地山梨の発展に不可欠と考えるマスカット・ベーリー A という品種だ。

この品種はアメリカ系品種の流れを引くためキャンディを思わせる香りが特徴的で、いわゆるワイン通からは敬遠されがちだ。2003 年、ブルゴーニュでの修業

ワイナリーからのひと言
Winery's Comments

私がブルゴーニュで研修していたとき、あるフランス人と知り合いました。彼の家業はワイナリーで、曾祖父の代から古来種のアリゴテにこだわってワインをつくっていました。土地には土地に適した品種がある、ということです。ゆえに、私のワインづくりにおけるテーマは"地元の原料を活かす"。それまで敬遠していたマスカット・ベーリー A にピノ・ノワールに似た可能性を見出したのもそんな想いからです。食との相性も良いので、ぜひお試しください。

熱き醸造家、3 代目・雨宮吉男さん。

上：ボルドー大学・聴講生コースを経てブルゴーニュやボーヌでも修業を積んだ雨宮さん。
下左：発酵はリーファーコンテナの内部にて厳密な温度管理のもとで行われている。
下右：発酵槽を真剣なまなざしで覗き込み、酵母について熱弁をふるう姿からはワインづくりへのひたむきさが伝わってくる。

を終えて帰国した際に、彼自身もこの品種が苦手だった。慣れ親しんでいたピノ・ノワールとは似ても似つかなかったからだ。しかしかつて飲んだ１本のマスカット・ベーリーＡのワインを思い出し、つくり方しだいでピノ・ノワールのようなワインができるかもしれないと思い直す。すぐにピノ・ノワールと同じつくり方を踏襲してみた。新たに農家との関係を次々と築き、ブドウは熟したものを使うように徹底し、産地は韮崎市穂坂を選んだ。

その結果、まるでガメイでつくられたボージョレの上級クラス、あるいはピノ・ノワールのような味わいが醸し出されるようになった。ワインは世界一になったソムリエからも高く評価され、パリでの販売につながっている。

そんな雨宮さんが最も目を向けているのは日本の飲み手。だからこそ、丁寧に仕込んだ上級ワインでも基本的には2000円台にしている。農家を尊重し、農家の仕事に見合うお金を払い、自らは徹底的に品質を追求する。こうした姿勢はすべてのワインに貫かれている。

DATA

住所：〒409-1313 山梨県甲州市勝沼町下岩崎880
TEL：0553-44-0129／FAX：0553-44-2613
アクセス：JR中央本線勝沼ぶどう郷駅よりタクシーで7分、中央自動車道勝沼ICより3分
定休日：不定休
公式サイト：http://www.jade.dti.ne.jp/~chanter/
E-mail：chanter@jade.dti.ne.jp
ワイナリー見学：可（12月〜5月。要予約）

畑の見学：不可
ワイナリーでの試飲：有（9時〜12時、13時〜17時。無料）
ワイナリーでの直接販売：有
ブドウの種類：甲州／デラウェア／シャルドネ／マスカット・ベーリーＡ／カベルネ・ソーヴィニヨン（良作の年のみ）

先駆的な " 挑戦 " を続けて世界を目指す老舗ワイナリー

Established in 1890, this old winery continues to aim for world fame with pioneering challenges

丸藤葡萄酒工業

4代目・大村春夫さんは、欧州系品種の栽培や垣根仕立ての栽培を取り入れ、甲州ワインを世界のワインに押し上げた中心人物。その人柄は気さくで温かく、若いつくり手たちから厚く支持されている。

ルバイヤートプティヴェルド
「北畑・試験園・彩果農場収穫」

価格：5800円（2013年 750㎖）
品種：プティヴェルド100%
（自社産）
ブドウ産地：山梨県甲州市勝沼町
醸造：ホーロータンクで、約1週間発酵後、13か月間樽熟成
新樽100%
生産本数：1495本（2014年）

コーヒー、カラメル、熟した黒い果実、プルーン、バニラの香りが立ち上る。シルキーな質感にやわらかな渋味。スパイシーな風味も。飲み頃の温度は16～18℃。ボルドータイプの大きめのグラスで楽しみたい。日本ワインコンクールにて2年連続金賞受賞。

ルバイヤート甲州シュール・リー

価格：1800円（720㎖）
品種：甲州100%
自社畑産35%、契約農家産65%
ブドウ産地：山梨県甲州市勝沼町
醸造：グラスライニングタンクで約3週間発酵。澱と一緒に貯蔵するシュール・リーを8か月。
生産本数：5万7823本（2015年）

酵母由来のうまみ成分を残した厚みのある味わい。洋ナシ系の穏やかな香りで料理に寄り添うような1本。魚介料理全般、特に甲殻類、ホタテやイカ、タコ、海老などのマリネーなどによく合う。7～10℃に冷やし少し小さめのグラスでいただくのがおすすめ。

丸藤葡萄酒工業の創業は1890年と甲府盆地にひしめくワイナリーの中でもかなり古い。醸造開始年に至っては1882年と、日本で本格的なワインづくりが始まったわずか8年後には醸造を開始している。

年間生産量は16万本と決して多くない。しかし、この丸藤葡萄酒工業が山梨のつくり手たちに与えてきた影響は、非常に大きい。というより、現在、代表取締役社長を務めている大村春夫さんが栽培や醸造においてチャレンジしてきたことが、つくり手たちに、ある時には勇気を、ある時には刺激を与えたのだ。

たとえば甲州の醸造方法として知られるシュール・リー製法については、1980年代、まだ中甘口のワインが主流だった頃、大手メーカー、メルシャンがシュール・リー製法の甲州ワインをリリースした直後に、この製法にチャレンジした。そして今や「ルバイヤート甲州シュール・

上：熟練のつくり手たち。右から安蔵正子さん、大村春夫さん、狩野高嘉さん、谷本浩人さん。

下：ワイナリーからすぐの畑で棚栽培される甲州。これを使った「シュール・リー」は丸藤の定番。

うなどと思っていました」と大村さんは振り返る。92年からは、他のワイナリーに先駆けてプティ・ヴェルドという当時は珍しい品種に注目して、栽培に着手した。毎年よく色づき、糖度も高いこの品種の潜在力をすぐに確信、単独でワインをつくることに決めて、クローンも自社で輸入した。それだけではない。2015年、16年と2年連続で日本ワインコンクールで金賞という快挙も成し遂げている。こうした丸藤のチャレンジは、多くの若いつくり手たちの背中を後押ししている。

大村さん自身は、山梨で彼の世代としては珍しく、社長になった今も、時間さえ許せば畑に出る。彼のオープンな人柄ゆえ、彼のもとには多くの若いつくり手たちが集う。こうした取り組みができているのは、家族経営にもかかわらず、熱意のある栽培・

リー」はこのワイナリーを代表するワインとなっているだけでなく、シュール・リーの甲州ワインといえば、ルバイヤートの名があがるようになっている。

一方、大村さんは欧州系品種の垣根仕立ての栽培にも、山梨の中小のワイナリーの中では先頭を切って取り組んできた。「海外のワインが参入してくる中、日本のワイン産業の先行きに不安を感じ、最後に垣根栽培でだめだったらあきらめよ

醸造スタッフの層が厚いからだろう。

ワイナリーの見学コースには、かつてワイン貯蔵用のコンクリートタンクだったという瓶貯蔵庫も含まれる。貯蔵庫の壁面には酒石がついており、光をあてるとキラリと光って美しい。大村さんは、時には、テイスティングカウンターに立ち、訪れる人と気さくに会話を交わす。そんな彼と丸藤のワインのファンは多い。

上：丸藤のワインの商標名「ルバイヤート」（四行詩）は詩人・日夏耿之介さんによって命名された。
下：昔のガラスの虫取り器をランプシェードに活用した、印象的なランプが瓶貯蔵庫を優しい光で照らしている。

ワイナリーからの ひと言 Winery's Comments

私どもは料理に合わせてワインを楽しんでいただくのはもちろんのこと、1本のワインを通じた心温まる交流をつくり出せればと思っております。毎年4月には「蔵コン」を開催。ワインパーティと、地下貯蔵庫にてコンサートをお楽しみいただきます。また、2017年には醸造所に隣接する古民家をリノベーションしてテイスティングルームや売店をオープンさせます。東京・神楽坂には姉妹レストラン「神楽坂ルバイヤート」もございます。ぜひお立ち寄りください。

垣根栽培や一文字短梢栽培をいち早く導入した大村さん。

DATA

住所：〒409-1314 山梨県甲州市勝沼町藤井780
TEL：0553-44-0043 ／ FAX：0553-44-0065
アクセス：JR中央本線勝沼ぶどう郷駅よりタクシーで10分、中央自動車道勝沼ICより5分
定休日：不定休
公式サイト：http://www.rubaiyat.jp
E-mail：marufuji@rubaiyat.jp
ワイナリー・畑の見学：可（9時～16時30分、自由見学）

ワイナリーでの試飲：有（銘柄によって有料）
ワイナリーでの直接販売：有
※4月に蔵でコンサートを開催
ブドウの品種：甲州／シャルドネ／ソーヴィニヨン・ブラン／デラウェア／マスカット・ベーリーA ／ブラッククイーン／甲斐ノワール／プティ・ヴェルド／メルロ／カベルネ・ソーヴィニヨン／タナ

Haramo Wine

" 勝沼らしさ " を追求する家族経営のワイナリー

A family-run winery that seeks to provide the very quintessence of Katsunuma

原茂ワイン

築 140 年以上の古民家や大きなブドウ棚など勝沼らしい風情で観光客を大いに魅了。近年ではブドウの栽培法を見直して新たな高みへ進もうとしている。

築140年以上の母屋を改装してゲストハウスに。

ハラモ ヴィンテージ メルロー

価格：5000 円（750㎖）
品種：メルロ 100%（自社畑産）
ブドウ産地：山梨県甲州市勝沼町
醸造：ステンレスタンクで約 3 週間発酵後、樽で 12 か月熟成。
生産本数：851 本（2012 年）

赤系の果実の香りとバニラ香が溶け合う舌触りのよいしっかりした渋み、果実味がよく調和した、ミディアムボディの 1 本。飲み頃の温度は約 18℃。ラムチョップ、和牛サーロインステーキ、ビーフシチューなど肉料理と合わせるのも一興だ。丁寧に手摘みしたメルロを使用。

甲府盆地の甲州市勝沼町は甲州ブドウの栽培が始まった土地。今でもこの町では、日本で最も多く甲州ブドウが栽培され、なかでも勝沼地区にはブドウ棚が敷き詰められたような光景が広がっている。そのブドウ棚に囲まれるように、風情のある 1 軒の建物が佇む。原茂ワインだ。ワイナリーの中庭にも、シトロンネルや甲州のブドウ棚があり、秋の収穫シーズンには木漏れ日の下、ここのワインを楽しむ人も多い。

じつはこの原茂ワインにも、新たな変化が生まれつつある。代表取締役社長は

ハラモ 甲州シュール・リー

価格：1710 円（750㎖）
品種：甲州 100%自社畑産
ブドウ産地：山梨県甲州市勝沼町
醸造：ステンレスタンクにて約 20 日間発酵後、澱と寝かせるシュール・リー製法を 5 か月間実施。
生産本数：7504 本（2015 年）

洋ナシ、白桃を感じさせる甘い香り、程よく爽やかな酸味と舌に残るほのかな渋みが味の骨格を形成。6 〜 8℃に冷やして味わおう。伝統的な長梢剪定で栽培された甲州を手摘みで収穫して使用。

ワイナリーからのひと言 Winery's Comments

山梨の代表品種である甲州を中心に、シャルドネ、メルロ、アルモノワールなどを自社農園にて栽培。小さなワイナリーならではの丁寧なワインづくりを心がけています。また、明治期に建てられた母屋を改装し、1 階にはワインショップ、2 階にはカフェを設けています。カフェ「カーサ・ダ・ノーマ」では地元の野菜を使ってワインに合うランチをご用意。季節のフルーツを使ったデザートも好評です。勝沼の季節ごとの景観を楽しみながら、ゆったりとしたひとときをお過ごしください。

ワイナリーの中心、古屋真太郎社長。

北海道・余市／札幌／岩見沢／三笠／

山形・朝日／上山／南陽／高畠

新潟・角田浜／越前浜／上越

長野・千曲川ワインバレー／日本アルプスワインバレー／桔梗ヶ原ワインバレー

山梨・勝沼／塩山／山梨／笛吹／甲斐／北杜

原茂ワインの広いガーデンを、1本の古木から伸びる枝葉が覆う。東屋が設けられていて、ペットと一緒にカフェのメニューを楽しむことも可能だ。

1階にはワインショップが。テイスティングカウンターが設けられ、
試飲しながらワインを購入できる。

1999年以来、変わらず古屋真太郎さんが務める。しかし2015年より、甥の山崎紘央さんが醸造を担うようになった。山崎さんは山梨大学卒業後ワイナリーでの数年間の経験を経て、ニュージーランドのリンカーン大学に留学。農学部でワイン醸造ブドウ栽培学を修了し、13年に帰国。まずは勝沼のブドウにどんな可能性があるのかを見極めて、次のステップに進もうとしている。

醸造を山崎さんに任せるようになった古屋さんは、以前にも増して栽培に集中。甲州、メルロ、シャルドネ、アルモノワールを育てる合計2 haの自社農園は、ワイナリー周辺の平地と勝沼町東部の斜面に位置しているが、現在一部植え替えを実施、栽培法も新たに見直している。長年続けていた観光ブドウ園も止めて、ワイナリーとしての心構えを新たにしている。

ワインは9割以上が1000円台。代表作はやはりハラモ 甲州シュール・リー。このワインは原料の100％が自社農園で古屋さんが育てた甲州ブドウである。価格は1000円台だが、この価格帯のワインで、ここまで自社農園産ブドウの比率が高いワインはほとんどない。

「観光で訪ねてくるお客様を中心に考えるからこそ、できる限り勝沼のブドウを使った甲州ワインを提供しなければならないと思っています」と古屋さん。

左：2階のカフェ「カーサ・ダ・ノーマ」は木のぬくもり溢れる癒やしの空間。オープン11時のみ予約可。

下：近隣農家から仕入れた新鮮な野菜を用いる料理のほか、おぼろ豆腐とワインのペアリングも人気。

ひなたぼっこ好きの看板犬ロン。

　自社農園のメルロとシャルドネは、生産量も限定され、知名度はないに等しい。しかしいずれも無理な抽出のない柔らかなまとまりを見せており、甲府盆地産のメルロとシャルドネのひとつの方向性を示している。

　母屋は、築140年以上の切妻様式の古民家をリノベーションしたもの。1階がワインショップとテイスティングルームで、2階がカフェ。大きな一枚板のカウンター、調度品など、随所に古屋さんの美意識がにじみでる内装になっている。

　勝沼で地道に営みを続ける家族経営のワイナリーの姿がここにある。

DATA

住所：〒409-1316　山梨県甲州市勝沼町勝沼3181
TEL：0553-44-0121／FAX：0553-44-2229
アクセス：JR中央本線勝沼ぶどう郷駅よりタクシーで5分、中央自動車道勝沼ICより10分
定休日：年末年始
公式サイト：http://www.haramo.com
E-mail：info@haramo.com
ワイナリー見学：可（要予約、醸造時期は不可）

畑の見学：不可
ワイナリーでの試飲：有（無料）
ワイナリーでの直接販売：有
併設レストラン「カフェ カーサ・ダ・ノーマ」：4月〜11月営業、11時〜17時、月曜定休、直通TEL：0553-44-5233
ブドウの種類：甲州／シャルドネ／メルロ／アルモノワールなど

Maruki Winery

現存する日本最古のワイナリーとして伝統と革新を融合
Fusing tradition with innovation at the oldest still surviving winery in Japan

まるき葡萄酒

現存する日本最古のワイナリーが 2013 年から経営を一新。環境に配慮したサスティナブルな栽培、最新の光学式選果機の導入などによってワインの品質が著しく向上。自社管理農園の拡大にも力を入れている。

レゾン ルージュ

価格：3500 円（750㎖）
品種：マスカット・ベーリー A、メルロ、カベルネ・ソーヴィニヨンすべて自社畑産
ブドウ産地：山梨県甲州市勝沼町下岩崎、山梨県山梨市七日市場
醸造：ステンレスタンクで発酵。樽熟成あり
生産本数：1700 本（2015 年）

よく熟した木イチゴ、ブルーベリー、ブラックチェリーのようなボリュームのある果実香の中にスミレの花やわずかな樽香が。穏やかな酸味が印象的で、余韻は極めてエレガント。日本ワインコンクール 2016 で銅賞を獲得。中〜やや大ぶりのボルドーグラスで味わいたい。※ヴィンテージによりブレンド変更の可能性あり。

レゾン 甲州

価格：3500 円（750㎖）
品種：甲州 100％自社畑産
ブドウ産地：山梨県甲州市勝沼町下岩崎、山梨県山梨市七日市場
醸造：ステンレスタンクで低温発酵
生産本数：1700 本（2015 年）

アロマには柑橘や洋ナシ、リンゴのような上品なニュアンスが感じられる。アタックは柔らかでドライ。時間とともに広がる豊かなうまみとミネラル感を堪能したい。河豚、鮎などの川魚、鮑などを使ったシンプルな料理と相性がいい。不耕起草生栽培と減農薬による 1 本。

民間ワイナリー、「大日本山梨葡萄酒会社」は、1877 年、山梨県の祝村下岩崎で設立された。9 年後、同社は解散となるが、そこでワインづくりを担っていた土屋龍憲が、1891 年にワイナリーを設立したのが同ワイナリーの始まりだ。現在、勝沼町下岩崎にあるワイナリーは、現存する日本最古のワイナリーでもある。

このまるき葡萄酒はこの 4 年間で大きく変貌を遂げた。じつは 2013 年、グループ・レゾンに経営が譲渡されているのだ。新社長・清川浩志代表取締役は、関西で不動産賃貸業を営む。

ワイナリーからの ひと言
Winery's Comments

ワインづくりは、ブドウ栽培（1 次産業）から醸造（2 次産業）、販売（3 次産業）のバランスが取れた理想の業種でした。原料づくりから真摯に取り組むことで、常に素材（ブドウ）に対する敬意を払い、製品づくりにおいては、ブドウのポテンシャルを最大限に引き出すことで「本質的な豊かさ」を多くの皆様に届けられるのではないかと思っております。ワインを醸造するに当たり、1 次産業の農作物の良し悪しが製品に多大な影響を及ぼします。また、テロワール（土地の個性や風土）を感じられるのがワインの良さです。山梨に加えて、長野や北海道からは、山梨とは異なった欧州系品種のワインも提供したいと思っています。

国道20号線に位置。1階にはワインショップ、甲府盆地を一望できるテラスが。

畑に羊を放牧。地表を掘り起こし、雑草を食べ、健康的な肥料を提供。土地循環を図っている。

自社畑は北傾斜地に位置。土地の排水性に優れ、良質なブドウ栽培が可能だ。

「かねてより、農業や6次産業に強い興味を持っていました。ワインづくりは栽培、醸造、販売のバランスがとれている理想的な業種でした」と清川さんは語る。

まずは上質な原料、つまり上質なブドウを得るために、栽培には真摯に取り組む。畑では耕さずに草生栽培を行い、除草には、羊を利用する。環境へ配慮したサスティナブルな栽培を目指しているのだ。

醸造面でのテコ入れも実施した。同年、庫内の温度コントロールができる樽貯蔵庫を設置、庫内には130個の樽がずらりと並ぶ。また醸造機器をほぼ全面的に刷新、これにより、タンクは温度コントロールができる小型のものに、プレス機もできるだけ果汁を酸化させないものに変わった。その後、15年には、超最新の光学式選果機も導入した。

こうした栽培、醸造における変化によって、ワインの品質向上は著しい。

そして現在同グループが力を入れているのが自社管理農園の拡大だ。畑は山梨以外に北海道の富良野市と中富良野町、そして長野県の塩尻市に広大な畑を拓いており、群馬の渋川市にも畑を譲り受け、計8つの自社農園を擁している。全面積は東京ドーム約10個分の約49.3ha だ。

19年の北海道と長野県でのワイナリー設立も視野に入れ、5年後には年間50万本、将来は畑も100haに広げて100万本の生産を目指す。

甲州やマスカット・ベーリーAなど日本固有のブドウを使った、1500〜2500円と手頃な価格帯のワインが主力。「生産量を増やしてコストを抑えることで、消費者に高品質で手頃な価格の日本ワインを届けたい」と清川さん。

グループ・レゾン下には笛吹川温泉にある高級旅館、「別邸坐忘」もある。ここに宿をとり、夜には地元の食材を使った茶料理と甲州ワインのマリアージュを楽しめる。歴史に支えられた新生まるき葡萄酒からは目が離せない。

上：ブドウ本来の特徴を活かしたワインをつくるために、樽熟成の期間を厳密に管理している。

下左：発酵温度を自動管理することで酵母にフレッシュな香気成分を生成させている。

下右：丁寧に選果を行うことで雑味の少ない、きれいな味わいのワインづくりが可能に。

Histoire

まるき葡萄酒の創設者は日本のワインづくりの "先駆者"

1877年（明治10年）、山梨県祝村下岩崎に「大日本山梨葡萄酒会社」が設立されたのと同時に、土屋龍憲（19歳）は伝習生として渡仏。日本人として初めて本場のワイン醸造技術を学んだ。帰国後、土屋は地元の甲州ブドウを使って本場フランスのワイン醸造に着手したが、当時の消費嗜好が本格的なワインを受け入れず、1886年（明治19年）に「大日本山梨葡萄酒会社」は解散。これに憤激した土屋は宮崎光太郎（メルシャンの前身・大黒葡萄酒の創業者）と組んで土屋合名会社、甲斐産商店を開業。1891年（明治24年）には単独でマルキ葡萄酒を設立し、生葡萄酒「第一甲斐産葡萄酒」と甘味の「サフラン葡萄酒」を販売。現在の「まるき葡萄酒」の礎を築いたのである。

大正時代のまるき葡萄酒社屋。

DATA

住所：〒409-1313 山梨県甲州市勝沼町下岩崎2488
TEL：0553-44-1005／FAX：0553-44-0650
アクセス：JR中央本線勝沼ぶどう郷駅よりタクシーで10分、中央自動車道勝沼ICより3分
定休日：年末年始
公式サイト：http://www.marukiwine.co.jp
E-mail：info@marukiwine.co.jp
ワイナリー見学：可（平日は14時〜、休日は10時〜、12時〜、14時〜 ※完全予約制）
畑の見学：可（8時30分〜17時、自由見学 ※作業内容によっては閉鎖する場合あり）
ワイナリーでの試飲：有（3種類500円、無料試飲あり）
ワイナリーでの直接販売：有
ブドウの種類：甲州／デラウェア／シャルドネ／マスカット・ベーリーA／甲斐ノワール／メルロ／カベルネ・ソーヴィニヨンなど

Katsunuma Jozo Winery

若き三兄弟が力を合わせて甲州ワインの明日を担う

Three young brothers combine all their strengths to play a leading role in the future of Koshu wine

勝沼醸造

ワインづくりの核は「甲州ブドウ」。ブドウの味わいや香りが畑によって異なることに着目し、その違いを活かしたワインづくりに力を注ぐ。その舵を取るのは、甲州ブドウをいかなるときも支え続けた現社長の、3人の息子たちだ。

甲府盆地の東に位置する甲州市には代々ワインづくりを家業としてきた家族経営のワイナリーが数多い。なかには、ここ数年、世代交代の過渡期にあるところもある。1937年創業の勝沼醸造も、今、若い次世代が意欲的にワイナリーの営みに関わりだしている。

若い世代とは有賀裕剛さん35歳、淳さん32歳、翔さん27歳。現在の代表取締役社長である有賀雄二さんの息子たち

本社に設けられたテラスからは、ワイナリーの裏手に広がる番匠田畑を眺めることができる。

右：勝沼醸造では一文字短梢仕立てにもチャレンジ。剪定や誘引が簡易であることから省力化を図れる。
左：勝沼醸造の看板は、ワインのラベルをデザインしている美術作家・綿貫宏介氏が手がけている。

だ。裕剛さんは醸造を、淳さんは営業を、そして翔さんが栽培を担当している。3人とも、兄弟が力を合わせてワインづくりを続けられていることに誇りを持っている。「父が掲げた『たとえ1樽でも最

アルガーノ ボスケ

価格：2400円（750㎖）
品種：甲州100%
ブドウ産地：山梨県
醸造：ステンレスタンクにて発酵。樽熟成なし。
生産本数：1万8000本（2015年）

華やかなグレープフルーツ、パッションフルーツなどのトロピカル系の香りが豊かに感じられる1本。リッチなアタックが印象的。穏やかな酸味とほのかな甘みのバランスがよく、出汁を使った和食とのマリアージュも楽しめる。

アルガブランカ ブリリャンテ

価格：4500円（750㎖）
品種：甲州100%
ブドウ産地：山梨県
醸造：ステンレスタンクにて発酵、瓶内二次発酵24か月
生産本数：9600本（2013年）

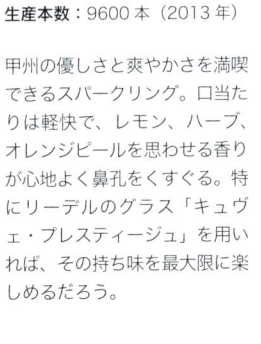

甲州の優しさと爽やかさを満喫できるスパークリング。口当たりは軽快で、レモン、ハーブ、オレンジピールを思わせる香りが心地よく鼻孔をくすぐる。特にリーデルのグラス「キュヴェ・プレスティージュ」を用いれば、その持ち味を最大限に楽しめるだろう。

本社には築130年の日本家屋を活用。

高のものを』という理念は変わらず持ち続けています。私たちはさらに世界のトップクラスに入るようなワインを目指します」と語る裕剛さんたちからは、ワインへの強く熱い想いが伝わってくる。

裕剛さんは2012年、フランスのブルゴーニュでの修業から帰国してすぐに、ワイナリー前の自社農園、番匠田のシャルドネを抜いて、かわりに甲州ブドウを植えた。シャルドネより、甲州で世界に挑戦しようと思い切ったのだ。実際14年以来、白は甲州ワインしか仕込んでいない。

甲州ワインのつくりは、極力ブドウのおいしさを引き出すような方法に変わってきている。一部のワインでは、房ごと搾る方法や、自生酵母による発酵、無補

糖での仕込みを取り入れている。なお、05年には元アサヒビールの醸造所を買い取っており、これも格段の品質向上につながっている。

勝沼醸造は、甲州ブドウの仕込み量では全国で1、2位を争う。甲州ワインの需要が落ち込んだときにも、ブドウを買い農家を支え続けた。今も農家の有賀さんに対する信頼は厚い。そして、年間生産量44万本のうち8割を甲州ワインが占める。

ワインは、限定流通のアルガブランカとアルガーノを含むアルガシリーズ、長く親しまれて広く入手可能な勝沼醸造シリーズ、甲州ブドウのテロワールによる違いを追求した甲州テロワールセレクションシリーズの3つのシリーズに分か

上：本社から歩いて10分ほどの所にある直営レストラン「風」。
右上：本社1階のテイスティングカウンター。2階にはミニギャラリーも。

上：レストラン「風」の名物、ローストビーフ。甲州を使った白「ピッパ」とよく合う。

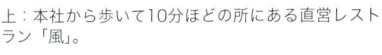

ワイナリーからの
ひと言
Winery's
Comments

1200年以上の歴史を持つ日本固有のブドウ品種「甲州」にこだわり、2003年、2004年のフランス醸造技術者協会主催の国際ワインコンクールで入賞したのを機に甲州ワインの新ブランド「アルガシリーズ」を発表。和食×アルガシリーズによる日本独自のワイン文化を提唱していくのが私たちの使命だと思っております。

有賀三兄弟。左から営業担当の有賀淳さん、醸造担当の裕剛さん、栽培担当の翔さん。

れる。勝沼醸造を一躍有名にしたアルガブランカ・ヴィニャル・イセハラはアルガシリーズに含まれる。グレープフルーツのようなすばらしい芳香を持つ唯一無二の個性を持つワインだ。

築130年の木造建物の梁や柱を活かした本社のしつらえには風情がある。テイスティングコースなどのワイナリーツアーも充実。甲州ワインを知るにはまずは訪ねてみることをお勧めする。

DATA

住所：〒409-1313 山梨県甲州市勝沼町下岩崎371
TEL：0553-44-0069 ／ FAX：0553-44-0172
アクセス：JR中央本線勝沼ぶどう郷駅よりタクシーで10分、中央自動車道勝沼ICより5分
定休日：年末年始ほか
公式サイト：http://www.katsunuma-winery.com
E-mail：kw@wine.or.jp
ワイナリー見学：可（9時〜16時30分、本社のみ）

畑の見学：可（ワイナリーツアーの中でのみ案内）
ワイナリーでの試飲：有（6種類 500円 ※要予約）
ワイナリーでの直接販売：有
直営レストラン「風」：11時30分〜20時 ※昼休憩あり、水曜定休、直通TEL：0553-44-3325
ブドウの種類：甲州／マスカット・ベーリーA ／カベルネ・ソーヴィニヨン／アリカント／メルロ

Château Mercian

ワインづくりの信念は「違いを育む（世界を知り、日本の個性を育てる）」

A winery where the credo of wine production is "growing differences in the world"

シャトー・メルシャン

創業以来、日本ワインでしか表現できない個性を追求してきたシャトー・メルシャン。
目指すのは、日本が世界的に優れた個性を持つワイン産地として認められること。
そのために、この歴史あるワインメーカーは飽くなき挑戦を続けている。

山梨県甲州市には、日本の4大ワインメーカーうちの3つのワイナリーが集中する。その中のひとつがメルシャン社のシャトー・メルシャンになる。

シャトー・メルシャンは、1877年に設立された日本初の本格的な民間ワイン会社「大日本山梨葡萄酒会社」の流れを引き、日本ワインの黎明期から今に至るまで、日本ワインの発展に貢献してきた。

特に近年は、「はじめにブドウありき」という理念が、今まで以上に個々のワインのコンセプト、さらには栽培や醸造方法にまで行き渡り、それぞれの風土とつくり手の個性を映し出す、魅力的なワインが増えてきた。

10数年前はシャトー・メルシャンの

メルシャンは、今後も、さらに自社農園の拡大を計画中。2027年までに60haの植栽を目指している。

わたしたちは、日本の風土を表現したワインづくりを目指しています。栽培担当の仕事は、風土の味わいが凝縮されたブドウを育て上げること、醸造担当の仕事は、ブドウの個性を損なわないようにワインに仕上げることです。

日本の風土で育った食材は繊細な味わいを持ち、同じ日本の風土からのワインは、パワフルではないですが繊細で日本の食材との相性が良いと思います。日本の食材を使った料理と合わせて完成するようなワインをつくっていきたいと思っています。ワイナリー限定ワインは、醸造担当がこだわったスペシャル・キュヴェです。ぜひワイン・ギャラリーで探してみてください。

チーフ・ワインメーカーの安蔵光弘さん。

シャトー・メルシャン マリコ・ヴィンヤード シラー

価格：オープン価格（750㎖）
品種：シラー100％（自社管理畑産）
ブドウ産地：長野県上田市「椀子（マリコ）ヴィンヤード」
醸造：木桶にて28〜30℃で約10日間発酵後、樽で約18か月熟成
生産本数：約1700本（2013年）

第一印象から感じるはっきりとした黒こしょうの香り。ハーブや黒系の果実の香りも溶け込んでいる。凝縮した果実味としっかりした渋みがバランスをとっている。余韻も長い。今まで日本でつくられてきたシラーのワインと一線を画する味わい。

シャトー・メルシャン 北信シャルドネ RDC 千曲川右岸収穫

価格：オープン価格（750㎖）
品種：シャルドネ100％
ブドウ産地：長野県北信地区 千曲川右岸（須坂市、高山村）
醸造：発酵温度20〜22℃で約20日間樽発酵。その後約6か月間樽熟成。
生産本数：約3500本

グレープフルーツのような柑橘の果実味にはきらめきが感じられる。豊かでのびやかな酸があって、味わいの輪郭もきれいに描かれている。余韻もエレガントで長い。白身魚のカルパッチョ、サーモンのムニエルなどと合わせたい。

ワイナリーは、市道下岩崎1号を走って日川を渡り、扇状地を登り始めた右手にある。

北海道・余市／札幌／岩見沢／三笠

山形・朝日／上山／南陽／高畠

新潟・角田浜／越前浜／上越

長野・千曲川ワインバレー／日本アルプスワインバレー／桔梗ヶ原ワインバレー

山梨・勝沼／塩山／山梨／笛吹／甲斐／北杜

左：「土地の特徴をそのまま表現するワインをつくりたい」と安蔵光弘さん（右）と小林弘憲さん（左）。
右：ビジターセンター地下のテイスティングカウンター。見学ツアーではテイスティングが可能だ。

プレステージワインといえば、長野県塩尻市産のメルロでつくられた「桔梗ケ原メルロー」、そして長野県の長野市、須坂市、高山村のブドウでつくられた「北信シャルドネ」が代表作だった。これらのワインは契約農家のブドウが中心だったが、2003年、同ワイナリーは、長野県上田市に一気に20haもの広大な自社管理農園、椀子（マリコ）ヴィンヤードを開園した。その後も、産地ごとに適した品種の検証、栽培方法の改善を続けてきており、ようやく努力が実を結びつつある。とりわけ、椀子ヴィンヤードのシラーやソーヴィニヨン・ブランのワインは、従来の日本ワインにはほとんど見られなかった芳醇さと、凝縮感を持ち併せ、ワインファンを驚かせた。

土地に根ざしたワインづくりというコンセプトは契約農家のブドウを使ったワインづくりにも明確に打ち出されるようになっている。16年には、今までブレンドしていた長野県北信地区の千曲川右岸と左岸のシャルドネを別々に分けて商品化。2本のワインは、それぞれの土の違いを如実に映し出し、日本ワインの可能性を広げてみせた。

もちろん、勝沼にあるワイナリーとして、甲州ブドウのワインにも変わらず力を入れていく。同社の甲州ワインは、スタンダードなシュール・リータイプから、香り豊かなタイプ、さらには果皮を一緒に醸したオレンジワインタイプなどバリエーションが豊富なのが特徴的だ。

シャトー・メルシャンの強みは、醸造チームの人材の豊富さに加えて、ワインづくりに科学的な根拠、ヒントを与えくれる研究者たちがいることだ。だからこそ、こうした幅広い取り組みが可能になっている。

ワイナリーでは、醸造施設の見学こそできないが、山梨のワインづくりの歴史が学べる「ワイン資料館」、品薄のワインやワイナリー限定販売のワインが購入できるワインギャラリーが併設されている。こちらも是非訪ねてみたい。

Histoire

日本ワインの歴史はメルシャンとともにあり

「世界に認められる日本のワイン」を目指し、1949年、甘味料を混ぜない"本格ワイン"のブランド「メルシャン」が誕生。それから月日は流れ、「日本のワイン」が世界で認められる瞬間が訪れた。1966年、白ワイン「メルシャン1962」が国際ワインコンクールで金賞を受賞するという快挙を成し遂げたのだ。明治から受け継がれてきたワインづくりの情熱が実を結んだ瞬間である。その後もシャトー・メルシャンは挑戦し続けた。早くから欧州系のブドウ品種、メルロやカベルネ・ソーヴィニヨンの栽培に着手し、フランス式垣根仕立てを導入した。新たな技術も惜しみなく開示し、日本ワイン全体を牽引してきた。そして今も世界の名だたるワインコンクールにおいて着実に実績を重ねてきている。日本ワイン史はシャトー・メルシャンの存在抜きには語れないのだ。

ワイナリー近くのワイン資料館ではシャトー・メルシャンの歴史を物語る展示が。

左：長野県の自社管理畑「椀子ヴィンヤード」。育まれるブドウには力強さが備わる。
右：勝沼のワイナリーに併設されるカフェではワインに合う軽食も。人気の「ランチ アペ プレート」1200円。

DATA

住所：〒409-1313 山梨県甲州市勝沼町下岩崎1425-1
TEL：0553-44-1011／FAX：0553-44-0428
アクセス：JR中央本線勝沼ぶどう郷駅よりタクシーで8分、中央自動車道勝沼ICより4分
定休日：火曜、年末年始ほか
公式サイト：http://chateaumercian.com
ワイナリー見学：可（ベーシックコース、スペシャルコース、エクスクルーシヴコースの3種類あり ※電話、ホームページから要予約）
畑の見学：可（ただしワイナリーツアー参加者のみ）
ワイナリーでの試飲：有
ワイナリーでの直接販売：有
ブドウの種類：甲州／シャルドネ／ソーヴィニヨン・ブラン／メルロ／カベルネ・ソーヴィニヨン／マスカット・ベーリーA／シラー／カベルネ・フランほか

自園栽培のブドウのみで少量一貫生産

ドメーヌをつらぬく

ドメーヌという理念を貫き、自分で育てたブドウのみでワインを醸造する、5軒のワイナリーを紹介したい。北海道、山梨、岡山と場所は違っても、より高品質なワインを求めて日々奮闘する彼らに共感するファンは多い。

　自分自身が育てたブドウのみでつくるワイナリーのことをフランスでは「ドメーヌ」と呼ぶ。ボルドー地方ではこれが「シャトー」になり、カリフォルニアやオーストラリアなど英語圏の国では「エステイト」と呼ばれている。一般的には、ドメーヌでつくられたワインは高品質とされる。

　10数年前までは、日本にこうしたドメーヌタイプのワイナリーは1、2軒ほどしかなかったが、今ではその数は20軒を超えた。予想もつかなかったことだ。ただし「ドメーヌ」の定義は特に法律で決められておらず、現状では買いブ

ドウを使っていても、さらには自社農園さえ持たずともドメーヌを名乗るワイナリーが日本には存在しているのが実情だ。しかしフランスのドメーヌの定義に忠実なつくり手たちもいる。

　山梨県小淵沢にあるドメーヌ ミエ・イケノ。2011年に池野美映さんが立ち上げたワイナリーだ。

　池野さんはじつはフランス国家が認定する醸造士、D.N.O.（ディプロム・ナショナル・ウノローグ）の資格を持っている。フランス人にとっても超難関のこの資格を3年間の猛勉強の末に取得した。帰国して、日本でワイナリーを立ち

左頁：「猫の足跡畑」と名付けた自園。

上：広さは3.6ha。除草剤や化学肥料は不使用。リュットレゾネによる減農薬栽培を実施。

左：代表の池野美映さん。一人で畑を開墾することから始めたという。

上げようとした際、フランスで彼女が見てきたようなワインづくりをしようと考え、すべて自分が育てたブドウでワインをつくることにした。

小淵沢に拓いた一枚続きの畑は3.6ha。畑からは南アルプス、富士山など素晴らしい眺望が望める。畑にはシャルドネ、メルロ、ピノ・ノワールが植えられている。開園は2007年。11年、フランスで学んだ知識を活かし、ポンプを一切使わずに醸す、国内外でも珍しい重力式のワイナリーを設立し、ワインをリリース。すでに熱心な固定ファンがついている。

あくまでも農業をベースにワインづくりを考えているつくり手たちもいる。山梨にベースを置く、小山田幸紀さんと松岡数人さんは、いずれもペイ

ザナ農事組合法人のメンバーとしてワインをつくる。農事組合法人は会社ではない。組合員はそれぞれが採算をとり自立を目指す共同体。彼らは自分で育てたブドウを農事組合法人が経営するワイナリーで仕込み、それぞれドメー

ドメーヌ ミエ・イケノ

Mie Ikeno 月香シャルドネ

価格：5500円（750㎖）
品種：シャルドネ100％（自社畑産）
ブドウ産地：山梨県北杜市小淵沢町
醸造：フレンチオーク樽の小樽発酵、樽熟成あり
生産本数：1446本（2015年）

アニス、プリンスメロン、日向夏、パパイヤなどの複雑な果実の香り。凝縮感のある豊かな口当たりと生き生きとした酸が豊かなハーモニーを奏でている。

DATA

住所：〒408-0043　山梨県北杜市小淵沢町下笹尾114-47　**TEL・FAX**：非公開
アクセス：JR中央本線小淵沢駅よりタクシーで10分、中央自動車道小淵沢ICより10分
ワイナリー・畑の見学：不可（不定期にて公開日またはツアー、イベントあり。開催時は公式サイトなどで事前に告知）
ワイナリーでの試飲・直接販売：なし（ドメーヌ ミエ・イケノ オンラインストアなどにて販売）
公式サイト：https://www.mieikeno.com
E-mail：info@lespasduchat.com

右：高低差を利用して樽詰め。セラーは最下階に。
左：ポンプを使わず、重力を活用して醸造する。

左：ペイザナ中原ワイナリー内観
上左：小山田幸紀さん
上右：ペイザナ中原ワイナリー外観

ドメーヌ・オヤマダ／
ドメーヌ・ポンコツ
（ペイザナ農事組合法人／中原ワイナリー）

DATA

住所：〒409-1301　山梨県甲州市勝沼町中原字落合5288-1
TEL：無（販売元ヴァンクゥール　03-5280-3001）
FAX：無（販売元ヴァンクゥール　03-5280-3002）
アクセス：訪問不可
公式サイト：無（販売元ヴァンクゥール：http://vinscoeur.co.jp/oyamada/）
E-mail：無
（販売元ヴァンクゥール：info@vinscoeur.co.jp）
直営ショップ：無

栽培醸造責任者の片寄広朗さん（左）。代表の高橋竜太さん（右）。

domaine tetta
ド　メ ー ヌ　テッタ

DATA

住所：〒718-0306　岡山県新見市哲多町矢戸3136
TEL：0867-96-3658／**FAX**：0867-96-3659
アクセス：JR伯備線　新見駅よりバス、タクシーで30分　中国自動車道新見ICより15キロ20分
定休日：月曜・火曜
公式サイト：http://www.tetta.jp
E-mail：info@tetta.jp
ワイナリー見学：可　11〜15時（但し、要事前予約）
直営ショップ：有／併設レストラン：有／試飲：有

ヌ・オヤマダ、ドメーヌ・ポンコツのブランドで販売している。

　彼らは、ワインで日本の農業に何ができるかを考えた末、この形態に行き着いた。2人とも耕作放棄地や放棄されそうな土地を引き受けてワインをつくり続ける。小山田さんや松岡さんのワインも非常にコストパフォーマンスが高く、発売後、瞬く間に完売する。

　一方、岡山県新見市では、日本でまったく前例のない土壌でのワインづくりの挑戦が始まった。16年、ドメーヌ・テッタが設立されたのだ。ドメーヌ・テッタを営むのは農業生産法人。そもそもここは代表取締役社長の高橋竜太さんがブドウ園、TETTAとしてスタートさせている。

　3億年前の石灰岩が下に眠るという畑には石灰岩がゴロゴロしている。同様の石灰質土壌のシャンパーニュにいた片寄広

耕作放棄地であった生食ブドウ園をワイン用ブドウの畑として再生。現在は、生食ブドウ2ha、ワイン用ブドウ4haを耕作。最終的には8haまで畑を拡大予定。

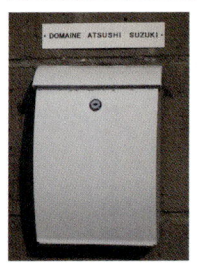

ワイナリーの入り口には小さなポストのみ

朗さんが栽培醸造責任者になって、現在、この地ならではのブドウ品種の模索、そしてワインづくりの追求が続いている。

4.5haの自社畑のブドウの8割は地元ワイナリーに売却する。

そして鈴木淳之さんは、北海道余市町の曽我貴彦さんのもとで修業後、独立。15年にドメーヌ・アツシ・スズキを設立している。彼の場合、ワイン特区制度を利用して免許を取得。植栽面積4.5haのブドウでできるワインは4〜5万本。鈴木さんはこの数量を抱え込むのはリスキーと考え、ブドウの8割を地元ワイナリーに売却中。そのかわり残りの2割のブドウでは、自分のつくりたいワインをとことん追求する。鈴木さんがつくりたいのはピュアな果実味を表現した赤ワインとミネラル感のある白ワイン。将来は徐々に生産量を拡大することも視野にある。

ここで紹介したつくり手たちは、ドメーヌを名乗ることで、自分の畑でブドウを育てることに誇りを持っている。そして、そのブドウだけでワインをつくる覚悟を決めているのだ。

右：小さなバスケットプレスで搾る
左：オーナーの鈴木淳之さん。

ドメーヌ・アツシ・スズキ

DATA

住所：〒046-0002　北海道余市郡余市町登町1731
TEL・FAX：0135-48-6340
公式サイト：http://atsuhi-suzuki.jp
E-mail：atsushi.suzuki.1731@gmail.com
ワイナリー見学・訪問：不可
直営ショップ：無

Chuo Budoshu Grace Wine

女性醸造家が追い求めるのは「高品質なワイン」

What the female vintner directing the winery pursues is wine of the highest quality

中央葡萄酒 グレイスワイン

「デカンタ・ワールド・ワイン・アワード」において3年連続で金賞以上を受賞するなど、世界の檜舞台で実績を積み上げているワイナリー。栽培醸造部長の三澤彩奈さんは日本の甲州を世界に知らしめるべく奔走中。

ワイナリーからの **ひと言** Winery's Comments

1923年の創業以来、家族経営を続け、日本ワインとして品質に妥協することなく、これがグレイスという伝統の味わいを守っています。山梨の勝沼町、北杜市明野町にある自社農園、代々続く近隣の契約畑のブドウから、故郷である山梨の風景を表現するため、産地や畑別の醸造を行っています。日本の固有品種甲州のパイオニアとしても、山路の産地に注目し、自社の垣根栽培に取り組むなど、ワインの品格を重んじたワインづくりを実践しております。

栽培醸造部長を務める三澤彩奈さん。

キュヴェ三澤 赤

価格：実勢価格 8000円（750㎖）
品種：カベルネ・ソーヴィニヨン 43%、メルロ 36%、カベルネ・フラン 14%、プティ・ヴェルド 7%
（すべて自社畑産）
ブドウ産地：山梨県北杜市明野町
醸造：3週間〜1か月間発酵後、20か月樽熟成
生産本数：4300本（2014年）

ピュアな果実味ときめの細かいタンニンが上品な味わいを形成。質感はなめらかで余韻も芳醇で長い。日本一の日照時間を誇る明野町の自社農場で丹精込めて育てたブドウを品種ごと、区画ごとに仕込んだ。長期熟成が期待できるフルボディの1本だ。

グレイス甲州

価格：実勢価格 2500円（750㎖）
品種：甲州 100%
ブドウ産地：山梨県甲州市勝沼町
醸造：ステンレスタンクにて発酵。樽熟成なし。
生産本数：4万5000本（2015年）

溌剌とした酸が果実味に溶けこんで、凛とした印象。エレガントな味わい。江戸前寿司、天ぷら、焼き鳥（塩）と合う。標高400メートル以上の山路ブドウを使用し、シュール・リーや低温発酵などの技術に頼らず、甲州独自の香りや、産地の風味を大切に仕上げた。

北杜市にある三澤農場。甲州ブドウの垣根に仕立てに挑戦。甲州ブドウの糖度は著しく上昇した。

北海道・余市／札幌／岩見沢／三笠／

山形・朝日／上山／南陽／高畠／

新潟・角田浜／越前浜／上越

長野・千曲川ワインバレー／日本アルプスワインバレー／桔梗ヶ原ワインバレー

山梨・勝沼／塩山／山梨／笛吹／甲斐／北杜

　中央葡萄酒、通称グレイスワインは、創業1923年の老舗ワイナリーだ。同ワイナリーのここ5、6年ほどの動きは、まさに飛ぶ鳥を落とす勢い。例えば、世界的に有名な国際コンクールであるデカンタ・ワールド・ワイン・アワードでは、3年連続の金賞以上の受賞、またほぼ毎週のように何らかのメディアに登場する。それには現・代表取締役社長三澤茂計さんの長女、彩奈さんの存在が少なからず影響している。

「家族で経営することを大切にしながら、日本ワインとしての品質に甘んじることなく、グレイスとしての伝統の味わいを守ることを大切にしています」と彩奈さんは同社の理念を語る。彼女が、栽培醸造部長になってからは、その方針がより明確化しているように見える。

「何があっても品質を追求したい」という彩奈さんは、高品質なワインに注力す

国道411号線沿いに位置。見事なまでに蔦に覆われた外観が、ワイナリーが紡いできた年月を物語っている。

上：栽培醸造部長の三澤彩奈さん。自社での収穫、醸造期を終えるとニュージーランドやオーストラリア、チリなどのワイナリーを訪ねて修業を積んだという。

右上：2015年、北杜市明野町にセラーを新設。建築家・竹山聖さんが手がけたモダンな空間では30ほどの樽の中でワインが眠っている。

右：2016年のデカンタ・ワールド・ワイン・アワードでは「グレイス エクストラ ブリュット 2011」がプラチナ賞、「キュヴェ三澤 明野甲州 2015」が金賞を受賞という前例のない快挙を成し遂げた。

るために、2016年からマスカット・ベーリーAと2015年からはデラウェアの新酒をつくるのをやめた。現在取り扱っている品種も、白ワインついては甲州とシャルドネに、赤ワインについてはボルドー系品種とマスカット・ベーリーAに絞り込んだ。

これに先駆け、グレイスワインでは02年に甲府盆地の北西部にあたる北杜市明野に、12haの自社農園三澤農場を拓いている。中規模ワイナリーとしてはかなりの投資に違いない。それまでは勝沼町の自社農園と代々契約が続く農家のブドウをプレミアムワインに使っていたが、さらなる品質向上を目指してトップキュヴェに使用するブドウはすべて明野町の自社畑産にした。標高約700メートルの傾斜地にある三澤農場では夜温は下がるし、日照条件にも恵まれる。西には南アルプスが大きくそびえ立ち、北には八ヶ岳、南には富士山が望める。農場からの光景は息を呑むほど美しい。

05年にはこれまで難しいとされていた甲州の垣根栽培に挑戦。さらに09年からは究極の甲州を目指して高畝式の栽培に取り組んできた。甲州ブドウのポテンシャルを示すためだ。こうした取り組みは「キュヴェ三澤 明野甲州」として実を結び、冒頭で述べたコンクールでも結果を出している。同社のワインは全部で17アイテムに絞り込まれているなか、甲州ワインは7アイテムも揃えられている。

上：勝沼にあるワイナリーの2階では定期的にテイスティングセミナーを開催している。

下：山梨県北杜市にある自社管理農園「三澤農場」。南アルプス、八ヶ岳、茅ヶ岳、富士山を四方に望む。

Histoire

世界的なワイン評論家も絶賛

アメリカのワイン評論家、ロバート・M・パーカー・ジュニア氏はワインを100点満点の評価で知られる。価格や生産者の評判で左右されない、客観的な評価姿勢で支持を集めた。その彼が初めて点数を付けた日本ワインが中央葡萄酒の「KOSHU 2004」。フランス・ボルドー大学教授の指導のもと、日本固有のブドウ品種「甲州」を使って世界に通用するワインづくりを目指そうというプロジェクトの第1弾として仕込まれたワインで、見事に80点台後半のハイスコアを獲得した。甲州の名が世界に轟く画期的な出来事だった。

2004年、勝沼町産の甲州でつくった白ワインを試飲するロバート・M・パーカー・ジュニア氏。

ワイナリーは、勝沼の等々力交差点の角にある勝沼グレイスワイナリーと明野の農園の近くにあるミサワワイナリーの2つ。後者は17年からは一般公開はしない。前者ではテイスティング可能だ。「その土地にしかない味わいを、畑で実現していきます」と語る彩奈さんにはこれからのグレイスワイン、そして山梨のワインを背負って立つ覚悟が見える。

DATA

住所：〒409-1315 山梨県甲州市勝沼町等々力173
TEL：0553-44-1230 ／ FAX：0553-44-0924
アクセス：JR中央本線勝沼ぶどう郷駅よりタクシーで10分
定休日：年末年始ほか
公式サイト：http://www.grace-wine.com/
E-mail：info@grace-wine.com

ワイナリー見学：不可
ワイナリーでの試飲：有（10種類、100〜500円）
ワイナリーでの直接販売：有
ブドウの種類：甲州／シャルドネ／メルロ／カベルネ・ソーヴィニヨン／カベルネ・フラン／プティ・ヴェルド／マスカット・ベーリーA
※本DATAは勝沼ワイナリーの情報になります。

Asahiyoshu Soleil Wine

「究極の地ワインづくり」を目指して
A winery that aims to achieve the ultimate in locally produced wines

旭洋酒 ソレイユワイン

勝沼の老舗ワイナリーで働き、ワインづくりに情熱を燃やしていた夫婦が独立。近隣農家と自社管理畑のブドウを丁寧に醸し、気候や風土の良さを真っ直ぐに表現するワインを提案している。

上：ワイナリー名には、力強さではなく、優しさでほっとさせられるようなワインをつくりたいという想いが込められている。

右：甲州市塩山千野の契約畑では甲州を栽培。新短梢剪定と草生栽培による土壌づくりによって土地の個性を表現するブドウづくりを目指している。

それいゆメルロ
価格：2800円（720㎖）
品種：メルロ100%自社畑産
ブドウ産地：山梨県山梨市八幡地区
醸造：除梗のみで破砕せずに丸い粒のまま発酵スタート。発酵期間は2週間。その後、樽熟成。
生産本数：1242本（2014年）

ベリー系の香り、ほのかなカカオ、そして土の香りが溶け合っている。まだ若さを感じるが穏やかな渋みと果実味とがバランスしている。奥行きも感じられるやさしいメルロ。ビーフシチュー、焼き鳥、うな重とともに。

ソレイユ千野甲州
価格：2800円（720㎖）
品種：甲州100%（契約畑産）
ブドウ産地：山梨県甲州市塩山千野
醸造：樽の中で3週間発酵後、そのまま樽で熟成。
生産本数：1428本（2015年）

カリン、柑橘の香りに白こしょうのニュアンスがアクセントを添えている。ふくよかな果実味には酸がきれいに溶け込んでおり、緊張感のある仕上がり。樽の風味も果実味と良く馴染んでいる。甲州ブドウのポテンシャルが実感できる1本。

ハートのような形をした甲府盆地の北東部にある日下部地区。住宅地の中、所々にブドウ園が点在している。住宅地の小道を車で走っていると、赤茶色の瓦屋根の小さなワイナリーがひょっこりと姿を表す。旭洋酒だ。

鈴木剛さんと妻の順子さんは2002年、共同醸造場だったワイナリーを引き継いだ。勤めていたワイン会社で職場結婚をして3年目を過ぎた頃、ワイナリーが売りに出ているという話が舞い込んだのだ。

独立後は当然ながら、栽培、醸造、そして販売までも主に2人でやり遂げる。栽培は順子さん、醸造は剛さんと担当を

決めてはいるものの、担当ごとの垣根は限りなく低い。現場で気づいたこと、知ったこと、感じたことは、互いに共有し仕事につなげている。

　そんな剛さんと順子さんが大切にしているのは「究極の地ワインづくり」だ。「本来ワインは、土地に暮らす人々が、その地に根付いたブドウで醸す地酒であり、農産物だと捉えています」と語るのは順子さん。「気候や土壌など、風土の影響を否応なく受けるから、ワインには土地の香りがするのです」。さらに２人はこうした地ワインづくりのためにも、地元でブドウを育てる人たちとの信頼関係もひときわ大切にしている。

山梨市の住宅街の中にひっそりとたたずむワイナリー。

右上：山梨市岩手地区の自社畑のピノ・ノワール。
右下：ワインの価格は1000円台と2000円台が半々。モットーは「自分たちが安心して飲めること」。
左上：もともと旭洋酒は地元の農家が集まって運営されていた共同経営のワイナリーだった。現在は当時の建物を活かしつつ、設備を少しずつ入れ替えている。
左下：醸造担当の鈴木剛さんと栽培担当の順子さん。

2人がつくるワインのラインナップは幾分変わっている。本州の多くのワイナリーで見かけるシャルドネやカベルネ・ソーヴィニヨンを、山梨での可能性を感じられないと取り扱わないのだ。普段は穏やかな口調の鈴木夫妻だが、周囲に流されない確固とした信念を持っているのがそんなことからも伝わってくる。白は大半が甲州ワインで4アイテム。赤はマスカット・ベーリーAと、彼らが育てている欧州系品種のワイン。信頼する篤農家が育てる千野の甲州ワインは多くの人にそのポテンシャルで衝撃を与えた。

「それぞれの地域の人に、地元で穫れる野菜の延長として、生活の中にワインを取り入れてもらうのが夢です」と話す順子さん。実際に順子さんは、自身の家庭料理と自社のワインのマリアージュの様

ワイナリーからの ひと言 Winery's Comments

近隣農家と自社管理畑のブドウのみを丁寧に醸し、販売しています。約4名で運営しているワイナリーですので直売店は閉まっていることも多いですが、ホームページから、あるいはメールやファックスでも注文を受け付けております。全国のこだわり酒販店や飲食店にも少量ずつではありますが出荷していますので「ソレイユワイン」を見つけたらお手に取っていただけると幸いです。

ワインづくりに対するひたむきな姿勢を感じさせる醸造担当の鈴木 剛さん。

子を、ツイッターで投稿している。

　8月下旬から10月中旬は、直売店は休み。それ以外も不定休で予約が必要だが、試飲は極力希望に応じている。販売も人任せにせず、自分たちの言葉を選んでワインづくりへの思いを伝えたいという鈴木夫妻は自ら、訪ねてくる人々に応対する。ワインを飲みながら、2人と話していると、ワインづくりの原点に触れているような思いに駆られるだろう。

DATA

住所：〒405-0005 山梨県山梨市小原東857-1
TEL：0553-22-2236／FAX：0553-22-3762
アクセス：JR中央本線東山梨駅より徒歩15分　中央自動車道勝沼または一宮ICより15分
定休日：不定休
公式サイト：http://www5e.biglobe.ne.jp/~soleilwn/
E-mail：soleilwine@mug.biglobe.ne.jp
ワイナリー・畑の見学：不可

ワイナリーでの試飲：有（2 ～ 4種類、無料 ※要問い合わせ）
ワイナリーでの直接販売：有
ブドウの種類：甲州／マスカット・ベーリー A ／メルロ／ピノ・ノワール／シラー

レストラン併設の、歴史あるブティックワイナリー

ルミエールワイナリー

創業130年余。国の登録有形文化財に指定される石の発酵槽を所有するなど、ワインづくりの歴史に触れさせてくれるワイナリー。山梨の食材にこだわったフレンチレストランを併設し、ワインと料理の繊細なマリアージュを堪能させてくれる。

東西に伸びる県道306号線、通称勝沼銀座を下岩崎方面から西に向かうと、甲州市勝沼町から、お隣の笛吹市一宮町に入る。一宮町に入ってすぐ、左手にあるのがルミエールワイナリーである。

創業1885年。山梨県でも1位、2位を争う歴史の長さを誇り、当時すでに名家だった降矢家がワインづくりを手がけ始めたことに端を発する。その後、1901年には、石の発酵槽をつくった。この発酵槽は現在、国の登録有形文化財に指定されている。またこの石蔵は現在も年に1回、実際のワインづくりで使われており、できた赤ワインは「石蔵和

プレステージクラス
カベルネフラン

価格：2500円（750㎖）
品種：カベルネ・フラン
ブドウ産地：山梨県山梨市岩手地区
醸造：発酵後樽で熟成させている
生産本数：1400本

ブラックチェリーやラズベリーのような上品な香りに、わずかに黒こしょうやチョコレートのニュアンスが。厚みのある味わいに穏やかな酸と渋みが溶け込んだ芳醇な赤ワイン。グラスはぜひブルゴーニュタイプで。オムレツやハヤシライスと合わせてみたい。

ルミエールスパークリング 甲州

価格：2400円（750㎖）
品種：甲州100%自社畑産
ブドウ産地：山梨県笛吹市一宮町南野呂地区
醸造：ステンレスタンクで発酵後、瓶内二次発酵させている。樽熟成なし
生産本数：1万9000本

泡立ちが良くてなめらか。柑橘系の香り、爽やかでありながら気品高い味わいが魅力。和食、洋食を問わず、どんな料理にも合うが、特に出汁を使った日本料理と相性抜群。6～8℃に冷やして楽しもう。瓶内二次発酵後、手作業で丁寧に澱を取り除く。

右：日本のワイナリーでは珍しく、スペインのブドウ品種「テンプラニーリョ」を栽培。
左：代表取締役社長の木田茂樹さん（右）と製造部長の河村大介さん。かつてのコンクリートタンクを地下セラーとして活用し、約300の樽を貯蔵している。

ワイナリーからの ひと言
Winery's Comments

「良いワインは良いブドウから」をモットーに、明治18年から続くブティック・ワイナリーです。目の前には自然農法を取り入れた草生・不耕起栽培の自社農園が広がり、現在も使っている国登録有形文化財の石蔵発酵槽（ご予約にてご見学可）を有します。山梨の食材を生かしたフレンチレストラン「ゼルコバ」では癒やしのひとときを、ワインショップではゆったりと試飲やお買い物を楽しんでいただけます。また秋の新酒祭りや石蔵ワイン仕込み体験イベント、春のお花見ワイン会ほか、多くのイベントを催しています。ぜひ遊びにいらしてください。

上：ブドウが持つ本来の風味を引き出そうと、不耕起栽培、草生栽培に取り組んでいる。

右：ワインショップの一角には創業から130年余の歴史を物語る年代物のボトルなどの展示が。

左：醸造所はブドウ畑に隣接。できる限りブドウの品質をあげるために選果を実施。

「飲」として瓶詰めされている。

　その後、経営は塚本俊彦氏が引き継ぎ、氏の手腕によって、名声を得て、国内の公式行事などでもよく使われていた。かつてはワインづくりを始める前から所有していたブドウ畑の屋号をとって「甲州園」と呼ばれていたが、1992年より、ワインのブランド名でもあった「ルミエール」に社名を変更した。

　合計3haの自社畑の一部はワイナリーの裏手の緩やかな斜面にある。甲州や、カベルネ・ソーヴィニヨンを主に育てていたが、近年は、気候変動を考慮しつつ、テンプラニーリョ、プティ・ヴェルド、プティ・マンサンなど、日本ではまだ珍しいが、やや耐病性のある品種にも取り組みだしている。また、除草剤のみならず化学肥料も2003年から使っていない。農薬散布

を減らすために、傘かけを実施し、房の部分をグレープガードという雨よけで覆う、きめ細かい栽培方法もとっている。

　ワインは赤と白はほぼ同じ生産量だが、瓶内発酵のスパークリングワインが多いのが特徴で、スパークリングワインだけで6アイテムも揃う。農家への還元の意味合いも持つ「南野呂」の一升瓶のような超お手頃価格のワインもあれば、1万円の自社畑産の赤ワインもある。とはいえ、基本的には1000円台、2000円台、3000円台に比較的満遍なくワインが揃う。

　現在の代表取締役社長の木田茂樹さんは、輸出にも関心が高く、山梨県の甲州ワインの海外輸出プロジェクトの会長を務めている。

　2010年には、ワイナリーの敷地内のブド

ゆったりと買い物を楽しませてくれるワインショップ（9時30分〜17時30分）。限定品が並ぶことも。

上：ワイナリーに併設されるフレンチレストラン「ゼルコバ」。日差しが降り注ぐ店内には優雅な時間が流れる。

左：提供されるのは、地元の食材を活かしたヤマナシ・フレンチ。ホテル西洋銀座のメインダイニングで総料理長を務めていた広田昭二シェフの腕が冴える。

ウ畑の隣に、フレンチレストラン「ゼルコバ」をオープンさせた。バーベキュー施設は別として、勝沼はもとより山梨県のほかのワイナリーを見ても、ここまでの広さを持ったレストランが併設されているのは珍しい。隣接の、ゆったりとした空間にワインが並ぶショップもリニューアルされている。

　見学コースは500円の30分コース、1000円の60分コースが用意されており、いずれも要予約。

Histoire

日本初の地下発酵槽

1901年（明治34年）に「日本のワイン王」として知られる神谷伝兵衛の指導を受け、京戸川扇状地の傾斜を利用した日本初のヨーロッパ型横蔵式半地下貯蔵庫、地下発酵槽が構築された。その後、金属製醸造タンクの普及にともなって地下発酵槽は使われなくなっていたが、国の登録有形文化財に指定されたのを機に、この発酵槽での醸造が再び行われるようになった。そこで仕込まれたワインは、御影石の効果か否か、香りも味わいもやや重厚で、アルコール濃度も高めとなる場合が多いという。

地下発酵槽で仕込まれたワインは「石蔵ワイン」として販売。ブドウはマスカット・ベーリーA。

DATA

住所：〒405-0052 山梨県笛吹市一宮町南野呂624
TEL：0553-47-0207 ／ **FAX**：0553-47-2001
アクセス：JR中央本線塩山駅または山梨市駅よりタクシーで15分、勝沼ぶどう郷駅よりタクシーで10分　中央自動車道勝沼ICより5分　**定休日**：年末年始ほか
ワイナリー見学：可（30分コース：10時45分〜or14時〜、500円、前日15時までに要予約。60分コース：11時30分〜、1000円、3日前15時までに要予約。※ともに2名から受け付け可）**畑の見学**：可（自由見学）

ワイナリーでの試飲：有（料金はシーズン、内容次第。無料試飲あり）**ワイナリーでの直接販売**：有
併設レストラン「ワイナリーレストラン ゼルコバ」：11時30分〜14時L.O.、17時30分〜20時（土・日曜・祝日のランチは11時〜、13時〜の2部制）、ディナーは当日15時までに要予約　TEL：0553-47-4624
ブドウの種類：甲州／デラウェア／シャルドネ／ソーヴィニヨン・ブラン／マスカット・ベーリーA／メルロ／カベルネ・フラン／テンプラニーリョ

Mars Yamanashi Winery

自然が豊かに薫る格調高いワインづくりに尽力

A winery that puts every effort into the production of sophisticated wines with the harmonious fragrance of nature

本坊酒造 マルス山梨ワイナリー

自社農園のブドウだけを使った「穂坂日之城シリーズ」は赤白ともに、日本ワインコンクールにおいて5年連続で金賞を受賞。コストパフォーマンスが高いワインの追求にも余念がない。2017年にはワイナリーを新設することもあり、注目が集まっている。

シャトーマルス キュベ・プレステージ 穂坂日之城キャトル・ルージュ

価格：5000円（750㎖）
※ヴィンテージにより価格は変動
品種：カベルネ・ソーヴィニヨン45%、メルロ25%、シラー25%、カベルネ・フラン5%すべて自社畑産
ブドウ産地：山梨県
醸造：23～31℃で発酵。約14～18日（醸し期間）、マロラクティック発酵あり、樽熟成あり
生産本数：1110本（2012本）

黒系果実のリキュールやスパイスなどの香りと、樽からのタバコや腐葉土といった熟成香の調和の妙を楽しめる。果実味、酸味と渋みのバランスが良く、やわらかい口当たりが印象的だ。ひと房ひと房丁寧に選別された完熟ブドウを使用し、フランス産の小樽で熟成。

甲州ヴェルディーニョ

価格：1480円（720㎖）
品種：甲州100%契約農家産
ブドウ産地：山梨県
醸造：14～16℃で約20日間発酵。一部マロラクティック発酵あり
生産本数：1万7000本（2015年）

甲府盆地の適熟甲州ブドウからフリーランジュースのみを用いて低温発酵、瓶詰めされた辛口タイプ。「ヴェルディーニョ」が "爽やかな緑" を意味するとおり、その印象は爽快でクリーン。新鮮な果実味と酸味が口の中に広がり、舌先にわずかに炭酸ガスが感じられる。

観光拠点となりつつあるリニューアルした石和温泉駅。そこから歩いて10分ほどのところにあるのがマルス山梨ワイナリーだ。ワイナリーの設立は1960年。鹿児島県にある焼酎メーカーの本坊酒造が、時代の流れに応じて洋酒部門を強化するために立ち上げた。本坊酒造はほかにウイスキーもつくっており、「マルス」は同社洋酒部門のブランド名になる。

山梨県の多くのワイナリーがやや盆地の辺縁部に近い甲州市に集中しているが、マルス山梨ワイナリーは盆地の中央

ワイナリーからの
ひと言
Winery's Comments

1872年に鹿児島で創業した本坊酒造は世界的な酒類コンペティションである「インターナショナル・スピリッツ・チャレンジ」ほかにおいて最高賞を受賞するなど、世界標準の酒づくりに取り組んでいる企業です。2017年秋にはマルス穂坂ワイナリーが誕生。富士山や南アルプスの美しい景観、ワインの味わいから穂坂のすばらしさを感じていただきたいと思います。また、毎年5月3日・4日に多くのグラスワイン、屋台グルメ、ステージイベントが楽しめる「マルスワイン祭り」を開催しておりますので、ぜひ足をお運びください。

20年以上ワインづくりに従事してきた醸造責任者の田澤長己さん。

上：茅ヶ岳山麓の韮崎市穂坂町丘陵東斜面に位置する自社農場「穂坂日之城農場」。日照時間が長く、少雨冷涼。

左：白ワインは香りを逃さないように低温発酵、赤ワインは丁寧なタンニン抽出を目的にやや高温で発酵させる。

右：早くから穂坂地区のポテンシャルに着目。数々のワインをつくりだしてきた。

にある。甲州ブドウは別として、欧州系品種にとっては必ずしも好条件とはいえない。しかしこれがかえって幸いして、1980年代から、穂坂、白根など、甲府盆地の周辺の可能性に注目し、各地の契約農家との関係を築くことができた。こうした動きは、2000年の自社農園、「穂坂日之城農場」の開設にもつながった。一枚続きの南東斜面に植えられたブドウの中には樹齢が16年を超えるものもある。「日之城のブドウならば、日本のトップを狙うワインもできる」と田澤長己工場長は自信を見せる。

さらに注目したいのは、ワイン初心者へのまなざしだ。1000円台半ばのワインのコストパフォーマンスを徹底的に追求するだけでなく、赤ワインをあまり飲みなれていない人でも楽しめる味わいに仕上げている。

見学では、地下樽貯蔵庫から、仕込みの現場、瓶貯蔵庫、そして瓶詰めラインをたどり、有料試飲ではフラッグシップの日之城シリーズを飲むことができる。

2017年秋には、マルス穂坂ワイナリーがスタートし、醸造所に加えて、ビジターセンターも併設予定。富士山や南アルプスの素晴らしい眺望を楽しみながらワインを味わえるようになるという。

DATA

住所：〒406-0022 山梨県笛吹市石和町山崎126
TEL：055-262-4121 ／ FAX：055-262-4120
アクセス：JR中央本線石和温泉駅より徒歩10分　中央自動車道一宮御坂ICより10分
定休日：12月31日
公式サイト：https://www.hombo.co.jp
ワイナリー見学：可（9時〜16時30分）

畑の見学：不可
ワイナリーでの試飲：有（6〜8種類 無料、一部有料200円〜）
ワイナリーでの直接販売：有
ブドウの種類：甲州／デラウェア／シャルドネ／マスカット・ベーリーA／カベルネ・ソーヴィニヨン／メルロなど

篤農家と協力してコストパフォーマンスの良さを実現

A winery that obtains the cooperation of outstanding farmers to achieve great cost performance

シャトー酒折ワイナリー

目指すのは「日々の食卓で飲まれるリーズナブルで美味しいワイン」。醸造責任者・井島正義さんと甲府市のブドウ栽培農家・池川 仁さんがタッグを組み、マスカット・ベーリー A の育成を果敢に推進している。

マスカットベリー A 樽熟成
キュヴェ・イケガワ

価格：3340 円（720㎖）
品種：マスカット・ベーリー A 100%
（契約農園産）
ブドウ産地：山梨県
醸造：ホーロータンク・樹脂タンクで、18 ～ 28℃で約 7 日間発酵
一部マロラクティック発酵、樽熟成あり
生産本数：2472 本（2013 年）

独自の栽培理論で生食用ブドウを育ててきた栽培家の池川 仁さんがシャトー酒折の醸造責任者・井島正義さんとともにつくり上げた赤ワイン。敢えて収穫時期を遅らせて完熟したブドウを使うことで、なめらかで傑出した濃縮感のある味わい。余韻もとても長い。

甲州ドライ

価格：1400 円（720㎖）
品種：甲州 100%（JA より購入）
ブドウ産地：山梨県
醸造：12 ～ 16℃で約 14 日間発酵、樽熟成なし
生産本数：2 万 7600 本
（2016 年）

和柑橘、白い花、はちみつ、リンゴのような甘い香りがあり、口に含むとすっきり爽快。果実の酸味と甲州特有のほのかな苦みが心地良い。刺身、寿司、天ぷら、酢の物など繊細な和食との相性が抜群だ。2015 年開催の伊勢志摩サミットで振る舞われたことでも知られる白ワイン。

シャトー酒折は、海外産ワインを輸入している木下インターナショナルが母体の異色のワイナリーだ。設立は1991年になる。

ワイナリーは、県道 6 号線の北バイパスを甲府方面に向かい、酒折駅の交差点の右手に続くつづら折りの急な坂を上り詰めたところにある。

「日々の食卓で飲まれるリーズナブルで美味しいワインを目指す」と掲げているとおり、全生産量の90％が1000円台。シャトー酒折のワインは、木下インターナショナルの営業マンが輸入ワインと一緒に販売しており、常にそれらのワインと比較される。1000円台のほとんどは甲州ブドウで、一部をマスカット・ベー

ワイナリーからのひと言
Winery's Comments

私たちのワインづくりは、徹底した衛生管理なしには語れません。世界中から導入した醸造設備は細かな部品まで分解し、使用前も使用後もピカピカに洗浄します。製造工程においても微生物管理を徹底的に行い、熱処理をせずにありのままのクリーンなワインを製造。ブドウ本来の風味を味わえるワインづくりに注力しています。ワイナリーのテラスからは甲府盆地を見渡すことができ、また、近くには山梨を代表する戦国武将・武田信玄にゆかりのある武田神社、善光寺があります。あわせてお楽しみください。

物腰が柔らかい醸造家の井島正義さん。

上：正面玄関。ステンドグラスとレンガに彩られたヨーロッパ風の外観が印象的だ。

下：ワイナリーは山の中腹にあり、甲府盆地を見渡せる。

リーAが占める（ちなみに全ワインの8割が白ワイン）。コストパフォーマンスの良さを実現すべく、できるだけ農家やJAとの距離を近くして、品質向上につなげてきた。またいち早くマスカット・ベーリーAの可能性に着目して、篤農家の池川仁さんと協力して、それまでとは一線を画する上質な赤ワインをつくってみせた。ほかには秋から年末にかけて販売する「甲州にごり」の3本もおもしろい。1000円台といって侮るなかれ。3つの地区の土地の違いが味わいに如実に表れている。新酒の時期にはワイナリーでも試飲可能だ。おすすめしたいのが、第2・第4の土日に開催される有料の「メーカーズツアー」。醸造歴20年の醸造責任者・井島正義さんが、案内にあたることもある。醸造現場はもちろん、希望があれば、畑にも連れていってくれる。定員は10名だが、少人数でも実施。6アイテムほどのワインが試飲できるだけでなく、2時間以上にわたって、つくり手自身からシャトー酒折のワインづくりの話が聞ける。ワイナリーのショップの右手にはテラスがあり、甲府盆地が見下ろせる。季節の良い時期には、お弁当を持ち込んでワインを楽しむのも良い。

雑味のないワインを実現すべく、醸造所内のあらゆる機器は徹底的に磨き上げられている。

DATA

住所：〒400-0804　山梨県甲府市酒折町1338-203
TEL：055-227-0511／**FAX**：055-227-0512
アクセス：JR中央本線甲府駅よりタクシーで10分
中央自動車道一宮御坂ICより20分
定休日：年末年始
公式サイト：http://www.sakaoriwine.com
E-mail：okyakusama@sakaoriwine.com
ワイナリー見学：可（9時〜16時、無料）

畑の見学：不可 ※メーカーズツアー参加の場合は可
（第2・第4土・日曜、要予約、1500円）
ワイナリーでの試飲：有（無料試飲は5〜6種類、有料試飲は月替わりで3〜5種類 200円〜）
ワイナリーでの直接販売：有
ブドウの種類：甲州／シャルドネ／マスカット・ベーリーA／シラー

畑の土づくりからワインの瓶詰めまでを頑なに一貫

Devotedly pursues consistency, from the preparation of the vineyard soil through to bottling

サントリー 登美の丘ワイナリー

風光明媚な甲府盆地の丘でブドウを育み続けて 100 年余。最適な場所で最適なブドウ品種を育てるため、広大な自社畑を約 50 もの区画に分けて管理。近年、甲州ブドウの垣根仕立てにも挑戦している。

サントリー登美の丘ワイナリーを訪れたら、まずは畑の頂上にある眺望台に登ってみることをおすすめする。天候に恵まれれば、広々としたブドウ畑の向こうには、東の方まで伸びていく甲府盆地、遥か富士の雄姿も望める。じつに壮

観な光景だ。一帯が登って美しいという意味で登美と名づけられたのも納得だ。

このブドウ園の始まり自体は1909年に遡り、じつに100年の歴史を誇る。途中、荒廃していた時期もあったが、36年、サントリー創業者（当時は寿屋）の

上・下：鬱蒼と茂る150haの森に抱かれるようにして佇む醸造所。
右：標高600メートルの南斜面に広がる畑。日照時間は長い。

登美 赤

価格：1万2000円（750㎖）
品種：カベルネ・ソーヴィニヨン53%、
メルロ41%、プティ・ヴェルド5%、
カベルネ・フラン1%自社畑産
ブドウ産地：山梨県甲斐市大垈
醸造：ステンレスタンクで発酵。
抽出は柔らかくしている。その後、
樽で約14か月熟成。
生産本数：約6000本

濃いガーネット色。ダークチェリーなど、熟した果実由来の自然な甘やかさが香る。口に含むと質感はソフトで、肉付きの良さを堪能できる。徹底した収量制限のもとで育てた自社畑のブドウを複数種類ブレンドしてつくり上げる、登美の丘ワイナリーのフラッグシップワイン。

登美の丘 甲州

価格：3200円（750㎖）
品種：甲州100%自社畑産
ブドウ産地：山梨県甲斐市大垈
醸造：一部タンク発酵・一部樽発酵、
澱（酵母）を残した状態で約5か月間
貯蔵、約4割のワインは樽熟成、
約6割はタンクで熟成。熟成後、
澱を離してアサンブラージュ
生産本数：約5000本

甲州ブドウの特長である柑橘系の香りと、ブドウの遅摘みと一部樽発酵による白桃、洋ナシのような甘やかでリッチな香りが調和。アタックはフレッシュかつやわらかで、その後、豊かな果実味と、甲州に由来する渋みと樽のニュアンスが同調した強さが感じられる。

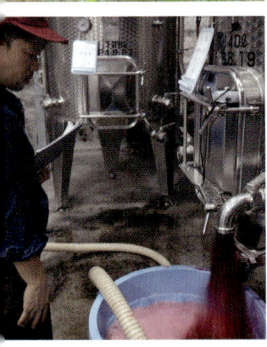

上：品種ごとに熟度を見極めて収穫日を決定し、すべてのブドウをひと房ずつ丁寧に手摘みしている。

左上：山梨の冷涼な気候で育まれるプティ・ヴェルドの可能性に着目し、栽培面積を増やしている。

左：除梗せずに圧搾したり、圧搾前にスキンコンタクトするなど畑ごとに仕込みの仕方を変えている。

鳥井信治郎氏が復興させ今に続く。当時、栽培されていた品種は、欧州系品種に切り替えられた。

今でこそ、大手ワインメーカーが10haを超えるブドウ園の取得に乗り出しているが、鳥井氏は今から80年以上も前に、ブドウ栽培をワインづくりの根幹に据えようとした。氏の英断がもたらしたものが、サントリーのワインづくりの土台となっている。

そして現在、ブドウ園の開園、100周年が過ぎ、ワイナリーは新たなステージを迎えている。栽培面では、現在に至るまで何段階かに分けて、欧米からさまざまな品種の苗を輸入しており、それとともにブドウ園の土壌や栽培条件の調査を重ねてきた。さらに各区画に適した品種への植え替えも実施してきた。今後力を入れようとしているのは、垣根仕立ても一部取り入れた甲州ブドウの栽培だ。

「やはり山梨県に甲州ブドウは適していると思っています。生産量を2022年には約5倍にすることを計画中です」と、ワイナリー長の渡辺直樹さん。

醸造面では、2013年にワイナリーの醸造施設を一新。最新の小型タンク、選果機などが導入され、きめ細やかなつくりが可能になっている。

登美の丘ワイナリーの畑のブドウでつくられたワイン、つまり自社畑産ワインは、「登美の丘ワイナリーシリーズ」になり、このシリーズのトップに位置づけられているのが「登美」。そしてもうひとつの重要なシリーズが「ジャパンプレミアムシリーズ」だ。こちらは、青森県の津軽市、山形県の上山市、長野県の高山村や塩尻市などのブドウが原料の産地シリーズと品種の個性を表現した品種シリーズがある。9月には塩尻産地シリーズが「塩尻ワイナリーシリーズ」として独立する。5000円以上の高価格帯もあるが、1000円台のお手頃価格のワインもある。

ワイナリーの見学は3月末から12月末まで。最新の醸造施設を見学できる「登美の丘ツアー」などが用意されている。日本のワインづくりを知るには欠かせないワイナリーだ。

上：ブドウの生まれ故郷の名を冠した「登美の丘」はワイナリーを代表する、日本ワイン定番シリーズ。
下：ショップでは登美の丘ワイナリーでしか手に入らない銘柄も用意。ワイングッズの品揃えも豊富。
左：山をくりぬいてつくられた瓶熟庫。鍵付きの棚にはエチケットが貼られていない古酒も。

見学可能な第4貯蔵庫。その内部にはフレンチオーク樽が約200も貯蔵されている。

ワイナリーからの
ひと言
Winery's Comments

南に雄大な富士山が見えるワイナリーです。ここでブドウをつくり続けて100年余り。1950年代の半ば、日本でまだ本格的な辛口ワインが広まっていなかった時代、この丘に大規模に欧州系品種を植え、育て、フラッグシップワイン「登美」を生み出しました。

　サントリー登美の丘ワイナリーの歴史は「チャレンジ」の連続。どんなブドウをどうやって栽培し、醸造で何を引き出すのか、熟成で何を育てるのか、畑から醸造までチーム一丸となって、世界を感動させる最高のワインを生み出すよう取り組んでいます。ぜひ1度ならず2度、3度訪れ、ワインを通じて実感してもらえればうれしい限りです。

ワイナリー長を務める渡辺直樹さん。

DATA

住所：〒400-0103　山梨県甲斐市大垈2786
TEL：0551-28-7311
アクセス：JR中央本線甲府駅よりバス・タクシーで30分
定休日：火曜・水曜（8月〜11月は水曜のみ）※1月〜3月下旬までは完全休業
公式サイト：http://www.suntory.co.jp/wine/nihon/
ワイナリー見学：可（9時30分〜16時30分）

畑の見学：可
ワイナリーでの試飲：有（9時30分〜17時、150円〜）
ワイナリーでの直接販売：有
ブドウの種類：甲州／シャルドネ／リースリングイタリコ／リースリングフォルテ／メルロ／カベルネ・ソーヴィニヨン／プティ・ヴェルド／マスカット・ベーリーA／ブラッククイーン／ビジュノワール／カベルネ・フラン

Okunota Winery

奥野田ワイナリー

水はけのよい土壌を有する甲州市旧奥野田地区にてブドウの
ポテンシャルを最大限に活かしたワインづくりに取り組む。
ワイナリー内のガーデンテラスで季節ごとに開催されるワイ
ンイベントにも注目したい。

奥野田フリザンテ

価格：1900 円（750㎖）
品種：デラウェア 100%
契約農園産
ブドウ産地：山梨県甲州市
醸造：ステンレスタンクで
約 3 週間 1 次発酵後
瓶内 2 次発酵を約 6 週間実施
生産本数：3800 本（2014 年）

一次発酵中の発酵温度を低温に
保つことで、デラウェア特有の
フルーティーな香りが前面に。
果実味、香ばしくもほろ苦い余
韻ときめ細かいクリーミーな泡
立ちを楽しみたい。5℃ぐらい
にキリッと冷やし、ピッツァや
アンティパスト、寄せ鍋などと
ともにぜひ。

ラ・フロレット ハナミズキ・ブラン
Cuvee AKANEIRO

価格：2000 円（720㎖）
品種：甲州 100%
契約農家産
ブドウ産地：山梨県甲州市
醸造：ステンレスタンクにて
自生酵母と培養酵母で約 12 週間発酵
生産本数：5600 本（2015 年）

白い花を想わせるような華やい
だ香り、洋ナシのようなフルー
ティーさとフレッシュな酸が
魅力的な 1 本だ。野菜を使っ
た、優しい味わいの料理と相性
が良い。飲み頃の温度は 8 ～
12℃。アルコール発酵させた
後でシュール・リーを実施。

ワイナリー
からの
ひと言
Winery's
Comments

ワイナリー名の奥野田は土地の名前で
ある。甲府盆地の北東の端にあたり、重川
に流れ込む支流によって形成された山や
谷が複雑に入り組んでいる。勝沼方面から、
鳥居平、菱山と続き、一番北に位置してい
るのが奥野田だ。じつは日本でデラウェ
アの栽培が始まった土地でもある。

ワイナリーは、このあたりでは盆地の
際を走る JR 中央本線と平行にのびる、
県道 38 号線沿いに位置している。1 階
が醸造場、2 階の屋上に建てられた小
さなログハウス風のキャビンがワイン
ショップになる。

甲府盆地の北東部にある多くのワイナ

奥野田ワイナリーでは、私たち
が運営するブドウ畑で1年間一
緒に学び、栽培知識を高め、作
業していただく「奥野田ヴィンヤード倶楽部」
というプログラムを設けております。作業日に
はランチとともに、その時期、最もオススメの
ワインをセミナー形式で召し上がって、マリ
アージュを楽しんでいただきます。2017年は
スタートから9年目になりますが、160名を超
える方々がお集まりくださっています。講演
会、テイスティング会なども定期的に行ってい
ますので、お気軽にご
参加ください。

中村雅量（まさかず）
社長と亜貴子夫人。

北海道・余市／札幌／岩見沢／三笠／

山形・朝日／上山／南陽／高畠／

新潟・角田浜／越前浜／上越

長野・千曲川ワインバレー／日本アルプスワインバレー／桔梗ヶ原ワインバレー

山梨・勝沼／塩山／山梨／笛吹／甲斐／北杜

ワインのラベルは、
いずれもオーナーの
奥様・亜貴子さんの
手によるもの。

上：平垣根の畑「日灼圃場」。光合成を重視し、無肥料・不耕起でカベルネ・ソーヴィニヨンを栽培している。

右：醸造場の階上に位置するログハウスがゲストルーム。温かい雰囲気の中でじっくりテイスティングを楽しめる。

左：樽の選定にもこだわりを見せる。フレンチオーク樽は高級なタランソー社のものなどを使用。

リーと同様に、ここのワイナリーも前身は周辺の農家たちの共同醸造場で、ワイナリー名も当時から「奥野田葡萄酒」だった。農家の高齢化に伴いワイナリーが売却されることになり、白羽の矢が立ったのが、当時、中央葡萄酒で醸造を担当していた中村雅量さん。1989年、中村さんは独立、ワイナリーを取得した。さらに9年後には、ブドウ栽培に着手、畑を

借りるために、農業生産法人を設立した。その際に周辺の耕作放棄地も借り受けて、自社農園は1.5haになった。大半の畑は、棚を撤去して、植え替えを実施、欧州系品種の栽培を始めた。ただし、この地が栽培の発祥の地であるデラウェアは残した。その後、契約農家のメルロ棚畑を借り受け、現在の農園の面積は2haになっている。自社農園は、「桜沢」「長

セラーの前に設けられたガーデンテラスではワインイベントを開催。
つくり手と飲み手が交流する場となっている。

門原」「神田」「日灼」の4か所に点在、栽培の主力はシャルドネとメルロとカベルネ・ソーヴィニヨン。注目したいのが「桜沢」「長門原」の畑。いずれも急斜面の畑で表土が浅い。その下には花崗岩の崩壊土、さらに地中には花崗岩の岩盤が眠っている。日本では珍しいが、フランスのアルザス地方などのワイン産地ではよく見られるものだ。

　中村さんは進取の気質に富み、チャレンジ精神も旺盛。8年前からは、自社農園において富士通と協働協定を締結、IOTを取り入れたブドウ栽培に取り組む。畑の日照量、降水量などのデータを測定し、解析を繰り返すことにより、より適したタイミングで農薬散布が可能になり、全体の回数を減らすことができたという。

　ワインは1000円台から揃うが、最近は、赤、白、ロゼが並ぶ2000円台のラフレットシリーズが人気。またデラウェア栽培発祥の地というここならではの自社農園のデラウェアを使ったにごりスパークリングワインにも注目したい。

　飲み手との交流にも熱心。年に数回、ワインパーティーを開き、秋の収穫には、お客さんも参加。中村さんの妻・亜貴子さんの手料理が振る舞われることもある。

DATA

住所：〒404-0034 山梨県甲州市塩山牛奥2529-3
TEL：0553-33-9988 ／ **FAX**：0553-33-9977
アクセス：JR中央本線塩山駅よりタクシーで5分
中央自動車道勝沼ICより15分
定休日：水曜
公式サイト：http://www.okunota.com
E-mail：information@okunota.com

ワイナリー見学：可（10時〜12時、13時〜17時）
畑の見学：可（10時〜16時、有料）
ワイナリーでの試飲：有（4種類、500円）
ワイナリーでの直接販売：有
ブドウの種類：シャルドネ／甲州／デラウェア／
メルロ／カベルネ・ソーヴィニヨン／
マスカット・ベーリーA

OKU-IZUMO VINEYARD

神の国、奥出雲で育まれ、自然との共生を目指すワインづくり

We aim to grow wine in symbiosis with nature, nurtured in the "Land of the Gods" near Izumo Shrine

奥出雲葡萄園

島根県の奥出雲地方。その豊かな自然に囲まれたワイナリー、奥出雲葡萄園。野生ブドウの交配種、小公子と欧州系品種の2本立てでワインをつくっている。ワインづくりを通して、つくりに関わる人々や訪れる人々とのつながりを育て、自然との共生を目指す。

奥出雲ワイン 小公子

価格：3500円（750㎖）
品種：小公子（自社農園産53%、契約農園産43%）。8月中〜下旬にかけて手収穫
ブドウ産地：島根県雲南市木次町
醸造：25℃の温度で発酵させる。発酵からマロラクティック発酵まで1か月間かける。古樽の中で10か月熟成させる。
生産本数：3698本（2015年）

深く黒みがかった紫色。フレッシュな黒系の果実の香りとコーヒーの香りとが見事に溶け合い、ハーモニーが生まれている。渋みは極めて穏やかで、豊かな酸味がアクセントになり、フレッシュで瑞々しい果実味が堪能できる。20℃前後の温度で大きめのグラスで楽しみたい。

奥出雲ワイン シャルドネ

価格：3000円（750㎖）
品種：シャルドネ（自社農園産70%、契約農園産30%）。9月中旬手収穫
ブドウ産地：島根県雲南市木次町
醸造：発酵温度を17℃にコントロールして発酵させる。マロラクティック発酵後、澱とともに、古樽のみで約6か月間熟成させる。
生産本数：4308本（2015年）

色合いは輝く黄金色。第一印象にふわっと立ち上るナッツのような樽の香り。しだいに熟した洋ナシのような香りも感じられ、程よく調和している。果実味と穏やかな酸が溶け合った柔らかい味わいが身上のワイン。白ワインとしてはやや高めの15〜18℃で楽しみたい。

出雲空港から出雲平野の田園風景の中を30分ほど車で走ると木次町の複合農園である「食の杜」に着く。奥出雲葡萄園は同農園の一角に、ヤマタノオロチの神話で知られる御室山に抱かれるように佇む。ワイナリーの正面にはブドウ園が広がっている。なんとも気持ちの良い光景だ。

ワイナリーの始まりは、1983年、母体である木次乳業が、地元農家と有機栽培で野生ブドウの交配種などの栽培を始めたことに遡る。同社は食の安全を謳い、パスチャライズ牛乳を主な商品としてしており、有機農業の推進にも取り組む。栽培開始から6年後ブドウが実り出す頃、現ワイナリー長の安部紀夫さんが入社。ワインづくりを担う者として白羽の矢が立ち、ひとりでワイナリーを立ち上げることになる。

栽培も醸造も未経験だった安部さんは、国税庁醸造試験所（現酒類総合研究所）、山梨県の丸藤葡萄酒工業での研修を経てワインをつくり出す。野生ブドウ系交配種に加えて、シャルドネなど欧州系品種の栽培も始めた。

初仕込みから25年、有機農業を目指して試行錯誤する中、ワインづくりを進める苦労があったのは想像に難くない。だが欧州系のシャルドネなどでワインづくりの技術を磨き、一方で比較的耐病性

少しでも農薬を減らせるよう、
雨よけをかけて育てている。

ワイナリーを見守るように背後に構える御室山。

のある上記の交配種のひとつ、小公子の
ワインの姿の模索を続けてきた。結果、
ワインは発売と同時に完売する人気アイ
テムとなり、ワイナリー自体が唯一無二
の存在となった。

「近年の悪天候に悩まされつつも、自然
と共生し、地域と共存しワインをつくっ
ていきたいと思っています」と安部さん
は語る。

試飲コーナーに加えて、レスト
ランも併設されている。

近年、小公子は、樽熟成したタ
イプに加えて、発泡酒や甘口タ
イプもつくられるようになって
いる。また、シャルドネも樽熟
成、樽発酵、さらには樽に入れ
ずに仕上げたものがつくられる
ようになっている。

ワイナリーからの
ひと言
Winery's
Comments

ひとりで始めたワイナリーも
今や若手のつくり手たちを含
め14人で営むようになりまし
た。1本の奥出雲ワインが評価されるとき、味
わいや安全性はもちろん、ワイナリーを取り巻
く食の杜の景観や、提供する食事、スタッフの
笑顔、私たち自身の働きぶりも含めて見ていた
だけるよう、磨いていきたいと思っています。
ワイナリーがあり、そこでワインをつくること
で紡がれるさまざまなつながりこそが、ここで
働くわたしたちの幸福感の
源です。奥出雲ワインでつ
ながるすべての人が心を踊
る日々を過ごせるよう地に
足をつけて努力していきた
いと思っています。

ワイナリー長の
安部紀夫さん。

DATA

住所：〒699-1322　島根県雲南市木次町寺領2273-1
TEL：0854-42-3480 ／ **FAX**：0854-42-3487
アクセス：JR木次線木次駅よりタクシーで10分
松江自動車道三刀屋木次ICより約8キロ15分
定休日：火曜日（火曜日が祝日の場合はその翌日）
公式サイト：http://www.okuizumo.com/
E-mail：okuizmo@sannet.ne.jp
ワイナリー見学：可（10時〜17時）
畑の見学：可（10時〜17時、但し 案内なしの自由見学）

ワイナリーでの試飲：有（料金100円）
ワイナリーでの直接販売：有
ワイナリー併設レストラン：11時30分〜14時
料理のタイプ：イタリアン（カフェタイムもあり）
イベント・ツアー：テイスティングセミナー、GW庭カフェ・
シャルドネ収穫祭（9月）・薪割りイベント（3月）など
ブドウの種類：シャルドネ／セイベル9110／ホワイト
ペガール／ソーヴィニヨン・ブラン／ピノ・グリ／ブラッ
クペガール／小公子／カベルネ・ソーヴィニヨン／メルロ

Tsuno Wine

九州・宮崎の地で地酒としてのワインをつくる

We produce our wines as the local liquor in Kyushu's Miyazaki Prefecture

都農ワイン

宮崎で地域に根ざしたワインづくりに取り組んでいるワイナリーがある。過酷な自然条件の中で地元産のブドウのみを原料に、風味豊かなワインづくりが行われている。

NV スパークリングワイン
キャンベル・アーリー

価格：1524 円（750㎖）
品種：キャンベル・アーリー（契約農園産）
ブドウ産地：宮崎県都農町
醸造：ステンレスタンクにて、低温で発酵させている。1か月間熟成させている。
生産本数：1 万 8800 本（2015 年）

透明感のある鮮やかなバラ色。アセロラの香りを主体に、イチゴのような香りが、泡立ちとともに溢れてくる。溌剌とした果実味が印象的。ほのかに甘いが後口は爽快。ワインを飲みなれていない人にもおすすめ。コストパフォーマンス抜群。

シャルドネ　アンフィルタード

価格：2857 円（720㎖）
品種：シャルドネ（自社畑産）
ブドウ産地：宮崎県川南町
醸造：新樽の中で発酵・熟成させた。
生産本数：2800 本（2015 年）

やや濃いめの黄金色が美しい。トロピカルフルーツを思わせる香りが豊かに立ち上る。分厚い果実味ときりっとした酸が溶け合った一体感のある味わい。平均樹齢 20 年の自社農園のブドウのみが原料で都農ワインの努力の結晶。紛れもなく同ワイナリーのフラッグシップワイン。

今や日本全国、ほとんどの都道府県にワイナリーがある。その最南端、宮崎県に都農ワインはある。ワイナリーは日向灘を見下ろす小高い丘に位置している。

設立は1996年。第三セクターのワイナリーになる。宮崎随一のブドウ産地、都農町で地元産ブドウを使ってワインをつくって、地域を活性化しようという構想が立ち上がったのが設立のきっかけだった。

こうした第三セクターのワイナリーは、ブドウの加工場としての意味合いが強く、ワインの品質は二の次になることが多かった。加えて同町は気候条件に恵まれているとは言い難い。しかし都農ワインは数々のハンディキャップを跳ね返し、農家と連携を取りながら、地元のブドウを使うことを貫き、より高品質なワインづくりをとことん追求。不可能と思えることにも挑戦して結果を出し続けてきた。

例えば、キャンベル・アーリーのロゼワイン。世界で評価されるワインはできないと見なされていたこの生食用ブドウのワインで、『ワインリポート』のアジアでお買い得なワイン1位に選ばれた。シャルドネ、シラー、ピノ・ノワールといった欧州系品種でも次々と魅力的なワインを世に送り出している。

一連のワインづくりの実現は、工場長を務めてきた新代表取締役の小畑暁さん

と彼の思いを農家に伝えてきた新工場長の赤尾誠二さんのコンビの存在なくしてはありえない。そして２人はともに世界を見据えつつも、あくまでも地酒としてのワインづくりを大切にしている。新生都農ワインのこれからが益々楽しみだ。

上：空調施設が整った醸造・熟成施設のなかで樽が眠る。
左：都農アジの南蛮漬け。シャルドネとの相性もピッタリ。

ワイナリーからの ひと言 Winery's Comments

農業を活性化し「町おこし」をするために始まった小さな町のワインづくり。地元農家の人々が丹精を込めて育てた地元産ブドウのみを使うことを貫く。「都農ワインは、地域に根ざしたワインを目指しています。ワインは本来、地酒であるべきだという考えです。また、ワインづくりにととどまらず、地域の文化的な活動に協力、貢献しながら地域とのコミュニケーションを図っています」。

工場長の赤尾誠二さん。

DATA

住所：〒889-1201 宮崎県児湯郡都農町川北14609-20
TEL：0983-25-5501 ／ **FAX**：0983-25-5502
アクセス：JR都農駅からタクシーで10分　宮崎市内から国道10号線を北上、都農町まで約１時間半
定休日：年始年末。施設内カフェは火曜日休（祝日は翌日休）
公式サイト：http://www.tsunowine.com

E-mail：info@tsunowine.com
ワイナリー見学：可（見学は上記の電話、FAXまたはメールで要予約　ワインツアーあり）
ワイナリーでの試飲：有
ブドウの種類：シャルドネ／キャンベル・アーリー／マスカット・ベーリーA

ワインのすべてを五感で楽しんでほしいと、ラベルにもこだわる（OSA WINERY）

街中ワイナリーという新しい試み

　ワイナリーが都会の真ん中に？　と誰しもが驚く。ここまで紹介してきた多くのワイナリーは自家農園で育てたブドウを収穫し、潰して搾り、発酵させて、寝かせておくといった一連の作業を行っているところだ。しかし、ワイナリーとブドウ畑が離れているケースは珍しくない。

　最後に、今話題の街中ワイナリーを3軒紹介したい。どれもが小さいながら1階にワイン醸造所を持ち、その2階ではワインショップやテイスティング・バー、レストランを併設している。季節によってはガラス越しに仕込みの様子を見学することもできる。つくり手と飲み手の距離が近いワイナリーだ。

　人気の理由は、はるばる地方のワイナリーまで足をのばさなくとも、身近で気楽に立ち寄れ、どこでどんな風にワインがつくられているか、がわかるというのも魅力なのだろう。街中ワイナリーでワインの醸造工程を知り、できたワインを実際に飲み、つくり手の思いを聞く。ワインは特別な飲み物ではなく、身近なものに感じられるようになってくるだろう。街中の小さなワイナリーが、ワインの敷居を下げるのに、一役かっているのだ。

上：木の扉を開くと、ガラス越しに醸造所が見える。

左：2階には小さなイベントも開けるくらいのスペースが広がる。ナチュラルながらモダンな雰囲気。

下：余市の畑から届いた「旅路」を仕込み中。料理とのマリアージュも積極的に提案。

OSA WINERY

小樽の街中・築100年の石づくりの蔵をワイナリーに改造。1階は醸造所、2階にはショップとテイスティング・バーが。つくり手の想いが隅々までこもる、洗練の一軒。

コンセプトは「幸せのワイン」。飲料企業OBU Companyのワイン事業として2015年に開いた小さなワイナリーだ。運営する長直樹さん・真子さん夫妻は、もともとはワインのインポーターとソムリエで「いち飲み手」であった。五感で楽しめる、身体にすーっと入っていく日本ならではの優しいワインをつくりたい、と願う2人が選んだ土地は北海道の小樽。「日本全国を探したのですが、フジマル醸造所さんを訪ねたとき、あ、街中でもいいんだって改めて気が付きました。小樽なら余市の自社畑にも近いし、観光のお客さまも足を運びやすいですよね」。日本の食卓に寄りそう、アロマ系白ワイン専門を目指す。都会派らし

インポーターから醸造家に転身した長 直樹さん。

く、ワインは1階の醸造所で「ボサノヴァを聞かせて醸しています」。

O della casa

価格：2500円（750㎖）
品種：デラウェア80%、旅路20%（買いブドウ、契約農家産）
ブドウ産地：北海道余市町
醸造：培養酵母　**生産本数**：2100本

サブタイトルの「気兼ねなく楽しんで」の通り、家庭料理全般に広く合わせられるみずみずしい白ワイン。北海道産ブドウの生き生きとした酸と香りが存分に生きた一本。

DATA

住所：〒047-0031　北海道小樽市色内1-6-4
TEL・FAX：0134-61-1955
アクセス：JR函館本線小樽駅から徒歩7分　札幌自動車道小樽ICから3キロ10分
定休日：2階のショップは日曜～水曜定休。木曜～土曜は13時～19時。営業時間の変更あり。1階の醸造所は見学可（事前に要予約）。
公式サイト：http://www.osawinery.com
E-mail：osawinery@gmail.com

フジマル醸造所

■ 島之内（大阪）
■ 清澄白河（東京）

ブドウ畑から1時間以内、大阪のど真ん中に現れたワインを
日常にする、都市型ワイナリーのさきがけ

　ワインづくりを夢見てワインショップからスタート。その後、廃園寸前のブドウ畑を借り受け、自分たちのワインを仕込むようになったオーナーの藤丸智史さん。夢は「ワインを日常にする」、そのためにはまずお客さんが訪問しやすいワイナリーをつくろうと考えた。でも畑はどうしても郊外になってしまう。ブドウの収穫は1年に1度、そのためにワイナリーを畑の横につくらなくても、お客さんが来やすいように街中につくって、逆にブドウに来てもらうほうが効率的ではとの結論に。街のど真ん中にワイナリーをつくることで、ワインが日常へと近づいた。

DATA

住所（大阪）：〒542-0082 大阪府大阪市中央区島之内1-1-14三和ビル1階（ワイナリー）・2階（ワイン食堂）　**TEL・FAX**：06-4704-6666　**アクセス**：地下鉄長堀鶴見緑地線 松屋町駅より徒歩2分　**直営ショップ**：有　**ワイナリー見学**：可（13時〜22時　併設のレストランで飲食した方に限る）**ワイナリーでの試飲**：有（併設のレストランにてグラスワインとして）**ワイナリーでの直接販売**：有　**ワイナリー併設レストラン**：有（13時〜22時）　**E-mail**：Shimanouchi2013@yahoo.co.jp

住所（東京）：〒135-0022 東京都江東区三好2-5-3　**TEL**：03-3641-7115　**営業時間**《レストラン》平日17時〜21時30分（LO）土日祝 ランチ11時30分〜14時(LO)ディナー 17時〜21時30分(LO)《テイスティングルーム》毎日 13時〜21時30分（LO）　**定休日**：月曜日（祝日の場合は営業、翌火曜休み）　**アクセス**：都営地下鉄・東京メトロ 清澄白河駅

東京ワイナリー

ブドウがワインへと変わっていくその様を間近に見ることができる
ホームメイドマイクロアーバンワイナリー

　東京きっての人気住宅地、大泉学園で東京初となるワイナリーを始めた東京ワイナリーの代表、越後屋美和さん。東京の農業をもっと元気にしたい！　がワイナリーを始めるきっかけだったという。「以前野菜の仲卸で働いていたとき、東京にもこんなに農地があって、こんなに美味しい野菜や果物をつくっている農家さんがいることを知って、東京の農産物を広める活動をしたい、と考えていました」。東京のブドウでつくるワインを東京の野菜と組み合わせて食す——都産都消、フードマイレージの考え方を、東京という都会でも楽しみながら学びたい。

驚くほど小さなスペースだがワインは越後屋さんによって1本1本丁寧に仕込まれている。

DATA

住所：〒178-0061東京都練馬区大泉学園町2-8-7　**TEL**：03-3867-5525 ／ **FAX**：03-3867-5525　**アクセス**：西武池袋線大泉学園駅より徒歩で10分　**ワイナリー見学**：可（要連絡）　**ワイナリーでの試飲**：有　**併設レストラン**：アトリエシュクレ（カフェ）　**営業時間**：火、水、金、第4土曜日　11時〜16時30分（昼呑み）土、日曜日13時〜17時（8〜11月はお休み）営業時間10時〜17時　**定休日**：不定休　**E-mail**：echigon@mac.com　**公式サイト**：http://www.wine.tokyo.jp

全国ワイナリーリスト & 酒販店

○ データは、2017 年 3 月時点のものです。データの内容は変更になることがありますのでご了承ください。

○ このワイナリーリストは、2016 年 7 月〜 12 月にかけて全国約 240 か所のワイナリーにアンケート回答をお願いし、返答をいただいた中からカラーページに掲載できなかったワイナリーを紹介するものです。

○ 各ワイナリーのホームページは、ワイナリー名で検索をお願いします。

○ 行き方と所要時間は目安です。

○ 飲酒運転は法律で禁止されています。車でワイナリーを訪問し試飲を希望される方は、必ずハンドルキーパーを同行してください。

○ 年間生産量は 750㎖換算で表記しています。また、実際の生産本数ではなく、生産量の目安です。720㎖および 1.8ℓ換算については（　　　）内に表記しました。

○ 試飲の可否は時期によって変化することがあります。

○ 酒販店の取り扱いワイン及び在庫状況につきましては、各店舗にお問い合わせください。

マークの見方

🍶🍶 年間生産量

🍇 ブドウ畑の見学

🏠 ワイナリーの見学

🍷 ワイナリーでの試飲

🛍 ワイナリーでの直接販売

🍴 併設レストラン

北海道

ばんけい峠のワイナリー

〒 064-0945
北海道札幌市中央区盤渓 201-4
☎ 011-618-0522
札樽自動車道 新川 IC から 20 分
JR 札幌駅から車で 15 分

ワインとシードルの醸造を中心に、ハスカップ、アロニア、桑の実など四季の果実酒の蔵出しも。収穫祭 (11/3) では新酒と新そばを味わえる。

🍾 8000 本
🍇 可
🏭 可
🍷 可
🧳 可
🍴 「テラスレストラン」タルトフランベ

八剣山ワイナリー

〒 061-2275
北海道札幌市南区砥山 194-1
☎ 011-596-3981
JR 札幌駅から車で 1 時間

乾杯酒から、自社産ブドウを使用した本格ワインまで、フルラインアップの製造。独自製法によるスイートワインもあり。毎年秋には感謝祭を開催。

🍾 1 万 6000 本
🍇 可
🏭 可
🍷 可
🧳 可
🍴 無

北海道中央葡萄酒 千歳ワイナリー

〒 066-0035
北海道千歳市高台 1-7
☎ 0123-27-2460
道央自動車道 千歳 IC から 10 分
JR 千歳駅から徒歩 8 分

世界水準のピノノワール栽培を目指して創業、昭和 30 年代の穀物蔵を利用した石蔵のワイナリー。ハスカップを使ったフルーツワインも醸造。

🍾 3 万 5000 本
🍇 不可
🏭 可（要予約・11 〜 3 月は土日休み、年末年始休み）
🍷 無料（一部有料）
🧳 有
🍴 無

アップルランド 山の駅おとえ
(ふかがわシードル)

〒 074-1273
北海道深川市音江町字音江 589-28
☎ 0164-25-1900
道央自動車道 深川 IC から 2 分
JR 深川駅から車で 15 分

深川の地域資源活用施設。深川産リンゴのみを使用して醸造するシードルはタンク内での発酵時に発生するきめ細やかな「天然の炭酸」が特徴。

🍾 1 万本
🍇 不可
🏭 不可
🍷 不可
🧳 可　🍴 無

富良野市ぶどう果樹研究所（ふらのワイン）

〒 076-0048
北海道富良野市清水山
☎ 0167-22-3242
道央自動車道 三笠 IC から 1 時間
JR 富良野駅から車で 5 分

富良野市直営のワイナリー。ブドウ栽培から醸造、販売まで一貫して取り組む。隣接のラベンダー畑は 7 月が見頃。9 月初旬ワインぶどう祭り実施。

🍾 28 万本（※ 720㎖換算）
🍇 不可　🏭 可
🍷 ワイン 2 種・果汁 1 種は無料、有料試飲有（一杯 500 円・ただし時期による）
🧳 可
🍴 「ワインハウス」コース料理、アラカルト

はこだてわいん

〒 041-1104　北海道亀田郡七飯町字上藤城 11
☎ 0138-65-8115
北海道縦貫自動車道 大沼公園 IC から 25 分
JR 新函館北斗駅から車で 10 分

酸化防止剤無添加ワインをつくる高度な技術と設備により ISO9001 認証の品質管理を徹底。ワインソフトクリームの販売や、大型連休イベントあり。

- 🍾 75 万本（※ 720㎖換算）
- 🍇 不可
- 🏠 可（11:00 ／ 14:00 ／ 15:30・無料・要予約・土日祝休み）
- 🍷 無料・約 10 種
- 🛍 可　「はこだて明治館」にも直営店あり
- 🍴 無

奥尻ワイナリー

〒 043-1525
北海道奥尻郡奥尻町字湯浜 300
☎ 01397-3-1414
奥尻空港から車で 20 分
奥尻港フェリーターミナルから車で 30 分

北海道南西部、海に囲まれた奥尻島でのブドウ栽培に邁進。日本海の潮風を受けて育ったブドウにより、天然のミネラル豊富なワインが楽しめる。

- 🍾 5 万本
- 🍇 不可
- 🏠 可（前日までに要予約）
- 🍷 無料
- 🛍 可　函館空港旅客ターミナルビル「ボルックス」内にも直営店あり
- 🍴 無

ニセコワイナリー

〒 048-1542
北海道虻田郡ニセコ町字近藤 194-8
☎ 0135-44-3099
新千歳空港から車で 2 時間
JR ニセコ駅から車で 10 分

ワイン特区であるニセコ町初のワイナリー。自社農園の有機栽培ブドウでオーガニックスパークリングワインを醸造。商品は現地でのみ購入可。

- 🍾 3000 本
- 🍇 不可
- 🏠 不可
- 🍷 不可
- 🛍 可
- 🍴 無

札幌酒精工業 富岡ワイナリー

〒 043-0115
北海道爾志郡乙部町字富岡 251
☎ 011-661-1211（本社）
JR 札幌駅から車で 3 時間 45 分
道の駅ルート 229 元和台から車で 15 分

北海道南部産のブドウを 100%使用し、「遊楽部」「おとべ」「富岡」のワイン銘柄を展開。現在は農園、醸造所ともに見学不可。

- 🍾 非公開
- 🍇 不可
- 🏠 不可
- 🍷 不可
- 🛍 不可
- 🍴 無

松原農園

〒 048-1313
北海道磯谷郡蘭越町字上里 151-8
☎ 0136-57-5758
matsubarawine@mac.com
JR 蘭越駅から車で 10 分

優しい味わいの良質なテーブルワインを追求。固定客への予約販売がほとんどのため、現地販売は在庫限り。問い合わせは電話ではなくメールを。

- 🍾 1 万本
- 🍇 要問合
- 🏠 不可
- 🍷 不可
- 🛍 可　他は一部小売店とネット販売のみ
- 🍴 無

NIKI Hills ヴィレッジ

〒 048-2401
北海道余市郡仁木町旭台 155-6
☎ 0135-32-3801
札幌自動車道 小樽 IC から 40 分
JR 余市駅から車で 10 分

醸造は仁木・余市で育ったワイン用のブドウのみを使用。ナチュラルガーデン、レストラン、宿泊施設も建設中。2018 年夏グランドオープン予定。

- 🍾 1 万 5000 本
- 🍇 要問合
- 🏠 要問合
- 🍷 不可（2018 年夏オープン予定）
- 🛍 要問合
- 🍴 無（2018 年夏オープン予定）

ベリーベリーファーム＆ワイナリー仁木

〒 048-2411
北海道余市郡仁木町東町 13-49
☎ 0135-32-3020
JR 仁木駅から車で 5 分

健全なオーガニックワインを醸造。有機農産物加工酒類の認定を取得し、農作物の生産から醸造まで一貫して有機で取り組む日本初のワイナリー。

- 🍾 8000 本
- 🍇 不可
- 🏠 不可
- 🍷 不可
- 🧳 可
- 🍴「ベリーベリーファームレストラン」洋食

余市ワイナリー

〒 046-0003
北海道余市郡余市町黒川町 1318
☎ 0135-23-2184
JR 余市駅から車で 5 分

余市のブドウを余市で醸す「地ワイン」を追求。レストランのほか、ベーカリー、ギャラリー・アトリエも併設、食とアートの融合が楽しめる。

- 🍾 10 万本（※ 720㎖換算）
- 🍇 不可
- 🏠 可（団体は要予約☎ 0135-21-6161）
- 🍷 無料・全種類
- 🧳 可
- 🍴「余市ワイナリーレストラン」洋食

月浦ワイナリー 月浦ワイン醸造所
（直営店）

〒 049-5721
北海道虻田郡洞爺湖町洞爺湖温泉 36-8
☎ 0142-73-2988
JR 洞爺駅から車で 25 分

小規模ながら、選果を徹底した自社農園産ブドウのみを使用した、個性あるワインを製造。農園、醸造所ともに見学不可のため連絡は直営店まで。

- 🍾 1 万 6000 本
- 🍇 不可（収穫ボランティアのみ可・要問合）
- 🏠 不可
- 🍷 不可
- 🧳 不可
- 🍴 無

登醸造

〒 046-0002
北海道余市郡余市町登 718
http://www.noborijozo.com/renraku.htm
道央自動車道 小樽 IC から 40 分
JR 余市駅から車で 10 分

除草剤を使わず育てた完熟ツヴァイゲルト・レーベのみを丁寧に醸造。野生酵母を使用し、酸化防止用の亜硫酸塩も極小に抑えたワインを製造。

- 🍾 250 本
- 🍇 可（7、8 月の土曜・15:00 以降）
- 🏠 可（7、8 月の土曜・15:00 以降）
- 🍷 可
- 🧳 可
- 🍴 無

マオイワイナリー

〒 069-1316
北海道夕張郡長沼町字加賀団体
☎ 0123-88-3704
千歳空港から車で 30 分
JR 札幌駅から車で 60 分

馬追丘陵中腹の小さなワイナリー。マオイは「ハマナスの咲く丘」の意で、山ブドウ系のワインが特徴。ワイナリーツアーも開催(定員 15 名程度)。

- 🍾 9000 本
- 🍇 可
- 🏠 可
- 🍷 可
- 🧳 可
- 🍴 無

池田町ブドウ・ブドウ酒研究所
（十勝ワイン）

〒 083-0002
北海道中川郡池田町清見 83
☎ 015-572-2467
道東自動車道 十勝池田 IC から 15 分
JR 池田駅から車で 5 分

山ブドウ栽培を原点に、十勝の気候風土に合ったワインづくりに取り組む。ワイナリーは「ワイン城」の愛称で親しまれ、ガイドツアーも開催。

- 🍾 120 万本　🍇 不可
- 🏠 可（ガイドツアー 11:30 ／ 13:30 ／ 14:30・無料・定員 20 名　要問合）
- 🍷 700 円・赤、白など数種のうちから 3 種
- 🧳 可
- 🍴「ワイン城のレストラン」ビュッフェ

北海道の酒販店	住所	電話番号
東急百貨店 さっぽろ店 （B1F 和洋酒売場）	北海道札幌市中央区北 4 条西 2	011-212-2322
大丸札幌店	北海道札幌市中央区北 5 条西 4-7	011-828-1111
丸井今井 札幌本店	北海道札幌市中央区南 1 条西 2	011-205-1151 （代表）
ワインショップフジヰ	北海道札幌市中央区南 3 条西 3-1-2	011-231-1684
グランヴァンセラー	北海道札幌市中央区南 4 条西 4 すすきのラフィラ B2 F	011-531-7777
リカーストア オーガリ	北海道札幌市中央区南 4 条西 5-10 第 4 藤井ビル 1F	011-207-5200
地酒仙丸	北海道札幌市南区石山東 5-8-26	011-592-5151
越前屋	北海道函館市万代町 16-25	0138-41-0071
小樽バイン	北海道小樽市色内 1-8-6	0134-24-2800
河井商店	北海道旭川市 3 条通 6-335-1 カワイビル 1F	0166-22-2664
酒々おがわ（小川商店）	北海道旭川市 6 条西 4-1-22	0166-22-7822
地酒＆ワイン 酒本商店	北海道室蘭市祝津町 2-13-7	0143-27-1111
空知ワインステーション	北海道岩見沢市 4 条東 1 ホテルサンプラザ 1F	0126-25-8825
クラモチコーポレーション	北海道岩見沢市 3 条西 6-1-1	0126-22-0241
Wine&Cheese 北海道興農社	北海道千歳市美々新千歳空港 国内線ターミナルビル 2F	0123-25-8639
耕人舎 北海道本舗 総合土産店	北海道千歳市美々新千歳空港 国内線ターミナルビル 2F	0123-46-5352
地酒屋 小林酒店	北海道滝川市大町 1-7-30	0125-23-2649
前川商店	北海道富良野市末広町 23-1	0167-22-3619
富良野物産センター アルジャン	北海道富良野市幸町 13-1 フラノマルシェ内	0167-22-5443
勝山商店	北海道富良野市日の出町 5-26	0167-22-2278
金井商店	北海道富良野市本町 4-1	0167-22-2715
寿浅グループ 寿浅本店	北海道伊達市山下町 161	0142-23-2257
中根酒店	北海道余市郡余市町大川町 3-76	0135-22-2315
セレクト 108	北海道虻田郡洞爺湖町洞爺湖温泉 29-1 ザ レイクビュー TOYA 乃の風リゾート 内	011-717-2455

※酒販店での取り扱いワインは、おもに店舗周辺地域のワイナリーの商品です。
　日本全国のワインを取り扱っているわけではありませんのでご注意ください。

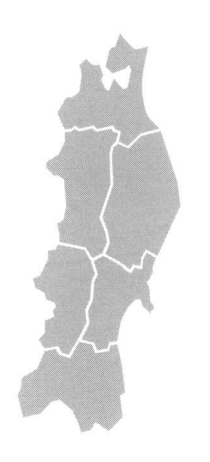

ファットリア ダ・サスィーノ

〒 036-8203
青森県弘前市本町 56-8
☎ 0172-33-8299
JR 弘前駅から車で 25 分

岩木山麓の小さなワイナリーで、イタリア品種が主体。「ワイン特区」を活用しているためワイン販売はないが、グループレストランで注文可能。

🍶 1000 本
🍷 不可
🏠 不可
🍽 不可
🧳 無
🍴 「ピッツェリア ダ・サスィーノ」「オステリア エノテカ ダ・サスィーノ」イタリア料理

サンマモルワイナリー（下北ワイン）

〒 039-5201
青森県むつ市川内町川代 1-6
☎ 0175-42-3870
JR 大湊駅から車で 20 分

本州最北端のワイナリー。土壌管理のため収量を制限し、減農薬栽培を行う。大鰐町の第 2 工場も見学可能（☎ 0172-55-8312・要問合）。

🍶 8 万本（第 2 工場 16 万本）
🍷 可
🏠 可（10:00 〜 17:00）
🍷 購入目的の場合は無料
🧳 可
🍴 無

五枚橋ワイナリー

〒 020-0823
岩手県盛岡市門 1-18-52
☎ 019-621-1014
東北自動車道 盛岡南 IC から 8 分
JR 盛岡駅から車で 15 分

手作業による選果と仕込みを徹底し、自社畑で栽培したブドウによる赤ワインと、厳選地域のリンゴを使用したシードルやリンゴワインを醸造。

🍶 2 万本
🍷 不可
🏠 不可
🍷 無料（一部のリンゴワインのみ）
🧳 可
🍴 無

エーデルワイン

〒 028-3203
岩手県花巻市大迫町大迫 10-18-3
☎ 0120-08-3037 ／ 0198-48-3037
東北自動車道 花巻 IC から 25 分
JR 新花巻駅から車で 25 分

岩手産のブドウのみを醸造。栽培者とともに技術革新と品質向上に努める。工場の団体見学は併設の直売所へ要予約（☎0198-48-3200）。

🍶 40 万本
🍷 不可（応相談）
🏠 可（10:00 〜 15:00・10 名以上は要予約）
🍷 無料・約 10 種　一部有料 200 円〜・約 10 種
🧳 可
🍴 「レストランベルンドルフ」洋食

高橋葡萄園

〒 028-3204
岩手県花巻市大迫町亀ヶ森第 47-4
☎ 080-1662-6150
東北自動車道 花巻 IC から 25 分
JR 新花巻駅から車で 25 分

早池峰山の麓で樹齢 20 年を超えるブドウを栽培、ワインに負荷をかけない醸造を行う。大迫の風土を活かした透明感のあるワインづくりを実践。

🍶 7000 本
🍷 可（要問合）
🏠 不可（要問合）
🍷 不可
🧳 可
🍴 無

神田葡萄園

〒 029-2206
岩手県陸前高田市米崎町字神田 33
☎ 0120-55-0809 ／ 0192-55-2222
東北自動車道 一関 IC から 85 分
大船渡線 BRT 陸前高田駅から車で 15 分

明治 38 年創業、三陸海岸に位置するワイナリー。白ワイン品種を中心に、栽培から加工まで一貫生産を行う。毎年秋にブドウ収穫体験を実施。

🍾 8000 本
🍇 可（要予約）
🏠 可（要予約）
🍷 無料
🧳 可
🍴 無

くずまきワイン

〒 028-5403
岩手県岩手郡葛巻町江刈 1-95-55
☎ 0195-66-3111
東北自動車道 滝沢 IC から 60 分
JR 盛岡駅から車で 2 時間

冷涼な地域でも自生していた山ブドウに着目し、岩手の風土に根ざしたワインをつくる。地産地消レストランと、全商品試飲可能な直売店を併設。

🍾 28 万本（※ 720㎖換算）
🍇 可（10:00 〜 15:00・要予約）
🏠 可（10:00 〜 16:00・要予約）
🍷 無料・18 種
🧳 可
🍴「森のこだま館」和洋食

自園自醸ワイン紫波

〒 028-3535
岩手県紫波郡紫波町遠山字松原 1-11
☎ 019-676-5301
東北自動車道 紫波 IC から 18 分
JR 紫波中央駅から車で 13 分

紫波町の「自園」ブドウを町内で醸造する「自醸」がコンセプト。毎年 10 月にはワイン祭を開催。隣接の体験工房ではピザづくりなどが楽しめる。

🍾 12 万本
🍇 可
🏠 可（9:00 〜 17:00・案内希望、団体は要予約）
🍷 無料・約 10 種
🧳 可
🍴 無

秋保ワイナリー

〒 982-0241
宮城県仙台市太白区秋保町湯元枇杷原西 6
☎ 022-226-7475
東北自動車道 仙台南 IC から 10 分
JR 仙台駅から車で 30 分

地域活性の拠点として、秋保温泉郷の中心部に創設。栽培・醸造研修も実施し、食とワインのイベント「宮城の逸品マリアージュ」を不定期開催。

🍾 3 万本
🍇 可（9:00 〜 17:00・畑周囲からの見学のみ）
🏠 可（9:00 〜 17:00・火曜定休）
🍷 200 円・ワイン、シードル
🧳 可
🍴 イートインコーナー　軽食

ワイナリーこのはな

〒 018-5201
秋田県鹿角市花輪字下花輪 171
☎ 0186-22-2388
東北自動車道 鹿角八幡平 IC から 5 分
JR 鹿角花輪駅から徒歩 5 分

鹿角郡小坂町の畑で栽培される山ブドウ交配種を使用。すべてのブドウが自根で育ち、火山灰土壌特有のミネラル豊富なワインを製造している。

🍾 1 万本（※ 720㎖換算）
🍇 可（要予約）
🏠 可（要予約）
🍷 無料
🧳 可
🍴 無

天鷺ワイン城

〒 018-1223
秋田県由利本荘市岩城下蛇田字高城 2-1
☎ 0184-74-2100
日本海東北自動車道 松ヶ崎、亀田 IC から 10 分
JR 羽後亀田駅から車で 10 分

地域の特産品であるプラム 100％のワインを中心に各種果実酒を醸造。プラムワイン、ブドウワインともに甘口でデザートワインに適する。

🍾 4 万本
🍇 不可
🏠 可（時期によって時間が異なる）
🍷 無料
🧳 可
🍴 無

年間生産量
ブドウ畑の見学
ワイナリーの見学
ワイナリーでの試飲
ワイナリーでの直接販売
併設レストラン

モンサンワイン

〒 992-0005
山形県米沢市窪田町藤泉 943-1
☎ 0238-37-6330
東北自動車道 福島飯坂 IC から 1 時間
JR 米沢駅から車で 15 分

運営は 1866 年創業の老舗、浜田株式会社。ワイン醸造研究には昭和 32 年から着手。毎年 10 月第一日曜日には工場敷地内でワイン祭を開催。

- 🍷 非公開
- 🍇 不可
- 🏠 不可
- 🍷 不可
- 🧳 可
- 🍴 無

天童ワイン

〒 994-0068
山形県天童市大字高擶南 99
☎ 023-655-5151
山形自動車道 山形北 IC から 15 分
JR 天童駅から車で 15 分

気候風土に恵まれた山形盆地の原料を素にワインを醸造。栽培品種はワイン用のシャルドネやメルロなど。見学者にはワインのミニ講座も実施。

- 🍷 6 万本
- 🍇 不可
- 🏠 10 名以上から可（9:00 〜 17:00・要予約）
- 🍷 無料
- 🧳 可
- 🍴 無

大浦葡萄酒

〒 999-2211
山形県南陽市赤湯 312
☎ 0238-43-2056
東北自動車道 福島飯坂 IC から 1 時間
JR 赤湯駅から車で 3 分・徒歩 15 分

山形県のブドウ発祥の地である赤湯で地ワインを製造。地元産ブドウの個性を活かしフルーティな甘口タイプから、樽熟成の本格タイプまで揃う。

- 🍷 7 万 5000 本
- 🍇 不可
- 🏠 可（9:15 〜 16:00・要予約、時期により不可）
- 🍷 無料・6 種
- 🧳 可
- 🍴 無

佐藤ぶどう酒

〒 999-2211
山形県南陽市赤湯 1072-2
☎ 0238-43-2201
東北中央自動車道 山形上山 IC から 20 分
JR 赤湯駅から車で 5 分

「金渓ワイン」の名でも知られ、商品は全て山形産原料のみを使用。近江商人の「三方よし」を経営理念とし、繊細かつ丁寧な醸造に努める。

- 🍷 9 万 6000 本
- 🍇 不可（2018 年 4 月頃より可）
- 🏠 不可（2017 年 11 月頃より可）
- 🍷 無料・6 種
- 🧳 可
- 🍴 無

須藤ぶどう酒

〒 999-2211
山形県南陽市赤湯 2836
☎ 0238-43-2578
JR 赤湯駅から車で 15 分

大正時代からワインづくりを行う。ほとんどが自家農園ブドウで仕込んだワインで、生産量が少ない分、厳選している。自家農園「紫金園」隣接。

- 🍷 1 万本
- 🍇 可（9:00 〜 17:00）
- 🏠 可（9:00 〜 17:00）
- 🍷 無料
- 🧳 可
- 🍴 無

ふくしま逢瀬ワイナリー

〒 963-0213
福島県郡山市逢瀬町多田野字郷士郷士 2
☎ 0120-320307
東北自動車道 郡山南 IC から 20 分
JR 郡山駅から車で 30 分

地元農家と協働し、福島の果樹農業の 6 次産業化のために建設。郡山駅と猪苗代湖の中間に位置し、ワインやシードル、リキュールなどを製造。

- 🍷 1 万 5000 本
- 🍇 可
- 🏠 可
- 🍷 500 円〜
- 🧳 可
- 🍴 無

いわきワイナリー

〒 970-1153
福島県いわき市好間町上好間字田代 11-8
☎ 0246-27-0007
常磐自動車道 いわき中央 IC から 15 分
JR いわき駅から車で 15 分

いわき産のブドウを中心として仕込んだワイン
と、いわき産の梨を使用したスパークリングワイ
ンを少量多品種で醸造。季節ごとにイベントあり。

- 🍾 1 万 2000 本
- 🍇 可（9:00 〜 14:30・土日祝定休）
- 🏠 可（9:00 〜 14:30・土日祝定休）
- 🍷 有料
- 🛍 可
- 🍽 無

ふくしま農家の夢ワイン

〒 964-0203
福島県二本松市木幡字白石 181-1
☎ 0243-24-8170
東北自動車道 二本松 IC から 25 分
JR 安達駅から車で 15 分

農家の共同出資により設立。耕作放棄地をブドウ
畑に、稚蚕所を改修して醸造所に。羽山リンゴで
シードルも醸造。月1回の感謝祭を開催。

- 🍾 2 万本
- 🍇 可
- 🏠 可（要予約）
- 🍷 不可
- 🛍 可
- 🍽 無

東北の酒販店	住所	電話番号
柳田商店	青森県弘前市親方町 32-1	0172-32-1721
地酒屋 芳本酒店	岩手県盛岡市内丸 5-13	019-653-8899
山田酒店	岩手県盛岡市開運橋通 1-38	019-624-2214
マルイチ タストヴァン 城西店焼酎館	岩手県盛岡市城西町 13-1	019-622-4133
パルクアベニュー・カワトク（B1F 和洋酒売場）	岩手県盛岡市菜園 1-10-1	019-651-1111
M ショップちば	岩手県岩手郡葛巻町葛巻 21-94	0195-66-2652
佐藤商店	宮城県仙台市青葉区八幡 2-21-29	022-234-2468
さんろくまる	山形県山形市七日町 2-1-19 セントラルビルウエスト 1F	023-674-8157
北庄武田酒店	山形県山形市宮町 2-2-20	023-622-4383
もとさかや酒店	山形県山形市双月町 3-6-30	023-622-9813
山形県観光物産会館	山形県山形市表蔵王 68	023-688-5500
荒井酒店	山形県山形市桜田西 1-2-15	023-623-5765
道の駅「月山」月山あさひ博物村	山形県鶴岡市越中山字名平 3-1	0235-53-3411
米の粉の滝ドライブイン	山形県鶴岡市上名川字東山 11-1	0235-54-6311
庄内観光物産館 ふるさと本舗	山形県鶴岡市布目字中通 80-1	0235-25-5111
木川屋 新橋本店	山形県酒田市新橋 4-5-15	0234-23-6300
そめこや本店	山形県上山市河崎 3-6-8	023-672-0677
山小酒店	山形県上山市十日町 7-6	023-672-0177
大黒屋	山形県天童市南小畑 2-1-2	023-654-3181
時田酒店	山形県南陽市赤湯 773	0238-43-2220
酒屋源八	山形県西村山郡河北町谷地字月山堂 684-1	0237-71-0890

※酒販店での取り扱いワインは、おもに店舗周辺地域のワイナリーの商品です。
　日本全国のワインを取り扱っているわけではありませんのでご注意ください。

年間生産量

ブドウ畑の見学

ワイナリーの見学

ワイナリーでの試飲

ワイナリーでの直接販売

併設レストラン

関東

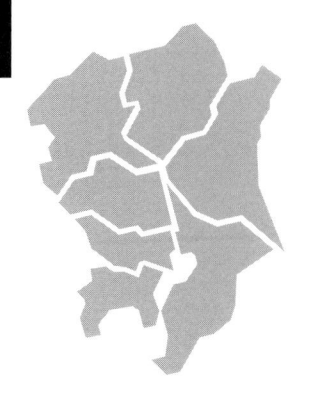

シャトーカミヤ 牛久ワイナリー

〒 300-1234
茨城県牛久市中央 3-20-1
☎ 029-873-3151
常磐自動車道 つくば牛久 IC から 15 分
JR 牛久駅から徒歩 8 分

設立は 1903 年。日本最初期のワイナリーで、ビール醸造も手掛ける。園内にはミュージアムもあり、10 月最終土日にはワイン祭りを実施。

🍶 1 万 5000 本
🍇 不可　🏛 不可
🍷 無料（併設のスーベニアショップにて）
🧳 可
🍴「レストラン キャノン」フレンチ
　「ラ・テラス・ドゥ・オエノン」創作料理
　「バーベキューガーデン」

つくばワイナリー

〒 300-4231
茨城県つくば市北条 1187
☎ 0299-46-7365
常磐自動車道 土浦北 IC から 20 分
つくばエクスプレス つくば駅から車で 20 分

筑波山の南麓で約 6000 本のブドウを栽培し、山梨県で委託醸造。現地販売はないが「みつお万寿」ほか、アンテナショップやオンラインで購入可。

🍶 1 万本（※ 720mℓ換算）
🍇 可（要相談）
🏛 不可
🍷 不可
🧳 無
🍴 無

木内酒造

〒 311-0133
茨城県那珂市鴻巣 1257
☎ 029-298-0105
常磐自動車道 那珂 IC から 15 分
JR 常陸鴻巣駅から徒歩 5 分

1823 年創業の老舗蔵元が、酒蔵の隣接畑でブドウ栽培を開始。ブドウワインは直営店限定での提供だが、柚子や梅のワインは一般販売している。

🍶 2000 本
🍇 可（9:30 ～ 17:30）
🏛 可（9:00 ～ 17:30）
🍷 600 円・1 種
🧳 可
🍴「蔵＋蕎麦 な嘉屋」蕎麦

Cfa Backyard Winery

〒 326-0337
栃木県足利市島田町 607 － 1
☎ 0284-72-4047
東北自動車道 館林 IC から 20 分
東武伊勢崎線 福居駅から徒歩 7 分

醸造に特化したワイナリー。全国の優良な栽培者のブドウを購入し醸造する。醸造体験「Cfa Backyard Winery 足利学校」も開催。

🍶 8000 本
🍇 不可（現在開墾中のため）
🏛 可（10:00 ～ 18:00）
🍷 無料
🧳 可
🍴 無

鳳鸞 那須の原ワイナリー

〒 324-0057
栃木県大田原市住吉町 1-1-28
☎ 0287-22-2239
東北自動車道 西那須野塩原 IC から 30 分
JR 西那須野駅から車で 15 分

1881 年創業の鳳鸞酒造が運営。明治期からブドウ栽培やワイン醸造が行われていた那須野ヶ原でワインづくりを復活させるべく醸造を開始した。

🍶 20 万本
🍇 不可
🏛 不可
🍷 不可
🧳 可
🍴 無

NASU WINE 渡邊葡萄園醸造

〒 325-0027
栃木県那須塩原市共墾社 1-9-8
☎ 0287-62-0548
東北自動車道 那須 IC から 15 分
JR 那須塩原駅から車で 10 分

1884 年創業。日本原産のブドウ品種醸造に加え、現在はボルドー品種の栽培と、フランスの醸造技術を取り入れたワインづくりに挑戦している。

- 🍇 非公開
- 🍇 不可
- 🏠 不可
- 🍷 不可
- 🧳 可
- 🍴 無

奥利根ワイナリー

〒 379-1203
群馬県利根郡昭和村大字糸井字大日向 6843
☎ 0278-50-3070
関越自動車道 昭和 IC から 8 分
JR 沼田駅から車で 20 分

赤城高原のブティックワイナリー。ブドウ畑に囲まれた施設にはテイスティングルームやレストランも併設。純粋で素朴なワインづくりを目指す。

- 🍇 2 万本
- 🍇 可（9:00 ～ 17:00・案内無）
- 🏠 不可（有料ツアー有・前日までに要予約）
- 🍷 無料・5 ～ 8 種
- 🧳 可（9:00 ～ 17:00）
- 🍴 ワイナリー併設レストラン有・イタリアン

兎田ワイナリー

〒 369-1503
埼玉県秩父市下吉田字兎田 3720
☎ 0494-26-7173
関越自動車道 花園 IC から 40 分
秩父鉄道 皆野駅から車で 20 分

長年の委託醸造を経た後に自社醸造所を開設、自社畑と契約農家のブドウを醸造する。秋の収穫祭や、季節ごとにディナーイベントを開催。

- 🍇 2 万本（※ 720㎖換算）
- 🍇 可（要予約・繁忙期不可）
- 🏠 可（要予約・繁忙期不可）
- 🍷 無料
- 🧳 可
- 🍴 有

麻原酒造 越生ブリュワリー

〒 350-0415
埼玉県入間郡越生町大字上野 2906-1
☎ 049-298-6010
関越自動車道 鶴ヶ島 IC から 25 分
東武東上線 東毛呂駅から車で 5 分

1882 年創業の老舗日本酒蔵が設立したワイナリー。日本酒造りで培った醸造技術をもとに、透明感のあるみずみずしいワインに仕上げる。

- 🍇 8000 本（※ 720㎖換算）
- 🍇 不可
- 🏠 可
- 🍷 無料
- 🧳 可
- 🍴 無

秩父ワイン

〒 368-0201
埼玉県秩父郡小鹿野町両神薄 41
☎ 0494-79-0629
関越自動車道 花園 IC から 40 分
秩父鉄道 秩父駅から車で 50 分

1940 年に秩父生葡萄酒（現在の源作印ワイン）を発売。以来、土づくりから一貫してワインづくりに取り組み、長期熟成ワインの醸造も行う。

- 🍇 20 万 2000 本
- 🍇 不可（応相談）
- 🏠 可（9:00 ～ 16:00）
- 🍷 無料
- 🧳 可
- 🍴 無

齋藤ぶどう園

〒 289-1732
千葉県山武郡横芝光町横芝 1074
☎ 0479-82-0696
銚子連絡道路 横芝光 IC から 3 分
JR 横芝駅から徒歩 8 分

元々は生食用のブドウ農家で、現在も古い木製の道具でワインを醸造。九十九里浜に近く、毎年 11 月第 4 土曜に見学会を開催、新酒も販売する。

- 🍇 5000 本（※ 720㎖換算）
- 🍇 不可（見学会のみ可）
- 🏠 不可（見学会のみ可）
- 🍷 不可
- 🧳 不可（見学会のみ可）
- 🍴 無

年間生産量
ブドウ畑の見学
ワイナリーの見学
ワイナリーでの試飲
ワイナリーでの直接販売
併設レストラン

関東の酒販店	住所	電話番号
みつお万寿 羽鳥本店	茨城県小美玉市羽鳥 2738	0299-46-7365
山仁酒店	栃木県宇都宮市川田町 888-1	028-633-4821
志村酒店	埼玉県春日部市備後東 2-15-25	048-735-3044
IMADEYA 千葉エキナカ店	千葉県千葉市中央区新千葉 1-1-1 ペリエ JR 千葉エキナカ 3F S314	043-306-2133
勝鬨酒販	東京都中央区築地 7-10-11	03-3543-6301
にほんばし島根館	東京都中央区日本橋室町 1-5-3 福島ビル 1F	03-3548-9511
富士の国やまなし館	東京都中央区日本橋 2-3-4 日本橋プラザビル 1F	03-3241-3776
茨城マルシェ	東京都中央区銀座 1-2-1 紺屋ビル 1F	03-5524-0818
おいしい山形プラザ	東京都中央区銀座 1-5-10 ギンザファーストファイブビル 1F・2F	03-5250-1752
いわて銀河プラザ	東京都中央区銀座 5-15-1 南海東京ビル 1F	03-3524-8315
銀座カーヴ・フジキ	東京都中央区銀座 4-7-12	03-6228-6111
銀座 NAGANO	東京都中央区銀座 5-6-5 NOCO ビル 1F・2F・4F	03-6274-6015 （代表）
カーヴ ド リラックス 虎ノ門本店	東京都港区西新橋 1-6-11	03-3595-3697
ウィング高輪 EAST foods well	東京都港区高輪 3-26-26	03-3441-4481
Jip WINEBAR&WINESHOP（本店）	東京都新宿区新宿 2-7-1	03-6380-1178
伊勢丹新宿店（グランド カーヴ）	東京都新宿区新宿 3-14-1	03-3352-1111 （代表）
伊勢五本店	東京都文京区千駄木 3-3-13	03-3821-4573
リカーズのだや	東京都文京区千駄木 3-45-8	03-3821-2664
酒の大桝	東京都台東区浅草 4-22-9	03-3874-8011
ニシザワ	東京都墨田区吾妻橋 2-6-2	03-3625-2438
はせがわ酒店 亀戸店	東京都江東区亀戸 1-18-12	03-5875-0404
ヤマニ	東京都目黒区原町 1-2-9	03-3794-0411

関東の酒販店	住所	電話番号
出口屋	東京都目黒区東山 2-3-3	03-3713-0268
地酒とワインの蔵 光屋	東京都大田区蒲田 5-45-5	03-3739-4141
新潟・食楽園	東京都渋谷区神宮前 4-11-7 表参道・新潟館ネスパス 1F	03-5775-4332
渋谷・東急本店 (B1F 和洋酒売場) 〈THE WINE〉	東京都渋谷区道玄坂 2-24-1	03-3477-3582
藤小西 For Wine Lovers	東京都中野区中央 2-2-9	03-3365-2244
松坂屋酒店	東京都杉並区和泉 3-46-7	03-3323-2266
伊勢屋商店	東京都杉並区浜田山 3-33-20	03-3302-7729
酒のトーク 矢澤味噌醸造	東京都豊島区西池袋 4-22-10	03-3973-4501
リカースタジオ清水屋	東京都北区赤羽 1-42-11 ミツワハイツ 1F	03-3901-3732
山内屋	東京都荒川区西日暮里 3-2-3	03-3821-4940
アサヒヤワインセラー	東京都練馬区旭丘 1-56-2	03-3951-6020
カルタ・デイ・ヴィーニ	東京都調布市仙川町 1-15-4 2F	03-6279-5274
酒舗まさるや	東京都町田市鶴川 6-7-2-102	042-735-5141
小山商店	東京都多摩市関戸 5-15-17	042-375-7026
マルシェ ディ ジュール 関内店	神奈川県横浜市中区日本大通り 58	045-662-5260
横浜君嶋屋 横浜本店	神奈川県横浜市南区南吉田町 3-30	045-251-6880
Re:Vini (リヴィニ)	神奈川県横浜市金沢区瀬戸 17-12-2F	045-788-5831
KISSYO SELECT トレッサ横浜店	神奈川県横浜市港北区師岡町 700 トレッサ内 1F	045-541-0413
坂戸屋商店	神奈川県川崎市高津区下作延 2-9-9 MSB 1F	044-866-2005
Rocks off	神奈川県藤沢市鵠沼石上 2-11-16	0466-24-0745
鴨宮かのや酒店	神奈川県小田原市南鴨宮 2-44-8	0465-47-2826

※酒販店での取り扱いワインは、おもに店舗周辺地域のワイナリーの商品です。
　日本全国のワインを取り扱っているわけではありませんのでご注意ください。

l'escargot（レスカルゴ）

〒 953-0012
新潟県新潟市西蒲区越前浜 4477
☎ 0256-77-2268
北陸自動車道 巻潟東 IC から 20 分
JR 越後赤塚駅から車で 10 分

「レスカルゴ」は蝸牛の意。ブドウ栽培からワインづくりまでの長いプロセスをゆっくり丁寧にという信条で、無濾過仕上げの自然派ワインを醸造。

- 🍾 1 万本
- 不可
- 不可
- 無料〜数百円（品種により変動）
- 可
- 無

アグリコア 越後ワイナリー

〒 949-7302
新潟県南魚沼市浦佐 5531-1
☎ 025-777-5877
関越自動車道 大和 PA スマート IC から 3 分
JR 浦佐駅から車で 5 分

新潟産ブドウを 100％使用。豪雪地帯ならではの雪室貯蔵室があり、雪の冷気をワイン貯蔵に利用している。毎年 9 月に収穫祭とワイン祭を実施。

- 🍾 10 万本
- 可（案内付は要予約）
- 可（9:00 〜 17:00）
- 無料・約 10 種
- 可
- 「ワインレストラン 葡萄の花」洋食

胎内高原ワイナリー

〒 959-2824
新潟県胎内市宮久 1454
☎ 0254-48-2400
日本海東北自動車道 中条 IC から 30 分
JR 中条駅から車で 30 分

地域活性化を目的とした、胎内市直営のワイナリー。欧州系品種のブドウ栽培と醸造を行う。見学は不可だが、ワインは酒販店等で購入可。

- 🍾 2 万本
- 不可
- 不可
- 不可
- 不可
- 無

ホーライサンワイナリー

〒 939-2637
富山県富山市婦中町みさご谷 10
☎ 076-469-4539
北陸自動車道 富山西 IC から 10 分
JR 速星駅から車で 15 分

甘口の水果仕込ブドウ酒から重めのワインまで幅広く取り扱う。基本的に県内または北陸 3 県内でのみ販売。年 4 回「ホーライサンフェス」開催。

- 🍾 5 万本（※ 720㎖換算）
- 可
- 可（9:00 〜 18:00・8 〜 10 月は要予約）
- 無料・全種類
- 可
- 施設内カフェレストラン　軽食

ハイディワイナリー

〒 927-2351
石川県輪島市門前町千代 31-21
☎ 0768-42-2622
能登空港から車で 30 分
のと里山海道 西山 IC から 45 分

日本海を見下ろす能登の地に「300 年続くワイナリーを目指す」理念を掲げて設立。寺院御用達や飲食店向けのワインなどを醸造している。

- 🍾 2 万 5000 本
- 可（10:00 〜 17:00）
- 可（10:00 〜 17:00・有料見学ツアー）
- 250 円〜
- 可
- 「ふらんじゅ」フレンチ

能登ワイン

〒 927-0006
石川県鳳珠郡穴水町旭ケ丘り 5-1
☎ 0768-58-1577
のと里山海道 穴水 IC から 15 分
のと鉄道 穴水駅から車で 15 分

能登産ブドウをブレンドせず品種ごとに商品化。加熱処理をしない「生ワイン」醸造が特徴で、畑の土壌改良に牡蠣殻を活用している。

- 15 万本（※ 720㎖換算）
- 可（9:00 〜 17:00）
- 可（9:00 〜 17:00）
- 無料・9 種
- 可
- 無

白山ワイナリー

〒 912-0146
福井県大野市落合 2-24
☎ 0779-67-7111
北陸自動車道 福井北 IC から 40 分
越美北線 越前大野駅から車で 15 分

福井県唯一の自家農園を持つワイナリーで、山ブドウからワインをつくる。毎年 10 月開催の「ワインフェスタ」では貴重なベビーワインが味わえる。

- 3 万本
- 可（9:30 〜 15:00）
- 可（9:30 〜 15:00・繁忙時不可の場合有）
- 無料・5 〜 7 種
- 可
- BBQ 施設有

大和葡萄酒 四賀ワイナリー

〒 399-7418
長野県松本市反町 640-1
☎ 0263-64-4255
長野自動車道 安曇野 IC から 30 分

指定文化財・樹齢 130 年の「甲龍」から枝分けした甲州種をはじめ、日本の古来品種からワインを醸造。日本独自のワインづくりを目指す。

- 8 万 2000 本
- 不可
- 不可
- 不可
- 可
- 無

伊那ワイン工房

〒 396-0111
長野県伊那市美篶 5795
☎ 0265-98-6728
中央自動車道 伊那 IC から 10 分
JR 伊那市駅から車で 7 分

小規模醸造により自社畑は持たず、原料は信頼のおける農家から購入。委託醸造も受け入れ、原料生産者重視の「オーダーメイドワイン」を製造。

- 1 万 6000 本
- 不可
- 可（9:00 〜 17:00）
- 無料
- 可
- 無

たかやしろファーム＆ワイナリー

〒 383-0007
長野県中野市竹原 1609-7
☎ 0269-24-7650
上信越自動車道 信州中野 IC から 10 分
JR 飯山駅から車で 15 分

「たかやしろ」は高社山の愛称で、長元坊営巣地・十三崖の対岸に位置する。100%自社農園産のブドウを使用し地元に根ざしたワインをつくる。

- 3 万本
- 可（要予約）
- 可（要予約）
- 無料・約 5 種
- 可
- 無

ノーザンアルプスヴィンヤード

〒 398-0002
長野県大町市大町 5829
☎ 0261-22-2564
長野自動車道 安曇野 IC から 30 分
JR 信濃大町駅から車で 15 分

北アルプスの麓にあるワイナリー。除草剤、化成肥料不使用で運営。ショップは土日営業だが、農作業による不在が多いので、訪問前には連絡を。

- 1 万本
- 可（12:00 〜 17:00・要予約）
- 可（12:00 〜 17:00・要予約）
- 可
- 可
- 無

年間生産量

ブドウ畑の見学

ワイナリーの見学

ワイナリーでの試飲

ワイナリーでの直接販売

併設レストラン

長野県塩尻志学館高等学校

〒 399-0703
長野県塩尻市大字広丘高出 4-4
☎ 0263-52-0015
JR 塩尻駅から車で 3 分・徒歩で 10 分

ワインづくりを学ぶ高校生が手掛けた「KIKYO
ワイン」ブランドで知られる。学校施設のため見
学は不可だが、ワインは文化祭で販売される。

- 🍷 非公開
- 🍇 不可
- 🏠 不可
- 🍷 無
- 🧳 不可（限定時期のみ販売）
- 🍽 無

塩尻市農業協同組合ワイン工場
（JA 桔梗ヶ原ワイナリー）

〒 399-0704
長野県塩尻市広丘郷原 1811-4
☎ 0263-53-9110
長野自動車道 塩尻 IC から 15 分
JR 塩尻駅から車で 10 分

JA 塩尻市管内で生産されたナイアガラ・コン
コードを主体としたフレッシュワインを製造。現
地ではなく、隣接の「新鮮市場ききょう」で販売。

- 🍷 5 万本
- 🍇 不可
- 🏠 不可
- 🍷 不可
- 🧳 不可
- 🍽 無

株式会社アルプス

〒 399-0712
長野県塩尻市塩尻町 260
☎ 0263-52-1150
長野自動車道 塩尻 IC から 5 分
JR 塩尻駅から車で 5 分

長野県内約 400 軒の農家と契約を結び、農業法
人を設立して自社農園も拡張。品質管理を徹底し、
国際衛生基準と有機 JAS 認証を取得している。

- 🍷 300 万本
- 🍇 可（外観のみ、立ち入りは不可）
- 🏠 不可
- 🍷 不可
- 🧳 可
- 🍽 無

サンサンワイナリー

〒 399-0722
長野県塩尻市大字柿沢日向畠 709-3
☎ 0263-51-8011
長野自動車道 塩尻 IC から 5 分
JR 塩尻駅から車で 12 分

荒れた耕作放棄地を整備し、ブドウを植栽して開
設したワイナリー。エステートワインの醸造も可
能になり、地域の環境保全と新興を実践。

- 🍷 10 万本
- 🍇 可（11:00 ／ 15:00）
- 🏠 可（11:00 ／ 15:00）
- 🍷 可
- 🧳 可（水曜定休）
- 🍽 「Bottega（ボッテガ）」イタリアン

サントリー塩尻ワイナリー

〒 399-0744
長野県塩尻市大門 543
☎ 0263-52-0144
JR 塩尻駅から徒歩 2 分

1936 年に設立。ジャパンプレミアム「産地シリー
ズ」の醸造拠点。2017 年 9 月より「塩尻ワイ
ナリーシリーズ」として独立し、新発売される。

- 🍷 非公開
- 🍇 不可
- 🏠 不可
- 🍷 不可
- 🧳 不可
- 🍽 無

信濃ワイン

〒 399-6462
長野県塩尻市大字洗馬 783
☎ 0263-52-2581
長野自動車道 塩尻 IC から 10 分
JR 塩尻駅から車で 5 分

1916 年からブドウ栽培を開始。自社畑と契約
栽培農家のブドウから、酸化防止剤無添加やにご
りワインなど、幅広いラインアップで醸造。

- 🍷 30 万本
- 🍇 可（要予約・繁忙期及び天候により不可）
- 🏠 可
- 🍷 無料、一部有料 648 円〜
- 🧳 可
- 🍽 無

信州まし野ワイナリー

〒 399-3304
長野県下伊那郡松川町大島 3272
☎ 0265-36-3013
中央自動車道 松川 IC から 15 分
JR 伊那大島駅から車で 15 分

南アルプスを望む、リンゴ畑の中の小さなワイナリー。くだものの里と称される信州伊那谷の様々なフルーツからワインとジュースを製造。

- 🍾 2 万本
- 🍇 不可
- 🏠 不可
- 🍷 無料
- 🧳 可
- 🍴 無

はままつフルーツパーク時之栖

〒 431-2102
静岡県浜松市北区都田町 4263-1
TEL : 053-428-5211
新東名高速道路 浜松 SA スマート IC から 5 分
天竜浜名湖鉄道フルーツパーク駅から車で 1 分

ワインはパーク内のトロピカル・ワインカーヴで醸造。静岡県西部初のワイナリーで、ベビーワインやワイングラスの名入れ体験なども楽しめる。

- 🍾 7500 本
- 🍇 不可
- 🏠 可（有料の工場見学ツアー有・要予約）
- 🍷 入園料 700 円
- 🧳 可

富士山ワイナリー

〒 418-0101
静岡県富士宮市根原字宝山 498
☎ 0544-52-0055
中央自動車道 河口湖 IC から 30 分
JR 新富士駅から車で 50 分

富士山の麓に位置する、甲州種に特化したワイナリー。ワイン用甲州種の垣根栽培及び、O.I.V 基準での甲州ワインづくりを日本で初めて実践。

- 🍾 11 万 5000 本
- 🍇 可（10:00 〜 15:00）
- 🏠 可（10:00 〜 16:00）
- 🍷 無料
- 🧳 可
- 🍴 無

中伊豆ワイナリー シャトー T.S

〒 410-2501
静岡県伊豆市下白岩 1433-27
☎ 0558-83-5111
東名高速道路 沼津 IC から 45 分
伊豆箱根鉄道 修善寺駅から車で 20 分

伊豆の自然に恵まれたワイナリー。ホテルやスポーツ施設、乗馬体験ができる牧場も併設した複合リゾートで、季節ごとにイベントを開催。

- 🍾 15 万本
- 🍇 可（9:30 〜 17:00）
- 🏠 可（9:30 〜 17:00）
- 🍷 100 円・種類は時期による
- 🧳 可
- 🍴 「ナパ・バレー」洋食

アズッカ エ アズッコ
風の丘のワイナリー

〒 471-0057
愛知県豊田市太平町七曲 12-691
☎ 0565-42-2236
東名高速道路 東名三好 IC から 6 分
名古屋鉄道 黒笹駅から車で 7 分

森に囲まれた丘陵にある自社畑のブドウのみを使用。イタリアで学んだワインづくりの技術を生かし、ナチュラルな味わいのワインを醸造。

- 🍾 8000 本
- 🍇 不可
- 🏠 不可
- 🍷 可（なくなり次第終了）
- 🧳 可（完売時はクローズ）
- 🍴 無

小牧ワイナリー・ななつぼし葡萄酒工房

〒 485-0806
愛知県小牧市大字野口字大洞 2325-2
☎ 0568-79-3001
中央自動車道 小牧東 IC から 5 分
名古屋鉄道 味岡駅から車で 20 分

障害のある人の自立支援のため、ブドウ栽培・醸造を一貫して行う。GW 頃に「春の葡萄酒祭り」、11月3日に多治見修道院でワインフェスタを開催。

- 🍾 1 万 3000 本
- 🍇 可（10:00 〜 17:00）
- 🏠 可
- 🍷 無料・5 種
- 🧳 可
- 🍴 ワイナリー内にカフェブース有

北陸・長野・東海の酒販店	住所	電話番号
錦屋酒店	新潟県新潟市中央区花園 1-2-2 ガレッソ 1F	025-244-0342
新潟伊勢丹（地階＝和洋酒）	新潟県新潟市中央区八千代 1-6-1	025-242-1111（代表）
新潟三越	新潟県新潟市中央区西堀通 5 番町 866	025-227-1111（代表）
長谷川屋	新潟県新潟市西蒲区鷲ノ木 273	0256-72-2858
地酒サンマート	新潟県長岡市北山 4-37-3	0258-28-1488
酒屋やよい	新潟県西蒲原郡弥彦村弥彦 1239-4	0256-94-5841
セラーキタムラ	長野県長野市諏訪町 504	026-234-5337
ながの東急百貨店（地下食品街ワインセラー TOKYU）	長野県長野市南千歳 1-1-1	026-226-9579（直通）
信州くらうど	長野県長野市南千歳 1-22-6　MIDORI 長野 2F『信州お土産参道「ORAHO」』内	026-219-6139
中島酒店	長野県松本市中央 1-3-7 セントラルビル 1F	0263-32-1158
おもや平出酒店	長野県松本市大手 4-10-13	0263-32-0179
深澤酒店	長野県松本市波田 3136	0263-92-3107
矢崎酒店	長野県松本市宮田 19-29	0263-25-5016
酒文化いたや（井田屋酒店）	長野県伊那市日影 171	0265-72-2331
善光寺屋酒店	長野県中野市中央 2-4-10	0269-22-2211
リカーハウスながはら	長野県塩尻市広丘高出 1486-309	0263-52-0313
木下商店	長野県塩尻市広丘吉田 880-2	0263-58-8318
酒乃生坂屋	長野県千曲市屋代 1852-1	026-272-0143
酒乃うちやま 金正一内山商店	長野県東御市田中 705-1 マツヤ東部店内	0268-62-0012
酒舗 清水屋本店	長野県南佐久郡小海町大字小海 4285	0267-92-2044
長崎酒店	長野県諏訪郡下諏訪町高木 10616-66	0266-27-7440
萬屋酒店	長野県上水内郡信濃町柏原 2711-23	026-255-2078
ワインブティック パニエ 佐鳴台店	静岡県浜松市中区佐鳴台 4-38-28	053-543-7711
京屋伊助	愛知県豊田市吉原町宮里 8-4	0565-51-2733

※酒販店での取り扱いワインは、おもに店舗周辺地域のワイナリーの商品です。
　日本全国のワインを取り扱っているわけではありませんのでご注意ください。

山梨

サドヤ

〒 400-0024
山梨県甲府市北口 3-3-24
☎ 0120-25-3108 ／ 055-251-3671
中央自動車道 甲府昭和 IC から 20 分
JR 甲府駅から徒歩 5 分

前身は江戸時代の油屋「佐渡屋」。大正 6 年にワイナリーとして創業した老舗で、日本で最も早くワイン専用品種を用いた醸造に成功している。

- 20 万本
- 不可
- 可（時間制有料ツアー・500 円）
- 200 円〜 1000 円・約 20 種
- 可（10:00 〜 18:00）
- 「レアル・ドール」フレンチ

ドメーヌ Q

〒 400-0803
山梨県甲府市桜井町 47
☎ 055-233-4427
中央自動車道 一宮御坂 IC から 20 分
JR 石和温泉駅から車で 5 分

醸造所は小規模ながら、日本最大級のピノ・ノワール畑を持つワイナリー。毎年 7 月 31 日に日本一早い新酒として青デラの「ヌーヌーボー」を発売。

- 2 万本
- 不可（団体の場合のみ応相談）
- 可（11:00 〜 17:00）
- 無料・2 〜 6 種
- 可
- 「レストラン ボルドー」フレンチ

三養醸造

〒 400-0013
山梨県山梨市牧丘町窪平 237-2
☎ 0553-35-2108
中央自動車道 勝沼 IC から 30 分
JR 塩山駅・山梨市駅から車で 15 分

社名の由来でもある唐代の漢詩「三養訓」に基づき、楽しく飲める高品質なワインを少量生産。直販の場合は申告制の大量購入割引制度がある。

- 10 万本
- 不可
- 不可
- 1000 円／ 1 人
- 可
- 無

四恩醸造 シオンワイナリー

〒 404-0016
山梨県山梨市牧丘町千野々宮 764-1
☎ 0553-20-3541
中央自動車道 勝沼 IC から 20 分
JR 塩山駅から車で 15 分

「日本のテーブルワイン」を追求。自社畑では白ワイン用品種を中心にブドウを栽培。日常的に楽しめるクリアな味わいを目指す。現在は見学不可。

- 2 万本
- 不可
- 不可
- 不可
- 不可
- 無

サントネージュワイナリー

〒 405-0018
山梨県山梨市上神内川 107-1
☎ 0553-22-1511
中央自動車道 勝沼・一宮御坂 IC から 15 分
JR 山梨市駅から徒歩 5 分

サントネージュは「聖なる雪」の意。2017 年 4 月より、新ブランド「サントネージュ」をブドウ産地や製法ごとにシリーズ化して発売。

- 670 万本
- 不可（応相談）
- 可（9:00 〜 16:00）
- 無料
- 可
- 無

年間生産量

ブドウ畑の見学

ワイナリーの見学

ワイナリーでの試飲

ワイナリーでの直接販売

併設レストラン

東晨洋酒

〒 405-0024
山梨県山梨市歌田 66
☎ 0553-22-5681
中央自動車道 勝沼 IC から 15 分
JR 山梨市駅から車で 10 分

酸化防止剤無添加の仕込みを中心に、冷却処理や加熱処理をしない「武骨なワイン」が特徴。ブドウ狩りが楽しめる果樹園「千秋園」併設。

- 1 万 5000 本
- 可（8:00 ～ 17:00・要予約）
- 可（8:00 ～ 17:00・要予約）
- 無
- 可
- 無

笹一酒造 笹一ワイナリー

〒 401-0024
山梨県大月市笹子町吉久保 26
☎ 0554-25-2111
中央自動車道 大月 IC・勝沼 IC から 20 分
JR 笹子駅から徒歩 5 分

1919 年創業、栽培から醸造まで手づくりを一貫している。毎年 3 月「笹一の日」、11 月「新酒祭り」で、ワインと日本酒のイベントを開催。

- 10 万本
- 可（要予約）
- 不可
- 500 円
- 可
- 「笹一酒遊館」

ドメーヌ茅ヶ岳

〒 407-0011
山梨県韮崎市上ノ山 3159-1
☎ 080-5534-1674
中央自動車道 韮崎 IC から 3 分
JR 韮崎駅から車で 10 分

茅ヶ岳南麓の自園ブドウのみを使用。ワイン用品種の完熟マスカット・ベーリー A と甲州の醸造に加え、巨峰などの生食用品種も出荷している。

- 2000 本
- 可（要予約）
- 可（要予約）
- 可
- 可
- 無

能見園 河西ワイナリー

〒 407-0263
山梨県韮崎市穴山町 3993
☎ 0551-25-5107
中央自動車道 韮崎 IC から 15 分
JR 穴山駅から徒歩 7 分

大正 7 年創業以来の製法で少量生産を行う小さなワイナリー。八ヶ岳の麓で収穫されるブドウを使用した素朴な風味のワイン「Mont.8」を製造。

- 2000 本
- 不可
- 可（9:00 ～ 19:00）
- 無料
- 可
- 無

富士屋醸造

〒 400-0222
山梨県南アルプス市飯野 1868
☎ 055-282-3509
関越自動車道 昭和 IC から 30 分
JR 甲府駅から車で 40 分

気取らずに飲める「百姓のワイン」と、栽培が困難な県内産貴腐ブドウのみで醸した貴腐ワインを製造。桃や梅などのフルーツワインも販売。

- 3 万本
- 不可
- 不可
- 不可
- 可
- 無

ドメーヌヒデ

〒 400-0306
山梨県南アルプス市小笠原 436-1
☎ 090-7219-6183
中部横断自動車道 南アルプス IC から 3 分
JR 東花輪駅から車で 15 分

品種は黒葡萄のみ、樹に負担をかけず月齢に合わせた収穫と醸造を行う。サポーター制度があり、9 ～ 10 月には短期ワイナリー実践研修も実施。

- 1 万 2000 本
- 不可（専門家、熱望する方は応相談）
- 不可（専門家、熱望する方は応相談）
- 可
- 不可
- 無

敷島ワイナリー

〒 400-1113
山梨県甲斐市亀沢 3228
☎ 055-277-2805
中央自動車道 双葉 SA スマート IC から 15 分
JR 竜王駅から車で 15 分

景勝地・昇仙峡近くの自社畑で、国産 100％の
ワインを生産。BBQ 設備もあり、毎年 10 月は
新酒祭りで賑わう。定期的なワイン勉強会も開催。

🍶 3 万本
🍇 可（要予約）
🏠 可（要予約）
🍷 300 円・5 種類
🧳 可
🍴 無

スズラン酒造工業

〒 400-0059
山梨県笛吹市一宮町上矢作 866
☎ 0553-47-0221
中央自動車道 勝沼 IC から 7 分
JR 山梨市駅から車で 10 分

江戸中期より酒造業を営み、明治時代には宮内省
御用達の「九重シャンパン」を製造。自社畑で約
30 種のワイン用品種を栽培、醸造している。

🍶 5 万本
🍇 可（2 日前までに要予約・繁忙期不可）
🏠 可（2 日前までに要予約・繁忙期不可）
🍷 可（2 日前までに要予約・繁忙期不可）
🧳 可
🍴 無

日川中央葡萄酒

〒 405-0063
山梨県笛吹市一宮町市之蔵 118-1
☎ 0553-47-1553
中央自動車道 一宮御坂 IC から 5 分
JR 石和温泉駅から車で 20 分

生産ブランド名の「Liaison」は「結ぶ・繋ぐ」の
意で、その名の通り商品のほとんどがワイナリー
直接販売。ブドウ栽培・収穫体験希望は応相談。

🍶 1 万 6000 本 (※ 1.8ℓ 換算)
🍇 可（8:00 ～ 17:30・要予約）
🏠 可（8:00 ～ 17:30・要予約）
🍷 可・約 8 種
🧳 可
🍴 無

新巻葡萄酒

〒 405-0065
山梨県笛吹市一宮町新巻 500
☎ 0553-47-0071
中央自動車道 勝沼 IC から 10 分
JR 石和温泉駅から車で 20 分

「ゴールドワイン」の名前で知られる、小規模ワ
イナリー。HP もなくアナログな経営ながら人気
が高く、売り切れた時点で販売終了となる。

🍶 3 万本
🍇 不可
🏠 不可
🍷 無料・3 種
🧳 可
🍴 無

北野呂醸造

〒 405-0065
山梨県笛吹市一宮町新巻 480
☎ 0553-47-1563
中央自動車道 一宮御坂 IC から 5 分
JR 山梨市駅から車で 15 分

北野呂は共同醸造場として創業した地の名前で、
その後現在の新巻に移転。「量より質」を信条に、
県内産ブドウの醸造を一貫して行う。

🍶 3 万 8000 本
🍇 可（9:00 ～ 16:00）
🏠 可（9:00 ～ 16:00、要予約）
🍷 可
🧳 可
🍴 無

アルプスワイン

〒 405-0068
山梨県笛吹市一宮町狐新居 418
☎ 0553-47-0383 ／ 0553-47-5881（直営店）
中央自動車道 勝沼・一宮御坂 IC から 10 分
JR 勝沼ぶどう郷駅・石和温泉駅から車で 20 分

甘口から辛口まで多種多様なワインづくりに挑戦
し「小さな会社でも、一流品を」が合言葉。試飲・
販売はワイナリー近傍の直営店サロンにて。

🍶 20 万本
🍇 不可（応相談）
🏠 不可（応相談）
🍷 100 円～・約 10 種（直営店にて対応）
🧳 可（直営店にて対応）
🍴 無

年間生産量

ブドウ畑の見学

ワイナリーの見学

ワイナリーでの試飲

ワイナリーでの直接販売

併設レストラン

笛吹ワイン

〒 406-0804
山梨県笛吹市御坂町夏目原 992
☎ 055-263-2299
中央自動車道 一宮御坂 IC から 5 分

近隣農家からの委託醸造がメインで、原料はすべて山梨県産。7 月下旬からはワインづくり体験を開催し、昔ながらのブドウの足踏みが楽しめる。

- 4 万 8000 本
- 不可
- 可（要予約、繁忙期不可）
- 無料・約 14 種
- 可
- 無

ニュー山梨ワイン醸造

〒 406-0807
山梨県笛吹市御坂町二之宮 611
☎ 055-263-3036
中央自動車道 一宮御坂 IC から 5 分
JR 石和温泉駅から車で 10 分

JA ふえふき直営の地元密着型ワイナリー。農協経営のため安価で種類も豊富。ブドウ栽培体験ができる「笛吹甲州ぶどう栽培クラブ」を主宰。

- 7 万本
- 不可
- 可（9:00 ～ 16:00）
- 可
- 可
- 無

牛奥第一葡萄酒

〒 404-0034
山梨県甲州市塩山牛奥 3969
☎ 0553-33-8080
中央自動車道 勝沼 IC から 10 分
JR 塩山駅から徒歩 15 分

ブドウ農家が「自分たちのブドウで自分たちが飲む分をつくる」ため設立。市場にはあまり出回らず地元消費が主で、一升瓶で出荷される。

- 5000 本（※ 1.8ℓ 換算）
- 可
- 可（要予約）
- 無料
- 可
- 無

Kisvin Winery（キスヴィンワイナリー）

〒 404-0041
山梨県甲州市塩山千野 474
☎ 0553-32-0003
中央自動車道 勝沼 IC から 20 分
JR 塩山駅から車で 5 分

農家の庭先につくられたガレージワイナリーながら、世界水準の品質を目指して醸造。農作業体験イベントなどもあり（SNS に情報掲載）。

- 1 万 3000 本
- 可（9:00 ～ 17:00・要予約・農繁期不可）
- 可（9:00 ～ 17:00・要予約・9 ～ 11 月不可）
- 無料・4 ～ 8 種
- 可
- 無

塩山洋酒醸造

〒 404-0041
山梨県甲州市塩山千野 693
☎ 0553-33-2228
中央自動車道 勝沼 IC から 15 分
JR 塩山駅から車で 5 分

塩ノ山の北側に位置し、「日本品種を大切に」を基として日本人にあったワインを追求。欧州系品種は一切栽培・醸造しないワイナリー。

- 5 万本（※ 720㎖ 換算）
- 不可
- 可（8:00 ～ 17:00・10 名以上は要予約）
- 無料・4 ～ 6 種
- 可
- 無

甲斐ワイナリー

〒 404-0043
山梨県甲州市塩山下於曽 910
☎ 0553-32-2032
中央自動車道 勝沼 IC から 10 分
JR 塩山駅から車で 1 分・徒歩 12 分

1834 年創業の酒造業を前身に 1986 年に設立。ワイナリーの蔵屋敷は国登録有形文化財で庭園散策も可能。併設カフェには限定ワインもあり。

- 3 万本
- 可（9:00 ～ 17:30）
- 可（9:00 ～ 17:30・貯蔵庫見学は要予約）
- 無料・3 ～ 5 種
- 可
- 「ワインカフェ古壺」カフェ

五味葡萄酒

〒 404-0054
山梨県甲州市塩山藤木 1937
☎ 0553-33-3058
JR 塩山駅から車で 10 分

栽培から醸造まですべて手づくり。自社畑と契約農家による県内産原料使用を徹底しており、小規模ワイナリーながらラインナップは豊富。

🍶 3 万本
🍇 可 (9:00 ～ 16:00)
🏠 不可
🍷 300 円
🧳 可
🍴 無

シャトージュン

〒 409-1302
山梨県甲州市勝沼町菱山 3308
☎ 0553-44-2501
中央自動車道 勝沼 IC から 10 分
JR 勝沼ぶどう郷駅から車で 5 分

ファッションメーカー JUN グループ直営。甲州やシャルドネなど白ワインを中心に醸造している。少人数運営のため、直売所休業の場合あり。

🍶 7 万本
🍇 不可
🏠 不可
🍷 可
🧳 可
🍴 無

シャトー勝沼

〒 409-1302
山梨県甲州市勝沼町菱山 4729
☎ 0553-44-0073
中央自動車道 勝沼 IC から 5 分
JR 勝沼ぶどう郷駅から車で 3 分・徒歩 15 分

勝沼最古のワイナリー。1877 年の創業以来、自社農場、自社醸造を貫き、本場フランス仕込みのワインづくりを続ける。見学ツアーは要予約。

🍶 非公開
🍇 可 (要予約)
🏠 可 (9:00 ～ 17:00)
🍷 可
🧳 可
🍴 「鳥居平」フレンチ

錦城葡萄酒

〒 409-1303
山梨県甲州市勝沼町小佐手 1833
☎ 0553-44-1567
中央自動車道 勝沼 IC から 5 分
JR 勝沼ぶどう郷駅から車で 5 分

地元の農家 160 戸と契約栽培し、会社周辺の畑のブドウのみを使用。日本人の味覚と食文化に合うよう、勝沼の持ち味を生かしたワインを醸造。

🍶 3 万本
🍇 可 (要予約)
🏠 可 (要予約)
🍷 可
🧳 可
🍴 無

マンズワイン 勝沼ワイナリー

〒 409-1306
山梨県甲州市勝沼町山 400
☎ 0553-44-2285
中央自動車道 勝沼 IC から 10 分
JR 塩山駅から車で 5 分

山梨最大規模のワイナリー。数十種類のワインを製造し、仕込み作業所、タンク群、資料館、樽貯蔵庫が見学可。毎年 11 月 3 日にワイン祭り開催。

🍶 非公開
🍇 不可
🏠 可 (9:00 ～ 12:00 ／ 13:00 ～ 15:30)
🍷 無料・約 30 種 (一部有料)
🧳 可
🍴 「万寿園」BBQ

蒼龍葡萄酒

〒 409-1313
山梨県甲州市勝沼町下岩崎 1841
☎ 0553-44-0026
中央自動車道 勝沼 IC から 10 分
JR 勝沼ぶどう郷駅から車で 10 分

「蒼龍」は中国故事にある東方を守る神の名が由来。1899 年の創業以来、甲府盆地の東部・勝沼で甲州ワインの正統を守り続けている。

🍶 非公開
🍇 可 (要予約)
🏠 可 (団体の場合は要予約)
🍷 無料・約 40 種
🧳 可
🍴 無

年間生産量

ブドウ畑の見学

ワイナリーの見学

ワイナリーでの試飲

ワイナリーでの直接販売

併設レストラン

イケダワイナリー

〒 409-1313
山梨県甲州市勝沼町下岩崎 1943
☎ 0553-44-2190
中央自動車道 勝沼 IC から 5 分
JR 勝沼ぶどう郷駅から車で 5 分

勝沼のワイナリーで醸造責任者を務めていたオーナーが独立。長年の醸造経験に基づいた技術により、和食とも相性の良いワインづくりを実践。

- 5 万本
- 可（要予約）
- 可（9:00 〜 17:00・要予約）
- 500 円
- 可
- 無

岩崎醸造 ホンジョーワイン

〒 409-1313
山梨県甲州市勝沼町下岩崎 957
☎ 0553-44-0020
中央自動車道 勝沼 IC から 1 分
JR 勝沼駅から車で 10 分

ブドウとワイン発祥の地「祝村」（現・勝沼町）の醸造免許者 130 名が共同で設立。ホンジョーの呼称は「本醸」から。甲州種の白ワインが主力。

- 10 万本
- 可（9:00 〜 16:00・要予約）
- 可（9:00 〜 16:00・要予約）
- 無料
- 可
- 無

麻屋葡萄酒

〒 409-1315
山梨県甲州市勝沼町等々力 166
☎ 0553-44-1022
中央自動車道 勝沼 IC から 5 分
JR 勝沼ぶどう郷駅から車で 5 分

1921 年創業。ブドウ畑に囲まれたショップでは創業当時のラベルや醸造機械を展示。醸造現場や地下貯蔵庫を巡る予約制ツアーも実施。

- 10 万本
- 可（9:00 〜 16:00・要予約）
- 可（9:00 〜 16:00・要予約）
- 無料・10 種（一部有料 300 円〜）
- 可（9:00 〜 16:30）
- 無

白百合醸造 ロリアンワイン

〒 409-1315
山梨県甲州市勝沼町等々力 878-2
☎ 0553-44-3131
中央自動車道 勝沼 IC から 10 分
JR 塩山駅・勝沼ぶどう郷駅から車で 10 分

「L'ORIENT」は東洋の意。減圧蒸留方式でつくった日本初のグラッパも販売。生ワインボトル詰めやラベルづくり、有料ツアーなども多数。

- 20 万本
- 可（要相談）
- 可（9:00 〜 17:00）
- 無料（一部有料〜 500 円）
- 可
- 無

シャトレーゼ ベルフォーレワイナリー 勝沼ワイナリー

〒 409-1316
山梨県甲州市勝沼町勝沼 2830-3
☎ 0553-20-4700
中央自動車道 勝沼 IC から 5 分
JR 勝沼ぶどう郷駅から車で 7 分

和洋菓子メーカーのワイン部門。勝沼を中心に点在する自社農園産のブドウを醸造。瓶内二次発酵の本格スパークリングワインも製造している。

- 3 万本
- 不可
- 不可
- 無料・10 種
- 可
- 無

マルサン葡萄酒

〒 409-1316
山梨県甲州市勝沼町勝沼 3111
☎ 0553-44-0160
中央自動車道 勝沼 IC から 5 分
JR 勝沼ぶどう郷駅から車で 5 分

江戸時代よりブドウ栽培をしていた若尾家が経営。併設の「若尾果樹園」では約 30 種類の生食用ブドウを栽培し、ブドウ狩りも楽しめる。

- 2 万 5000 本（※ 720㎖換算）
- 可（9:00 〜 17:00）
- 可（9:00 〜 17:00）
- 無料・約 7 種
- 可
- 無

柏和葡萄酒（大善寺）

〒 409-1316
山梨県甲州市勝沼町勝沼 3559
☎ 0553-44-0027
中央自動車道 勝沼 IC から 3 分
JR 勝沼ぶどう郷駅から車で 7 分

株主（組合員）がそれぞれ持ち寄ったブドウの量に応じてワインを持ち帰るシステム。一般購入及び見学は不可だが、大善寺現地でのみ購入可。

- 8000 本
- 不可
- 不可
- 不可
- 不可
- 無

東夢ワイナリー

〒 409-1316
山梨県甲州市勝沼町勝沼 2562-2
☎ 0553-44-5535
中央自動車道 勝沼 IC から 5 分
JR 勝沼ぶどう郷駅から車で 8 分

定年退職者たちが耕作放棄地を拓いて設立。甲州ブドウのブランデーと白ワインをブレンドした、世界唯一のブドウの焼酎「葡蘭酎」を開発。

- 2 万 5000 本
- 可（10:00 〜 16:00・要予約）
- 可（10:00 〜 16:00）
- 無料（一部有料 300 〜 500 円）
- 可
- 無

山梨の酒販店	住所	電話番号
ワインズ新富屋	山梨県甲府市丸の内 2-29-2	055-222-3539
リカーショップながさわ	山梨県甲府市中央 5-7-10	055-233-5333
磯部酒店	山梨県甲府市高畑 2-4-3	055-228-2323
依田酒店	山梨県甲府市徳行 5-6-1	055-222-6521
三枝酒店	山梨県甲府市羽黒町 900-3	055-252-5689
D&DEPARTMENT YAMANASHI by Sannichi-YBS	山梨県甲府市北口 2-6-10 山日 YBS 本社 2F	055-225-5222
山一支店	山梨県富士吉田市大明見 215	0555-22-0969
虎屋リカー	山梨県富士吉田市下吉田 2-15-35	0555-22-0780
長谷部酒店	山梨県大月市猿橋町猿橋 200	0554-22-0548
地酒の八峰	山梨県北杜市長坂町大八田 160 ショッピングセンターきららシティ内	0551-32-8118
久保酒店	山梨県北杜市小淵沢町 7661	0551-36-2034
甲州市勝沼 ぶどうの丘	山梨県甲州市勝沼町菱山 5093	0553-44-2111
勝沼ワイナリーマーケット／新田商店	山梨県甲州市勝沼町休息 1560	0553-44-0464
長田酒店	山梨県南都留郡山中湖村平野 139	0555-65-8205

※酒販店での取り扱いワインは、おもに店舗周辺地域のワイナリーの商品です。
　日本全国のワインを取り扱っているわけではありませんのでご注意ください。

年間生産量
ブドウ畑の見学
ワイナリーの見学
ワイナリーでの試飲
ワイナリーでの直接販売
併設レストラン

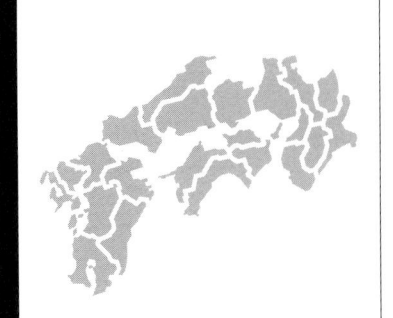

太田酒造 琵琶湖ワイナリー

〒 520-3003
滋賀県栗東市荒張字浅柄野 1507-1
☎ 077-562-1105
名神高速道路 栗東 IC から 10 分
JR 草津駅から車で 10 分

自社畑産の単一品種のみで醸す「浅柄野」と、ブレンド商品の「琵琶湖」ブランドに注力。有機肥料を用いて欧州系高級種を栽培している。

- 4 万本
- 可（9:00 ～ 16:00・雨天不可）
- 可（9:00 ～ 16:00）
- 可
- 可
- 無

ヒトミワイナリー

〒 527-0231
滋賀県東近江市山上町 2083
☎ 0748-27-1707
名神高速道路 八日市 IC から 10 分
近江鉄道 八日市駅から車で 25 分

ろ過をしない「にごりワイン」専門。瓶詰めからコルク打ちまでを手作業で行う。醸造所内に入っての見学は GW と 11 月のみ可（団体は要予約）。

- 12 万本
- 不可
- 可（ガラス窓越しの簡単な見学）
- 無料・販売中のもの
- 可
- 「パンの匠ひとみ工房」喫茶

天橋立ワイナリー

〒 629-2234
京都府宮津市国分 123
☎ 0772-27-2222
京都縦貫自動車道 与謝天橋立 IC から 15 分
京都丹後鉄道 天橋立駅から車で 20 分

天橋立に自然に堆積する牡蠣殻や松葉を土づくりに利用し、加熱処理をしない生ワインを製造。地元産米粉を使用したパンや加工品の販売も行う。

- 7 万本
- 可（9:00 ～ 17:00）
- 可（9:00 ～ 17:00）
- 200 円・ベビーワイン（無料試飲も有）
- 可
- 「ぶどう畑のマルシェ＆レストラン」バイキング

丹波ワイン

〒 622-0231
京都府船井郡京丹波町豊田鳥居野 96
☎ 0771-82-2002
京都縦貫自動車道 丹波 IC から 10 分
JR 園部駅から車で 30 分

地元産のブドウから、和食とのバランスを考慮した雑味の少ないワインづくりを目指す。レストランでは京丹波の地野菜を使った料理が楽しめる。

- 40 万本
- 可（11:30 ～ 15:30・要予約）
- 可（11:30 ～ 15:30・要予約）
- 無料・2 ～ 3 種（一部有料 300 円～）
- 可
- 「duTamba」フレンチ

カタシモワイナリー

〒 582-0017
大阪府柏原市太平寺 2-9-14
☎ 072-971-6334
近鉄 安堂寺より徒歩 7 分
JR 柏原駅より徒歩 15 分

1914 年創業。西日本最古のワイナリーで、貯蔵庫は国の指定文化財。試飲・販売は近傍の直売所にて。ワイン祭などのイベントを積極的に開催。

- 18 万本
- 可（案内無・地図を配布）
- 不可（見学会を不定期に開催）
- 可（直売所にて対応）
- 可（直売所にて対応）
- 無

飛鳥ワイン

〒 583-0842
大阪府羽曳野市飛鳥 1104
☎ 072-956-2020
南阪奈道路 羽曳野東 IC から 5 分
近鉄 上ノ太子駅から徒歩 5 分

「大阪エコ農産物」に加工品として初めて認証された ワインの醸造など、循環型農業に取り組む。毎月 1 回ワイナリーツアーを開催（要予約）。

🍶 2 万 7000 本
🍇 可（要予約）
🏭 可（要予約）
🍷 1000 円・6 種（要予約）
🛒 可
🍴 無

仲村わいん工房

〒 583-0842
大阪府羽曳野市飛鳥 1184
☎ 072-956-2915
近鉄 上ノ太子駅から徒歩 5 分

「がんこおやじの手造りわいん」「手造りわいん さちこ」が代表銘柄。100％自家栽培・製造を徹底。商品は大阪市の直営店「仲村酒店」で購入可。

🍶 1 万本
🍇 農閑期のみ可（要問合）
🏭 不可
🍷 不可
🛒 不可
🍴 無

神戸ワイナリー（農業公園）

〒 651-2204
兵庫県神戸市西区押部谷町高和 1557-1
☎ 078-991-3911
第二神明道路 玉津 IC から 20 分
神戸市営地下鉄 西神中央駅から車で 10 分

国営の農地開発事業により、国内でも有数のワイン専用ブドウ畑を持つ。公園内にはバーベキュー場や陶芸館もあり、秋には新酒祭りも開催。

🍶 30 万本
🍇 可（9:00 〜 17:00）
🏭 可（9:00 〜 17:00）
🍷 無料・3 種
🛒 可（10:00 〜 17:00、土日祝は 9:00 〜）
🍴「ワイナリーカフェ」喫茶・軽食

和歌山ワイナリー

〒 643-0812
和歌山県有田郡有田川町垣倉 50-10
☎ 0737-52-5610
https://www.facebook.com/wakayamawinery/

和歌山県初のブドウ酒醸造所。県内にある複数の自社農園でブドウ栽培も行っている。「ぶどうの木オーナー制度」会員を優先。

🍶 非公開
🍇 不可
🏭 不可
🍷 不可
🛒 不可
🍴 無

北条ワイン醸造所

〒 689-2106
鳥取県東伯郡北栄町松神 608
☎ 0858-36-2015
JR 下北条駅から車で 5 分

鳥取ならではの砂丘土壌でブドウを栽培・醸造する、日本唯一のワイナリー。エッチングボトルの作成サービスもあり。現地では購入のみ可能。

🍶 10 万本
🍇 不可
🏭 不可
🍷 不可
🛒 可
🍴 無

島根ワイナリー

〒 699-0733
島根県出雲市大社町菱根 264-2
☎ 0853-53-5577
山陰自動車道 斐川 IC から 25 分
JR 出雲市駅から車で 20 分

島根産ブドウを新鋭設備で醸造。出雲大社近くの敷地内に醸造館、レストラン、ショップが点在。6 月にブドウ祭、10 月にワイン祭りを開催。

🍶 65 万本
🍇 不可
🏭 可（9:00 〜 16:30）
🍷 無料
🛒 可
🍴「バーベキューハウス シャトー弥山」
　「ビストロ＆カフェ シャルドネ」

年間生産量

ブドウ畑の見学

ワイナリーの見学

ワイナリーでの試飲

ワイナリーでの直接販売

併設レストラン

ふなおワイナリー

〒 710-0262
岡山県倉敷市船穂町水江 611-2
☎ 086-552-9789
山陽自動車道 玉島 IC から 15 分
JR 西阿知駅から車で 7 分

船穂産のマスカット・オブ・アレキサンドリアを
100％使用した白ワインが特徴。ワイナリーは
愛宕山公園の中にあり、周辺散策も楽しめる。

- 🍾 1 万 6000 本
- 🍇 可（9:00 〜 17:00）
- 🏠 可（9:00 〜 17:00）
- 🍷 無料・約 5 種
- 🧳 可
- 🍽 無

サッポロビール 岡山ワイナリー

〒 701-2214
岡山県赤磐市東軽部 1556
☎ 086-957-3838
山陽自動車道 山陽 IC から 15 分
JR 瀬戸駅から車で 20 分

西日本最大級のワイナリー見学と試飲が無料で楽
しめる（10 名以上は要予約）。ショップにはコン
クール受賞ワインなどの有料試飲コーナーもあり。

- 🍾 1560 万本（※ 720$m\ell$換算）
- 🍇 可（9:30 〜 16:30）
- 🏠 可（9:30 〜 16:30）
- 🍷 無料・5 〜 6 種（有料試飲もあり）
- 🧳 可
- 🍽 無

是里ワイナリー

〒 701-2435
岡山県赤磐市仁堀中 1356-1
☎ 086-958-2888
山陽自動車道 山陽 IC から 25 分
JR 岡山駅から車で 60 分

岡山農業公園「ドイツの森」内にあり、生食用品
種や貴種ブドウからワインを醸造。白ワインビネ
ガーやキャンベルジュースなども販売している。

- 🍾 2 万 5000 本
- 🍇 不可
- 🏠 可（要予約）
- 🍷 200 円・7 種
- 🧳 可
- 🍽 無

ひるぜんワイナリー

〒 717-0602
岡山県真庭市蒜山上福田 1205-32
☎ 0867-66-4424
米子自動車道 蒜山 IC から 5 分

蒜山高原の観光拠点・三木ヶ原に所在。日本固有
の野生ブドウである山ブドウを自社農園で栽培し
ている。ブランデーやジャムなども製造。

- 🍾 4 万本
- 🍇 可（要予約）
- 🏠 可（9:00 〜 17:00）
- 🍷 無料・全種類
- 🧳 可
- 🍽 「コアニエ」カフェ

広島三次ワイナリー

〒 728-0023
広島県三次市東酒屋町 445-3
☎ 0824-64-0200
中国自動車道 三次 IC から 3 分
JR 三次駅から車で 10 分

自社農園は垣根式、契約農園は棚式と、品種ごと
に栽培方法を工夫。代表銘柄「TOMOÉ」シリー
ズでは少量多品種かつ高品質なワインを目指す。

- 🍾 21 万 3000 本
- 🍇 不可（要相談）
- 🏠 可（9:30 〜 17:30）
- 🍷 100 〜 300 円
- 🧳 可
- 🍽 「バーベキューガーデン」
  「カフェヴァイン」

せらワイナリー

〒 722-1732
広島県世羅郡世羅町黒渕 518-1
☎ 0847-25-4300
尾道自動車道 世羅 IC・吉舎 IC から 20 分
JR 備後三川駅から車で 30 分

地元のブドウ農家が継続的に営農できるよう、自
社畑を持たず、契約農家と連携してワイン醸造を
行う。園内には足湯や産直市場なども併設。

- 🍾 8 万本
- 🍇 不可（応相談）
- 🏠 可（説明付は要予約）
- 🍷 無料・7 〜 10 種
- 🧳 可
- 🍽 「せらワイナリーレストラン」和洋食・BBQ

さぬきワイナリー

〒 769-2103
香川県さぬき市小田 2671-13
☎ 087-895-1133
高松自動車道 志度 IC から 20 分

瀬戸内海を見渡す丘の上にある、四国初のワイナリー。香川県産ブドウ 5 品種で醸造。ショップではワインのほかに地元の名産品も取り扱う。

🍶 4 万本
🍇 不可
🏠 可（9:00 〜 17:00）
🍷 無料・約 6 種
🧳 可
🍴 無

巨峰ワイナリー

〒 839-1213
福岡県久留米市田主丸町益生田 246-1
☎ 0943-72-2382
大分自動車道 甘木 IC から 30 分
JR 田主丸駅から車で 7 分

世界初の巨峰の開植地。ワインの本場フランスより「巨峰ワインこそ日本のオリジナルワインだ」と賞賛され、その技術でフルーツワインに特化。

🍶 5 万本
🍇 可（9:00 〜 17:00・案内付は要予約）
🏠 可（9:00 〜 17:00・案内付は要予約）
🍷 無料・約 17 種
🧳 可
🍴 「ホイリゲ」洋食

熊本ワイン

〒 861-5533
熊本県熊本市北区和泉町 168-17
☎ 096-275-2277
九州自動車道 植木 IC から 25 分
JR 西里駅から徒歩 15 分

契約農場のブドウから非加熱処理で生ワインを醸造。「フードパル熊本」内にあり、ギャラリースペースではワイン会などのイベントも実施。

🍶 15 万本（※ 720㎖換算）
🍇 不可（ワイナリー内の見学用棚は可）
🏠 可（10:00 〜 17:00）
🍷 無料・5 種以上（限定ワインは 550 円〜）
🧳 可
🍴 無

井上ワイナリー

〒 783-0060
高知県南国市蛍が丘 2-3-5
☎ 088-862-2020
高知自動車道 南国 IC から 3 分
JR 後免駅から車で 15 分

農薬肥料を手掛ける石灰会社により設立。鰹や土佐赤牛など、高知の食材に合うワインづくりを目指す。一般個人へは会員制での販売を予定。

※ワイナリー情報の詳細は
　2017 年 3 月現在非公開

五島ワイナリー

〒 853-0013
長崎県五島市上大津町 2413
☎ 0959-74-5277
五島福江空港から車で 5 分
五島福江港から車で 10 分

長崎から西へ 100km、五島列島福江島の「五島コンカナ王国ワイナリー＆リゾート」で、五島産のブドウのみを使用した島ワインを製造する。

🍶 3 万本
🍇 可
🏠 可
🍷 無料　🧳 可
🍴 「お食事処ばらもん」和食
　　「レストランカウベル」和洋食

久住ワイナリー

〒 878-0201
大分県竹田市久住町大字久住字平木 3990-1
☎ 0974-76-1002
大分自動車道 九重 IC から 50 分

くじゅう連山に面した標高 850m の高原地帯で欧州系品種を栽培。ショップではブドウジュースや名物ワインソフト、特産品の販売もあり。

🍶 2 万本
🍇 可
🏠 不可
🍷 無料・ほぼ全種類
🍴 「レストラン石窯工房」イタリアン

年間生産量

ブドウ畑の見学

ワイナリーの見学

ワイナリーでの試飲

ワイナリーでの直接販売

併設レストラン

安心院葡萄酒工房

〒 872-0521
大分県宇佐市安心院町下毛 798
☎ 0978-34-2210
宇佐別府道路 安心院 IC から 5 分
JR 柳ヶ浦駅・宇佐駅から車で 30 分

霧深い盆地である安心院産のブドウを用いてワインやブランデーを多数製造。春の樽開き、秋の新酒祭などイベント時には見学ツアーも実施。

🍾 15 万本
🍇 可
🏠 可（9:00 〜 17:00）
🍶 無料・約 20 種（時期によって変動）
🧺 可（9:00 〜 16:00）
🍴「朝霧の庄」和洋食

安心院＊小さなワイン工房

〒 872-0841
大分県宇佐市安心院町矢畑 487-1
☎ 0978-44-4244
東九州自動車道 安心院 IC から 15 分
JR 柳ヶ浦駅から車で 35 分

地域活性化のための企業組合「百笑一喜」が「ハウスワイン特区」第 1 号として設立したワイナリー。100％安心院産の手づくり地ワインを醸造。

🍾 5500 本
🍇 不可
🏠 不可（応相談）
🍶 在庫状況により可
🧺 可
🍴 無

由布院ワイナリー

〒 879-5104
大分県由布市湯布院町中川 1140-5
☎ 0977-28-4355
大分自動車道 湯布院 IC から 5 分
JR 南由布駅から徒歩 5 分

由布院盆地で育まれたブドウを手づくりで醸造する、雄大な由布岳を望むワイナリー。現地での直販のほかは湯ノ坪横丁の直営店でのみ購入可。

🍾 1 万本
🍇 不可
🏠 可（10:00 〜 16:00・要予約）
🍶 無料（一部有料 100 円〜）
🧺 可
🍴 無

都城ワイナリー

〒 885-0223
宮崎県都城市吉之元町 5265-214
☎ 0986-33-1111
宮崎自動車道 高原 IC から 30 分
JR 霧島神宮駅から車で 15 分

天孫降臨の地・高千穂の山麓に位置することから、日本の神様の名前を銘柄に使用。山ブドウ系を品種改良してオリジナルワインを醸造している。

🍾 2 万本
🍇 可（繁忙時不可）
🏠 可（10:00 〜 16:00）
🍶 無料・全種類（購入希望者のみ）
🧺 可
🍴 無

雲海酒造 綾ワイナリー

〒 880-1303
宮崎県東諸県郡綾町大字南俣 1800-19
☎ 0985-77-2222
東九州自動車道 宮崎西 IC から 25 分
JR 宮崎駅から車で 40 分

お酒のテーマパーク「酒泉の杜」内。蔵元としての技術を生かしながら国内産ブドウを醸造し、低温発酵や生詰めの製法を追求している。

🍾 20 万本
🍇 不可
🏠 可（9:00 〜 17:00）
🍶 無料　🧺 可
🍴「コトルコラス」洋食
　　「綾ぐるめ」和洋食

五ヶ瀬ワイナリー

〒 882-1202
宮崎県西臼杵郡五ヶ瀬町大字桑野内 4847-1
☎ 0982-73-5477
九州自動車道 御船 IC から 80 分
JR 延岡駅から車で 90 分

九州のほぼ中央に位置し、地元産ブドウを単一品種ごとに醸造。敷地内には人々が新鮮野菜を持ち寄る物産館や、地産地消レストランがある。

🍾 8 万本
🍇 不可
🏠 可（9:00 〜 17:00）
🍶 無料（一部有料・100 円）
🧺 可
🍴「雲の上のぶどう」ビュッフェ

近畿・中国・四国・九州の酒販店	住所	電話番号
ワインショップ エーテルヴァイン	京都府京都市左京区岡崎最勝寺町 2-8	075-761-6577
ランバート東山三条店	京都府京都市東山区三条大橋東 5 丁西海子町 30	075-751-1350
井上酒店	大阪府大阪市福島区福島 7-5-11	06-6458-2788
こだわり蔵酒のイケヤ	大阪府大阪市東淀川区豊新 1-7-13	06-6329-3829
仲村酒店	大阪府大阪市東住吉区杭全 2-3-10	06-6719-3756
WINE SHOP FUJIMARU	大阪府大阪市中央区日本橋 2-15-13	06-6643-2330
乾酒店	大阪府八尾市恩智中町 3-68	072-941-2118
お酒のひょうたん屋	大阪府東大阪市神田町 19-8	072-987-1138
Jeroboam wine&spirits	兵庫県神戸市中央区元町通 1-14-18	078-327-7650
ワインセラー葡萄屋	鳥取県米子市角盤町 1-23	0859-22-2911
島根県物産観光館	島根県松江市殿町 191	0852-22-5758
組嶽本店	島根県松江市東出雲町揖屋 847-1	0852-52-2101
JA しまね ラピタ本店	島根県出雲市今市町 87	0853-21-6060
一畑百貨店 出雲空港売店	島根県出雲市斐川町沖洲 2633-1	0853-72-7522
hanawine WINE SHOP -HIROSHIMA-	広島県広島市中区上八丁堀 4-28	082-222-6687
とどろき酒店	福岡県福岡市博多区三筑 2-2-31	092-571-6304
友添本店	福岡県福岡市中央区春吉 2-11-18	092-761-6027
泉屋酒販 本社ショップ	福岡県久留米市六ッ門町 6-38	0942-32-7813
ワインショップ Quruto	熊本県熊本市中央区上通町 11-3 浅井ビル 1F	096-240-5326
枡屋ワインセレクション	大分県大分市中央町 3-6-10	097-529-8100
トキハ 本店	大分県大分市府内町 2-1-4	097-538-1111 （代表）
カーヴ・ド・ヴァン エレヴァージュ	宮崎県宮崎市中央通 2-10 みらいビル 1F	0985-89-6022
シェラトン・グランデ・オーシャンリゾート （B1F オーシャンリゾートデパートメント）	宮崎県宮崎市山崎町浜山	0985-21-1288
宮崎山形屋（本館地階和洋酒売場）	宮崎県宮崎市橘通東 3-4-12	0985-31-3111 （代表）
特産センター ごかせ	宮崎県西臼杵郡五ヶ瀬町大字三ヶ所 98-1	0982-82-1400

※酒販店での取り扱いワインは、おもに店舗周辺地域のワイナリーの商品です。
日本全国のワインを取り扱っているわけではありませんのでご注意ください。

年間生産量

ブドウ畑の見学

ワイナリーの見学

ワイナリーでの試飲

ワイナリーでの直接販売

併設レストラン

参考文献

『日本ワインガイド』鹿取みゆき（虹有社）

『千曲川ワインバレー 新しい農業への視点』玉村豊男（集英社新書）

『ワインバレーを見渡して』玉村豊男（虹有社）

『本当に旨い長野ワイン100』成澤篤人 花岡純也（イカロス出版）

■監修	玉村豊男
■文	鹿取みゆき
■写真	大泉省吾
	古市和義
	坂本正行（世界文化社）
	久保田彩子（世界文化社）
	鈴木一彦（世界文化社）
	鹿取みゆき
	長谷川　潤
■装丁・デザイン	三木和彦、林みよ子（アンパサンド・ワークス）
■編集・取材・文	甘利美緒
	露木朋子
	藤嶋亜弥
	植田博之（世界文化クリエイティブ）
	賛川　雪（世界文化クリエイティブ）
	関根麻実子（世界文化クリエイティブ）
■英訳	株式会社バイリンガル・グループ
■校正	株式会社円水社
■DTP制作	株式会社アド・クレール

＊内容に関するお問い合わせは、株式会社世界文化クリエイティブ
電話03(3262)6810までお願いします。

厳選 日本ワイン&ワイナリーガイド

発行日	2017年4月15日　初版第1刷発行
発行者	小穴康二
発　行	株式会社世界文化社
	〒102-8187　東京都千代田区九段北4-2-29
	電話03(3262)5115（販売部）
印刷・製本	凸版印刷株式会社

©Sekaibunka-sha, 2017. Printed in Japan
ISBN 978-4-418-17312-9